MÉMOIRES

ROBERT DAUTRAY

MÉMOIRES

DU VÉL' D'HIV À LA BOMBE H

PROLOGUE

En rédigeant ce livre, je n'ai pas entrepris d'écrire mon autobiographie. Narrer par le menu toutes les péripéties de mon existence est, à mes yeux, chose vaine : la puissance de ma mémoire est inéluctablement bornée et l'intérêt de ma vie personnelle nécessairement limité.

Je n'ai pas non plus essayé de rédiger des mémoires à proprement parler. Retracer, à partir de mon expérience, tous les grands épisodes de mon époque et en tirer des leçons définitives, tout cela est, pour moi, chose impossible : ma défiance envers les idées abstraites m'incite à éviter les doctes conclusions et mon devoir exige de taire certains secrets.

Tout ce que l'on trouvera ici est fragments, parcelles, lambeaux. J'ai livré au papier le souvenir d'événements auxquels j'ai pris part et de scènes dont j'ai été témoin. Comme toute expérience humaine, la mienne comporte des degrés : dans les saynètes de ce livre, je suis tantôt l'acteur central, tantôt un simple protagoniste, tantôt un spectateur extérieur. Souvent, mes yeux ont vu et mes mains ont touché les événements que je retrace ; parfois je n'ai perçu que des reflets indirects et des échos partiels.

Je n'offre donc pas l'or de la Vérité, mais le plomb de mes témoignages. Ils risquent d'être biaisés, lorsqu'ils sont directs ; imprécis, lorsqu'ils sont indirects. Mais je peux affirmer que j'ai été constamment guidé par l'obsession de la sincérité.

De la sérénité sans paroles de mon enfance au secret précautionneux imposé par mes activités dans le nucléaire, de la quiétude apportée par la contemplation de la nature au calme de mes études scientifiques, toute ma vie j'ai vécu dans le silence. Jamais je n'ai donné d'entretien à un journaliste. Jamais je n'ai adressé un article à la presse.

Pourquoi abandonner aujourd'hui la protection de ce mutisme ? Pourquoi ne pas se contenter, comme à l'accoutumée, d'écrire un texte pour spécialistes ou un livre scientifique bourré de comparaisons de chiffres ?

C'est que les discussions sur le nucléaire et, plus largement, sur l'avenir des sciences et des techniques en sont arrivées à un tel degré d'inexactitude et de fantasmagorie que j'estime devoir au public quelques éclaircissements. Avant de retourner au dernier silence de la mort, je souhaite prendre la parole pour livrer à mes concitoyens quelques faits et quelques explications.

Pour faire comprendre mes choix, je dois préciser, dès ce prologue, ma relation avec deux entités essentielles pour moi, la France et la Science.

Né en France, mais fils de deux parents immigrés, *la France* n'est pas seulement pour moi une idée ou un pays, elle est un idéal, un idéal concret. Toute ma vie, je l'ai chérie ; toute ma vie, je l'ai cherchée ; toute ma vie, je l'ai servie.

Cette France m'est longtemps restée inaccessible. Bien des subtilités françaises m'échappent encore aujourd'hui : l'art de la conversation, le sel des traits d'esprit et la vivacité des reparties restent pour moi des trésors au scintillement lointain.

Nation admirée, la France est, pour moi, le berceau d'hommes généreux, d'augustes savants et de paysans qui soignent et caressent la terre avec amour. À la mode d'autrefois, ce que ne comprendront peut-être pas mes jeunes lecteurs. C'est pour me rendre digne d'être son fils que je lui ai consacré tout mon temps et toutes mes forces. Pour elle, j'ai contribué au développement de puissantes techniques, les réacteurs nucléaires et les lasers ; pour elle, j'ai aidé à forger de terribles armes, les bombes thermonucléaires ; pour elle, j'ai acquis, créé et transmis des savoirs nouveaux, notamment en mathématiques appliquées et en informatique.

Mon dévouement n'est pas fanatique, ni mon amour, exclusif. La France est seulement pour moi l'incarnation la plus vivante de la liberté, de la générosité et de la concorde.

Son appel n'a jamais sonné aussi clairement à mes oreilles que dans la maxime qui, durant les heures sourdes de l'Occupation, annonçait les programmes radiophoniques que la France émettait depuis son exil londonien : « Honneur et Patrie, voici la France libre ! »

Nombreux sont ceux qui, par ignorance ou par égarement, dénigrent la science ou la craignent. Et plus nombreux encore sont ceux qui vilipendent sa sœur, la technique.

Qu'ils songent un instant aux bienfaits que sciences et techniques répandent sur l'humanité depuis quelques courtes décennies. L'homme contemporain a le rare privilège d'assister et de participer à un accroissement inouï des connaissances sur le monde. L'homme d'aujourd'hui a à sa disposition des instruments pour multiplier les connaissances et les outils capables d'alléger les souffrances de ses semblables. L'homme actuel vit par les sciences et dans les techniques : chacun de ses actes, du plus humble au plus sophistiqué, suppose tout un système technique enraciné dans le savoir scientifique.

C'est à ce dévoilement du monde que j'ai consacré mon existence. Peu familier des grandes idées, j'ai eu à cœur de développer des représentations concrètes du monde, des analogies. Peu habitué aux abstractions, j'ai toujours cherché à doter l'humanité des instruments de son progrès matériel et spirituel.

Mon ode à la science et mon plaidoyer en faveur des techniques ne seraient, bien entendu, pas sans nuances si j'avais à décrire leurs divers emplois. La puissance crée des responsabilités. Le pouvoir oblige. Connaître et modeler la nature imposent à l'homme de contrôler sa force et ses actes.

Voici, en conséquence, le dernier souhait que je formulerai avant d'entamer mes récits : puissé-je montrer que l'amour réel des hommes réclame nécessairement l'accroissement responsable de la science et le développement maîtrisé des techniques.

PREMIÈRE PARTIE

Le fils du fourreur russe et l'enfant de la République

LE BONHEUR AU MILIEU
DES TÉNÈBRES

L'amour de mes parents
pour unique horizon

L'affection et la pauvreté, la quiétude et la misère, tels furent les compagnons de toute mon enfance.

Ma vie d'alors avait l'amour de mes parents pour unique horizon. L'amour que j'éprouvais pour eux et celui qu'ils me donnaient en retour, voilà qui suffisait à mon bonheur. Le poids des ans a assurément émoussé ma mémoire ; le passage du temps a nécessairement accompli son œuvre et a irrémédiablement emporté avec lui des parties de mon passé. Mais rien n'a pu altérer, dans ma mémoire, le souvenir lumineux que je garde des deux êtres qui étaient, à eux seuls, toute mon existence.

Mon père se prénommait Mordechaï, c'est-à-dire Mardochée, mais tout le monde l'appelait Max. Il avait pour nom Kouchelevitz. Petit homme brun et sec, aux yeux immenses et à la mine avenante, c'était un exilé volontaire : en 1905, il avait quitté l'Empire russe. Âgé d'à peine quinze ans, parlant seulement le yiddish et ayant pour unique ressource sa connaissance des peaux et des fourrures, il s'était décidé à fuir la tyrannie que les rabbins faisaient régner dans son village, le *shtetl* de Lida, situé entre Grodno, Vilnius et Minsk. À pied, le bagage léger, il vint seul des confins de la Lituanie et de la Biélorussie jusque dans la lointaine France. C'est à Paris qu'il s'arrêta, rejoint peu à peu par ses frères, ses sœurs, puis par ses parents.

Il commença par exercer la profession de pelletier : il achetait peaux et fourrures brutes sur les marchés internationaux de Chalon et de Leipzig, il les travaillait, les lavait, les tendait et enfin les vendait aux fourreurs. Fourreur, il le devint ensuite lui-même. Il réussit même à être « chambre maître » ! Autrement dit, les marchands qui l'employaient lui permettaient d'emporter leurs fourrures dans son propre atelier pour les travailler, ce qui constituait une indiscutable marque de confiance et un privilège important dans le monde des fourreurs.

La politique était sa seule passion. Il était constamment à l'écoute des émissions francophones de Radio Moscou. Mon enfance fut scandée par des slogans dont je me souviens encore aujourd'hui : « Ici Moscou ! Ici Moscou ! Prolétaires de tous les pays, U-NI-SSEZ-VOUS ! », martelait le *speaker* avant que *L'Internationale* retentisse. Mon père était perpétuellement engagé dans d'interminables discussions avec lui-même et avec ses frères sur la crise mondiale. Il était habité par une conscience aiguë du destin tragique de l'Europe. Sans être le moins du monde communiste, il vouait un véritable culte à l'URSS, c'est-à-dire, à ses yeux, à la Russie. Il n'avait que dédain pour les communistes et les socialistes français. Seules l'URSS, sa situation stratégique et les inflexions de sa vie politique l'intéressaient. Dénué de toute existence politique dans l'Empire des tsars, étranger dépourvu du droit de voter en France, il était condamné à un engagement par procuration, à des convictions à distance.

Par une coïncidence toute racinienne, l'épouse de Mardochée se nommait Esther, Esther Mouschkat. Elle était son contrepoint presque absolu. Elle était ronde, simple, presque terre à terre. Elle n'avait pas choisi la France, comme lui. Elle était encore une enfant lorsque sa famille décida de quitter le cœur de l'Ukraine, alors dominée par la Russie, et de fuir les pogroms encouragés par le gouvernement de Nicolas II pour faire oublier la défaite de son armée contre l'Empire japonais à Port Arthur en 1905. Sa mère l'avait portée, à pied, de Berditcheff, la ville de Mme Hanska, à Paris, celle de Balzac. Mais c'est sa grand-mère qui l'éleva, rue des Écouffes, à deux pas de la rue des Rosiers. Sa mère avait, en effet, perdu son mari au cours d'un pogrom et s'était remariée, en France, avec un Viennois, Berliner, qui alla s'établir comme ouvrier fourreur avec elle dans un des quartiers pauvres de Londres, Whitechapel.

Admise comme élève à l'institution de bienfaisance que la baronne Bischofsen avait créée pour les jeunes filles juives dans le besoin, ma mère avait été présentée assez jeune à mon père et l'avait épousé rapidement. De cette union naquirent ma sœur, Denise, et moi, six ans plus tard, le 1er février 1928.

Aussi silencieuse que mon père était volubile, ma mère était entièrement absorbée par les tâches ménagères : tout comme moi, elle restait totalement étrangère aux ratiocinations géopolitiques de mon père. Laver son logis, nourrir ses enfants, aider sa grand-mère, telles étaient ses seules préoccupations. Son ambition se bornait à l'exploit de faire survivre sa petite famille.

Ni russes, ni français, ni juifs

Qui étions-nous au juste ? Quelle était notre place dans la société française ?

En dépit de nos papiers, nous n'étions pas russes. Certes, mon père, frustré du droit d'être russe en Russie, faisait tout pour l'être en France. Mais je ne l'ai jamais entendu parler russe et je crois qu'il ne le connaissait pas du tout. Et la Russie, puis l'URSS, était, avec le temps, devenue pour lui un pays imaginaire, une contrée spéculative. Ma mère, quant à elle, avait toujours vécu en France, entre le yiddish de sa grand-mère et le français de l'école.

Étions-nous juifs pour autant ? Jamais nous n'observâmes le *shabbat* ; jamais nous ne célébrâmes la moindre fête juive, chez nous ou à la synagogue : j'ignorais jusqu'à l'existence de ces cérémonies ; jamais je ne reçus le moindre rudiment de culture religieuse ; jamais, non plus, mes parents ne m'enseignèrent le yiddish : ils ne se parlaient dans cette langue que rarement, lorsqu'ils souhaitaient que je ne les comprisse pas. Quelques mots, « pain », « beurre », « pommes de terre », entendus dans la famille de ma mère, c'est tout ce qui subsistait en moi de l'antique culture juive de l'Europe orientale.

Nous étions juifs uniquement parce que ceux qui connaissaient notre nom — nos voisins, les commerçants, les autorités — nous considéraient comme tels. Nous étions juifs parce que mes parents, mes oncles et mes cousins vivaient dans une crainte tenace et dans un effroi que rien ne pouvait dissiper. Ils redoutaient que les persécutions qu'ils avaient fuies ne recommençassent. Les Croix de Feu du colonel de La Roque, les cannes ferrées des Camelots du roi, les diatribes ordurières de Léon Daudet et les manifestations des ligueurs les remplissaient d'effroi et obscurcissaient toutes leurs conversations. En somme, nous étions juifs par terreur, comme malgré nous. Les paroles et les habitudes de mes parents et de mes oncles avaient profondément imprimé en moi le sentiment que j'étais une proie qu'un prédateur dévorerait tôt ou tard. Voilà ce qu'était, pour moi, être juif.

Je voyais cette peur partout autour de moi, à chaque instant, mais je ne la ressentais pas moi-même : l'amour de mes parents suffisait à éloigner de moi toute crainte. L'affection sans condition et la confiance absolue de mes parents me comblaient. Je passais la journée le cœur plein de leur tendresse, la tête vide et totalement absorbé par la contemplation des arbres, du ciel et des nuages. Le passé, je le sentais, n'était que massacre et l'avenir, que tuerie imminente. Entre le drame avéré et le tragique attendu, j'aimais mon présent fait de menues promenades, de tâches ménagères et de travaux à l'atelier de mon père.

Une vie dans le dénuement

Notre vie était plus que frugale. Nous vivions avenue de La Motte-Picquet. Notre adresse d'apparence bourgeoise contrastait violemment avec nos conditions de vie : mes parents, ma sœur et moi-même habitions une arrière-boutique. Au sous-sol, mon père avait établi son atelier. À l'aide de clous, il tendait des peaux, les humidifiait pour les distendre davantage, les découpait et les cousait. Je l'aidais dans toutes ces opérations. Au rez-de-chaussée, sur l'avenue, ma mère tenait la boutique, sanctuaire à moi inaccessible.

J'allais à l'école près de la cité Dupleix. C'était alors un terrain vague, parsemé de petites baraques, qui s'étirait de la caserne Dupleix à l'avenue de Suffren. Les miséreux s'entassaient là, sans ordre et sans espoir.

Déjà le silence s'était emparé de moi. Mon père, préoccupé par les bouleversements de l'Europe, ne s'adressait que rarement à moi ; ma mère, généreuse de dévouement et avare de paroles, ne me parlait que courses et ménage ; et nos repas se déroulaient dans le silence le plus complet.

La cérémonie du dîner de famille nous était d'ailleurs parfaitement inconnue : chacun de nous se levait dès qu'il avait fini de manger. Encore aujourd'hui, une invitation à dîner m'effraie : les rites de cette cérémonie si française continuent à m'échapper. Généralement, je la décline en invoquant le travail et la fatigue. Et lorsque, par accident, je l'accepte, je me tiens muet sans participer à la conversation. À moins qu'on ne sollicite mon avis. Mais je me lance alors dans un exposé si minutieux et si complet que je romps, par une leçon magistrale, le fil délicat de la conversation.

Petit bonhomme effacé, sans amis et sans jeux, je mettais toutes mes forces à aider ma mère. Chaque sou était compté, mais j'avais la confiance de mes parents : ils me confiaient nos pauvres ressources et m'envoyaient faire nos maigres commissions.

Nous ne recevions aucune visite. Pourtant établis en France depuis plusieurs décennies, mon père et ma mère ne pouvaient fréquenter que leurs parents, leurs frères et leurs sœurs, qui ne m'accordaient généralement aucune attention. Toutefois, chaque semaine, ma mère rendait visite à sa grand-mère, rue des Écouffes, pour lui porter le fruit de la collecte hebdomadaire qu'elle faisait auprès de ses frères et de ses sœurs, et qui constituait la seule ressource de son aïeule. Souvent, je l'accompagnais.

Je me souviens encore de la façade délabrée de l'immeuble, de l'obscurité qui régnait dans la cage d'escalier et de l'âcre odeur d'urine qui suintait de cette habitation lépreuse confinée dans un quartier réservé aux pauvres. Je me rappelle toujours le doux babil des deux femmes, le vernis rouge éraillé de la théière métallique, les caressantes paroles que ma grand-mère m'adressait, les beignets que ma mère lui apportait, les *bagels* de froment et les *latkes* de pomme de terre.

J'accompagnais aussi parfois ma mère chez son oncle David. Fourreur comme mon père, mais aussi à moitié fripier, il travaillait au carreau du Temple. Au grand dam de son épouse, il passait le plus clair de son temps libre au café où il s'était lié avec des habitués. Luxe inouï à mes yeux, il avait un appartement distinct de son atelier. Et, comble du faste, il me proposait des tartines beurrées. Il était accueillant avec tous, aplanissait fréquemment les différends entre la concierge et sa fille. L'oncle David n'était pas seulement prodigue de ses fabuleuses richesses, il était aussi affectueux avec moi ; il s'inscrivait ainsi dans la galaxie de mes amours où ma mère, mon père et, à un moindre degré, ma grand-mère scintillaient à ses côtés.

La pérégrination vers l'ouest

Le cours monotone et serein de notre modeste existence fut néanmoins interrompu par un événement : en 1937, mon père décida que nous quitterions Paris pour échapper à la pauvreté.

Quelques années auparavant, en 1932, mon père avait voulu ouvrir son propre magasin de fourrures, à proximité du Champ-de-Mars. Il ignorait malheureusement tout des goûts de la bourgeoisie française, de sorte qu'il ne réussit jamais à se constituer une clientèle. Notre gêne alla croissant et devint une véritable pauvreté : mes parents ne parvenaient même plus à régler le loyer et à acquitter nos factures. Ils durent fermer boutique.

Mon père forma alors le projet de se faire glacier ambulant pour l'exposition internationale de 1937 qui se tenait à Paris. Cela lui donnerait des fonds pour se lancer à nouveau dans l'artisanat de la fourrure. Mais, pour vendre des crèmes glacées entre le pavillon où trônait l'aigle de l'Allemagne hitlérienne et le bâtiment où triomphaient l'ouvrier et la kolkhozienne de l'URSS, une roulotte réfrigérée était nécessaire. L'acheter était trop onéreux ; la louer, impossible : personne ne voulait confier un tel trésor à un étranger. Mon père abandonna son dessein.

Au printemps, il remisa nos pauvres possessions dans le hangar où un cousin éloigné, l'« oncle Katz » tenait une brocante, se fit prêter une vieille automobile et nous emmena à son bord vers l'ouest de la France, dans l'espoir d'y conjurer le spectre de la misère. Nous allâmes d'échec en échec. À Rennes, à Nantes, à La Rochelle, partout mon père se heurta aux mêmes réponses : « Ici, c'est la crise ! » « Il n'y a pas de travail ! »

Tous ceux qui nous accueillaient, fripiers lituaniens, fourreurs juifs, tailleurs russes, nous déconseillaient de rester. Au milieu de ces échecs répétés, surnage dans mon souvenir l'image merveilleuse de la plage. C'était la première fois que je traversais la campagne française, c'était la première fois que je voyais l'océan.

Une fois l'automne venu, après plusieurs mois de pérégrinations infructueuses, nous regagnâmes Paris, plus démunis que jamais. Désormais sans logement et plongée dans la misère la plus totale, notre famille fut contrainte de se séparer provisoirement. Chacun de nous alla loger chez un de nos parents.

Les marchés du Nord et notre révolution commerciale

Je vécus alors quelque temps chez ma tante Lisa avec son mari, l'oncle Rosenblum, chapeliers à Saint-Denis, toujours rasséréné par la certitude de l'amour de mes parents. Au milieu des étoffes à casquettes, des feutres et des formes à chapeaux, j'allais de surprise en surprise : je découvris la douceur parfumée des pêches au sirop, j'expérimentai l'âcre délice de la moutarde et je m'initiai au plaisir de la lecture grâce au *Joueur* de Dostoïevski.

Mes parents finirent par trouver un local inoccupé, au bout de la rue du Faubourg-Saint-Denis, près du quartier de la Goutte d'Or. La production de mon père, pensaient-ils, conviendrait davantage à la clientèle ouvrière et populaire des quartiers de la gare du Nord et La Chapelle. De ce lieu doté d'une arrière-salle mais dépourvu de chauffage, comme de caves et de toilettes, nous fîmes tout à la fois notre logis, notre atelier et notre boutique, de sorte que nous vécûmes là, au milieu des poils soyeux, qui se détachaient des fourrures quand on les cousait, et des fortes odeurs de tannage. La nuit, pour dormir, je me glissais entre deux fourrures, dans un appentis où mon père stockait sa marchandise. L'idée d'avoir un lit ne m'aurait alors jamais traversé l'esprit.

En dépit des efforts de mon père, notre situation matérielle ne s'améliora guère. C'est ma mère qui trouva le moyen de remédier à notre misère : elle entreprit de vendre les articles de fourrure confectionnés par mon père hors de sa boutique, sur les marchés forains du nord de la France. Elle vainquit une à une les difficultés. Elle résista à la fatigue des voyages hebdomadaires à Lens, Arras ou Douai. Elle porta sur son dos les lourds tréteaux de bois et de volumineux ballots de marchandises ; elle obtint la médaille de brocanteur indispensable pour avoir l'autorisation de vendre sur les marchés ; elle réussit, malgré l'attribution sur les marchés des plus mauvaises places aux colporteurs étrangers, à écouler les cravates de lapin et les manteaux de lapin et de mouton que mon père façonnait.

En son absence, je m'occupais des tâches ménagères. Il ne s'agissait pas d'une corvée : j'adorais déjà travailler de mes mains.

La petite « révolution commerciale » réalisée par ma mère fut couronnée d'un certain succès : non seulement mon père fut en mesure de se procurer une radio Point Bleu pour écouter sa chère Radio Moscou, mais, surtout, mes parents purent louer un appartement distinct de l'atelier. Pour la première fois, notre petite famille s'installa dans un véritable logement, au cinquième étage d'un immeuble du boulevard de la Chapelle, donnant sur la gare du Nord : un palais !

L'école des mains

Ma vie d'écolier fut d'une régularité étonnante, au vu des difficultés constantes auxquelles nous étions confrontés. Toujours silencieux, sauf si l'on m'interrogeait, toujours trop appliqué, au point que mes pages de calligraphie passaient pour avoir été faites par mes parents, j'étais constamment en tête de classe, sans le vouloir et sans en tirer de plaisir. L'école m'était indifférente : mes instituteurs ne parvenaient jamais à prononcer mon nom de famille ; mes camarades de classe ne jouaient jamais en ma compagnie car je les quittais sitôt la classe finie : j'étais trop pressé de rentrer à la maison pour aider mes parents.

Au retour de notre déménagement avorté dans l'ouest, j'entrai à l'école primaire de la rue Louis-Blanc, en plein milieu de l'année scolaire. En dépit de premiers résultats médiocres, je parvins à la première place et obtins le certificat d'études. Mes succès restaient extérieurs aux préoccupations purement matérielles de ma mère et désolaient les convictions politiques de mon père : « C'est un métier d'ouvrier qu'il te faut, pas une place de bourgeois ! », me disait-il lorsqu'il signait mes relevés de notes. De même, l'inscription et la scolarité de ma sœur au lycée bourgeois Victor-Duruy, puis Lamartine, suscitèrent son ire : il se querella maintes fois avec ma mère sur ce sujet.

Pour me préserver du danger politique qui, selon lui, me guettait, mon père m'envoya à l'école primaire supérieure Colbert qui formait des artisans, des ouvriers compagnons et même des dessinateurs industriels. Le rez-de-chaussée de ce vieil établissement, noirci par la fumée des trains de la gare de l'Est qui passaient à proximité, était presque entièrement occupé par les ateliers.

Dans l'atelier dédié au fer, j'appris l'art exigeant de l'ajustage, c'est-à-dire du travail à la lime, qui, plus que tout autre, réclame une véritable discipline de la main. J'y appris également à tourner les pièces métalliques sur d'antiques tours qu'actionnaient des courroies de cuir perchées haut au-dessus de nos têtes.

L'atelier consacré au travail du bois était mon favori : un compagnon menuisier, toujours revêtu d'une blouse immaculée taillée à l'ancienne, nous y apprenait à fabriquer tenons et mortaises, à suivre scrupuleusement le fil du bois que nous travaillions et à user de la varlope, un rabot de précision, pour caresser le noble matériau. Dans mon souvenir, ce compagnon, son enseignement minutieux et son respect pour les élèves ont été la cause de mon premier éblouissement devant le monde de la technique : dans ses propos et dans ses gestes, j'entrevoyais l'univers harmonieux du compagnonnage. La menuiserie devint rapidement ma spécialité, par goût mais aussi par nécessité : je voulais me mettre au travail dès ma sortie de l'école. Je reçus, là encore, des prix d'excellence qui me ravirent moins pour le petit prestige qu'ils me conféraient que pour les livres neufs à tranche dorée d'Hector Malot dont ils étaient accompagnés.

Durant ces années passées à Colbert, je découvris un nouvel amour et une source supplémentaire de bonheur : le travail manuel.

L'hostilité et la peur

Notre misère matérielle commençait à s'estomper : j'entre-voyais même la possibilité de concourir, par mon travail, aux ressources de notre famille. Mais la crainte qui dominait mes parents commença, elle, à s'amplifier.

Il y eut d'abord l'hostilité de plus en plus marquée des juifs qui vivaient en France depuis plusieurs générations. À leurs yeux, tous les juifs de l'Est étaient des « débarqués ». Ils constituaient même, après examen, une source de danger, car ils donnaient une mauvaise idée des juifs. Ils avaient beau fuir les pogroms ou chercher refuge contre l'Allemagne nazie, ils avaient beau appartenir à l'*intelligentsia* allemande ou autrichienne, ils restaient des « Polaks », des traîtres en puissance. Les juifs français tenaient à être distingués des autres juifs. Ils souhaitaient être des Français de confession israélite et, pour cela, évitaient soigneusement de nous fréquenter : manger avec l'un d'entre nous était inconcevable, épouser l'une d'entre nous, criminel. Pour échapper à l'antisémitisme ambiant, certains sacrifiaient même à un patriotisme exacerbé digne des ligues d'extrême droite.

Il y eut ensuite l'hostilité de passants, de *quidams*. Pauvres parmi les pauvres, les juifs venus de l'Est, devinrent, en France même, les objets ordinaires d'une haine populaire : « Ces Polaks, ils viennent nous manger notre pain ! », voilà ce que nous ne cessions déjà plus d'entendre lorsque la guerre éclata.

Longtemps contenue à l'extérieur de ma vie, longtemps impuissante à pénétrer l'enceinte sacrée de ma famille, la haine allait ruiner notre précaire félicité.

L'ÉTOILE ET LA FUITE

La colonne des vainqueurs

Le 14 juin 1940, au matin, comme à mon habitude, je sortis faire des courses. Le ciel était radieux, le soleil, déjà haut. Les rues étaient curieusement désertes. Je me dirigeais vers le pont du métro aérien du boulevard de la Chapelle, quand, brusquement, rue de la Chapelle, je vis paraître une armée, marchant d'un pas solennel et puissant dans un ordre parfait.

Les Allemands entraient dans Paris.

Je fus saisi par l'air majestueux des soldats, par l'impression de force maîtrisée et de jubilation grave qu'ils dégageaient. Stupéfait, je vis la colonne prendre le boulevard de la Chapelle et obliquer vers Pigalle pour gagner la place de l'Étoile.

Un jour suivant, le kiosque à journaux, devant lequel je passais tous les jours, était couvert de unes vengeresses qui accusaient les juifs, les communistes et les francs-maçons d'être responsables de la défaite. Dans les boutiques, dans les queues, partout, ce n'était qu'un seul cri : « Nous avons été trahis ! C'est la faute des juifs ! » La France était désorientée, perdue. Elle cherchait à reprendre pied sur le granit trompeur des certitudes simplistes.

Bien vêtus, très soignés, distribuant à l'occasion des friandises et des piécettes aux enfants, les Allemands jouissaient, eux, d'une excellente réputation. « Il n'y a rien à dire, ils sont corrects », répétaient en cœur les ménagères que je croisais dans la rue et côtoyais dans les magasins. Bien rares étaient ceux qui, à l'époque, faisaient la distinction entre les Allemands, les soldats de la Wehrmacht et les nazis.

Un jour, un de ces soldats entra dans la boutique de mon père. Celui-ci, qui avait appris l'allemand, s'enhardit à lui demander :

« Mais pourquoi donc haïssez-vous tant les juifs ?

— Mais nous ne les haïssons pas ! lui répondit l'homme. Nous haïssons les banquiers et les capitalistes, qui tous sont juifs. Mais les petits artisans ou boutiquiers comme vous n'ont rien à craindre. »

Les passeports Nansen et la déclaration au commissariat

À l'automne de 1940, l'adoption des lois sur les juifs nous contraignit à nous déclarer comme juifs au commissariat de police, sous peine des pires sanctions. En dépit de leurs efforts pour se faire naturaliser, mes parents étaient encore des étrangers en France. La Société des Nations les avait munis de passeports Nansen et ils avaient pour seuls papiers d'identité français les cartes de résident étranger que leur avait délivrées la préfecture de police. Elles portaient la mention « russe » et furent, au moment de l'Occupation, barrées par un coup de tampon : JUIF.

Aller au commissariat était, pour mes parents, de véritables épreuves. Ils devaient, en effet, toujours subir les récriminations habituelles contre les étrangers. Soucieux d'éviter les sanctions prévues par les textes nouvellement promulgués, mon père se présenta au commissariat, fit sa déclaration et donna pour adresse celle de notre logement-atelier-boutique de la rue du Faubourg-Saint-Denis. Nous ne nous étions, en effet, pas encore installés dans l'appartement de la rue de la Chapelle.

M. Vimont et l'étoile de l'infamie

Un matin de 1942, ma mère cousit une étoile jaune sur mes vêtements. En bon enfant sage, je ne posai aucune question et partis paisiblement pour l'école. Comme à mon habitude, j'empruntai la rue Louis-Blanc et admirai au passage la vitrine de la pharmacie de la rue Perdonnet. Puis, aveuglé par la lumière chaude de ce beau jour, je traversai le pont qui enjambe les voies ferrées de la gare de l'Est. Je longeai la façade familière des ateliers de l'école et franchis l'immense porche.

Je débouchai sur le début du préau. Là, ce n'était que cris et huées : les élèves, massés autour de la porte en un immense demi-cercle guettaient les étoiles. Dès qu'un infortuné entrait dans la cour, un petit groupe se détachait, venait l'agonir de coups et le jeter à terre. Aucun professeur, aucun membre de la direction n'étaient visibles. Habituellement craintif, je n'éprouvai alors pourtant aucune peur ; je ressentis seulement une grande surprise et une profonde tristesse : j'avais imaginé que chacun vaquerait avec dignité à ses occupations habituelles, quelle que fût la situation hors de l'école.

Par chance, j'échappai à l'attention de cette foule, pus rejoindre ma salle de classe et m'assis sans encombre à ma place.

Un autre élève était au centre de l'attention générale. Tous s'étonnaient de son étoile jaune car il portait un nom bien français. Luimême, effaré, se justifiait et s'excusait : « Je n'en savais rien. Je viens d'apprendre qu'un de mes grands-parents est juif. »

Au milieu de ce tumulte, la classe commença. Un de mes camarades se pencha et me demanda, avec sympathie : « Alors toi, Kouche – c'était un de mes surnoms –, tu es juif ? »

J'opinai.

« Et qu'est-ce qu'il fait, ton père ?

— Il est dans la fourrure. »

Et lui de s'exclamer, d'un air entendu :

« Ah ! ça, c'est le métier de tous les juifs ! C'est la profession de ces gens-là ! »

À l'école, les chahuts et les troubles s'arrêtèrent là. Même si le directeur de l'école prit l'habitude de nous réunir périodiquement dans la cour pour nous adresser des discours à la gloire du Maréchal, plus personne ne parut remarquer mon étoile. L'autorité bienveillante et triste du surveillant général, M. Vimont, s'étendait sur moi. C'est à l'abri de sa puissance muette que je vécus le début de l'Occupation.

La séparation

Au début de 1941, le mot de « rafle » fit son apparition dans les discussions de mes parents. Il revint de plus en plus souvent jusqu'à devenir leur unique objet. J'ignorais complètement ce qu'il signifiait et personne ne prit la peine de me l'expliquer. Mes parents me donnèrent seulement quelques conseils de prudence que, en enfant obéissant, j'observai à la lettre. Mais le mot devint très vite une réalité.

Le 16 juillet 1942, tôt le matin, la fille du concierge qui gardait l'immeuble où se trouvait notre boutique vint nous voir dans notre nouvel appartement de la rue de la Chapelle. C'était pour nous chose inhabituelle. C'était même un véritable honneur : aux yeux de mes parents, le concierge, chargé de percevoir les loyers, appartenait à une aristocratie où figuraient en bonne place le boucher, le crémier et le boulanger. Sa fille, elle aussi, était pour nous un personnage considérable, un exemple de réussite sociale : elle était infirmière. Elle était venue nous prévenir avant de prendre son service à l'hôpital. Des policiers français étaient venus nous arrêter [1] au magasin-atelier-arrière-boutique, à l'adresse que nous avions déclarée au commissariat. Nous avions, en effet, oublié de signaler notre déménagement. Interrogé sur l'adresse de notre logis, le concierge avait feint de l'ignorer et nous avait envoyé sa fille.

Après son départ, mes parents se mirent à délibérer sur la conduite à adopter. Ils conférèrent toute la journée et toute la nuit, en yiddish, de façon à ne pas être compris de nous. Je saisissais seulement le mot *kinder* – enfants – qui revenait sans cesse. Ce luxe de précautions me fit comprendre que de graves événements se préparaient.

De fait, le lendemain, ma mère me réveilla à l'aube, me fit revêtir mes meilleurs habits et mes dernières chaussures. Elle me confia un panier d'osier qui contenait toutes nos richesses : une petite somme d'argent et une plaque de chocolat. Mon père expliqua alors à ma sœur et à moi-même que son fort accent étranger le perdrait immanquablement et que nous devions nous séparer. Ma mère parlait français sans accent et avait acheté à la fille du concierge de l'oncle David sa carte d'identité française. Nous pourrions ainsi gagner la « zone libre ». Lui tenterait sa chance de son côté.

En quelques minutes, nous nous fîmes nos adieux. Lorsque nous fûmes dans la rue, je me retournai une dernière fois. Je vis mon père nous faire signe du balcon du cinquième étage. Je ne devais plus le revoir, je le pressentais déjà.

Vers la ligne de démarcation

Encore une fois, je dus mon salut à l'amour et au courage de ma mère. Lorsque nous arrivâmes à la gare de Lyon, elle avait déjà son idée : gagner les environs de Nîmes, où vivaient des cousins éloignés, les Kernbaum. Dans la gare régnait la plus grande confusion. Une foule sale, misérable, grouillante et exténuée s'y pressait.

Ma mère se mit immédiatement à la tâche : elle alla demander à des employés de la SNCF comment gagner le sud et comment traverser la ligne de démarcation sans permis. Cela pourrait paraître un étrange procédé. Mais, sa vie durant, ma mère avait jaugé les gens à leur « tête » et s'était toujours fiée à ceux dont la mine lui semblait une bonne recommandation. À force de questions, elle reçut le conseil de prendre le train de Dijon : on lui avait laissé entendre que le train ne se heurterait à aucun obstacle car il transportait des officiers allemands. Elle se rangea à cet avis : l'époque était aux rumeurs et aux allusions ; l'Occupation l'avait habituée à agir selon les oracles rendus par des inconnus sur le ton de la confidence.

Expliquant à chaque barrière et à chaque contrôle qu'elle était l'épouse d'un prisonnier évadé qui l'attendait en « zone libre », elle réussit à nous faire monter dans le train. La qualité de femme de prisonnier était alors un sésame, une dignité inouïe qui suscitait tous les dévouements. Assis dans notre wagon de troisième classe, nous étions aux abois. Les maîtres de l'heure, des policiers français, passaient sans discontinuer dans les couloirs du train, affairés et dominateurs. Une main cramponnée à mon panier de ménagère et l'autre serrant amoureusement mon jouet favori, un petit avion Dinky Toys, je les regardais passer.

À l'approche de Dijon, se répandit subitement le bruit que les Allemands allaient contrôler le train eux-mêmes. Ma mère décida alors de descendre à Chagny, avant la ligne de démarcation. Dès qu'elle toucha le quai, ma mère s'affaira : elle s'enquit, auprès des « têtes » qui lui inspiraient confiance, du moyen de gagner la ligne de démarcation. Le chauffeur d'un car des usines Schneider lui proposa de nous emmener au village de Montchanin, à proximité de la « ligne ». C'était son trajet normal.

Arrivés là sans rencontrer d'obstacles, nous nous dirigeâmes vers le premier bistrot venu. Tout de go, ma mère alla demander à chacun : « Quelqu'un peut-il me faire passer la ligne ? Je suis femme de prisonnier. »

Une femme ne tarda pas à lui proposer, très simplement, de la conduire. Elle habitait sur la ligne. Il suffisait de la suivre à pied. Nous longeâmes un canal, nous suivîmes une route que nous quittâmes ensuite pour des chemins de terre ; enfin, nous coupâmes à travers champs. À la nuit tombée, au milieu du silence de la campagne, notre guide nous annonça doucement : « Vous êtes en zone libre. » Elle nous désigna ensuite une ferme isolée dont les habitants pourraient nous accueillir pour la nuit et nous indiquer comment rejoindre le train de Nîmes. Au moment de se séparer de notre guide, ma mère, pleine d'émotion, lui tendit l'argent de mon panier. La femme refusa avec dignité. Mais ma mère lui offrit alors ce que nous avions de plus précieux : le chocolat que nous avions épargné durant des mois. Elle l'accepta et nous quitta, aussi simplement qu'elle nous avait conduits.

La nuit d'été nous enveloppait. Les étoiles luisaient au-dessus de nous, protectrices. Quelques pas et nous étions à la ferme. On nous accueillit sans difficulté. Nous ressentîmes alors la quiétude du repos et la joie de la délivrance : nous étions en vie.

Sains et saufs !

À la ferme, personne ne nous questionna. Tous se comportaient comme si notre arrivée était toute naturelle. On nous demanda seulement si nous désirions manger. Ce fut alors pour nous un festin de mets depuis longtemps oubliés : omelettes généreuses et pommes de terre au lard. Rassasiés et rassérénés, nous trouvâmes un coin dans la grange pour dormir.

Au matin, nous apprîmes qu'une automobile s'apprêtait à gagner une des stations de la ligne Paris-Lyon-Marseille. Sans hésiter, ma mère demanda à ce que nous fussions du voyage. Le temps de régler notre hébergement et nous roulions déjà vers la ville. Nombreux furent les barrages de contrôle. À chaque fois, la même tension nous saisissait. À chaque fois, ma mère tendait, apparemment impavide, sa carte d'identité d'emprunt et racontait, avec les accents de la vérité, sa destinée de femme de prisonnier. Nous parvînmes ainsi sans encombre au train pour Nîmes, et nous attendîmes, dans le jardin charmant qui jouxtait la gare routière, le premier autocar à destination de Marguerittes, le village où habitaient les cousins de ma mère.

Le trajet fut enchanteur : bordée d'immenses platanes, la route passait au milieu des oliveraies, des vignobles et des garrigues. La lumière du sud nous enveloppait de son or liquide et chaud.

Parvenue à Marguerittes, ma mère eut tôt fait d'apprendre où résidaient ses cousins Kernbaum. D'un pas décidé, elle se dirigea vers la ferme qu'on lui avait indiquée. Flanquée de ses enfants, elle entra chez ses cousins qui, presque hébétés de surprise, ne lui réservèrent, tout d'abord, qu'un accueil fort tiède. Ils redoutaient, en fait, que notre venue n'attirât sur eux l'attention de tout le village.

En dépit de leurs craintes, les Kernbaum nous trouvèrent un logis : dès le lendemain, nous passions la nuit dans la chambre proprette que deux sœurs, restées vieilles filles, louaient aux voyageurs de passage ; et quelques jours plus tard, ma mère trouva une habitation indépendante : il s'agissait d'une étroite cahute de pierres, depuis longtemps laissée à l'abandon, infestée de scorpions et de souris. Tant bien que mal, nous nous y installâmes pour attendre mon père.

Notre vie à Marguerittes avait commencé.

LA GUERRE DES HOMMES
ET LA PAIX DE LA NATURE

La vie qui débuta alors fut une source continuelle d'émerveillement après le cauchemar de la fuite, un âge d'or au milieu des tragédies de la guerre. Le village et ses habitants, la vie champêtre et son rythme si particulier me désarçonnèrent tout d'abord et bientôt m'enchantèrent.

C'est là que j'ai, pour la première fois de ma vie, pu sortir du cercle familial et m'ouvrir au monde. C'est là que j'ai pu rencontrer la nature et ceux qui la cultivent ou, plutôt, qui la courtisent.

Village et villageois

Marguerittes était une localité d'environ un millier d'habitants, tapie dans la plaine entre Nîmes et Remoulins, à l'écart de la grand-route.

Au nord, les oliveraies, souvent à l'abandon, s'étendaient jusqu'à la garrigue et à ses chênes verts. Au sud étaient les Gresses, pacage pierreux semé de grès. De loin en loin, d'immenses mas ponctuaient la campagne. De belles vignes d'aramon et de vastes vergers et jardins potagers ceignaient le village. C'est sur eux que donnaient les maisons sises sur le pourtour du bourg. Cerclé par un large boulevard bordé d'arbres, il était constitué de petites maisons provençales accotées les unes aux autres, de rues étroites et enchevêtrées ainsi que de placettes ombreuses. Il y avait là le café où les hommes s'assemblaient après le travail ; il y avait aussi là quelques magasins : l'antique épicerie Raousse, les Docks méridionaux et L'Étoile du Midi ; il y avait surtout plusieurs larges demeures qui abritaient la bonne société du cru, à l'abri de murs épais et de jardins touffus.

Les habitants de Marguerittes étaient divisés selon des catégories assez rigides. Un fossé immense séparait les « blancs », qui allaient à la messe, des « rouges », qui n'adressaient jamais la parole au curé, l'abbé Cuvelier, même pour le saluer. Une autre frontière passait entre les « bons propriétaires » qui, comme les Duplix, les Biguet et les Magne, possédaient de vastes terres et les autres qui avaient, pour tout bien, leur maison, quelques bêtes ou un carré de vigne et d'oliviers. Parmi eux, ceux qui avaient un cheval étaient les mieux lotis. Dans un village qui ne connaissait pas le machinisme agricole, l'énergie d'un animal était une manne pour celui qui la possédait et la maîtrisait : elle le mettait à l'abri du besoin, car, en toute saison, elle lui permettait de se louer auprès des bons propriétaires. Mais ceux qui n'avaient que l'énergie de leurs bras à proposer, les ouvriers agricoles, étaient les plus pauvres.

Aux autochtones s'ajoutaient des étrangers. Une famille d'Espagnols contraints à l'exil par la victoire de Franco s'était réfugiée à Marguerittes. Ils vivaient en tribu et, à force de travail, avaient réussi à se ménager un jardin potager derrière un abri de cyprès, assez loin du village. Dépierrer, sarcler, planter, récolter et vendre les éventuels surplus, toute la famille s'y employait, chaque jour, sans trêve. Sur le linteau de leur porte, un des rejetons de cette lignée avait inscrit son prénom, « Modeste », et son nom,

« Garcia », de sorte que tout le village appelait cette famille les « Modeste ».

Un autre Espagnol, un républicain venu de Catalogne, avait trouvé refuge à Marguerittes : ouvrier agricole, il s'était mis en ménage avec la veuve qui tenait L'Étoile du Midi. Il l'aidait à la boutique et la protégeait de tous.

Vivre et survivre

À notre arrivée, notre dénuement était complet : il nous manquait jusqu'à l'indispensable, car tout notre bien se résumait à ce que contenait notre panier d'osier. Habitués à la misère, nous déployâmes tous les trois une grande énergie pour passer de l'indigence la plus complète à la simple frugalité.

Ma mère fit rapidement la connaissance de ceux qu'elle considérait comme les grands personnages du lieu : les commerçants. Chez chacun d'eux, elle cherchait longuement les aliments les moins onéreux. Elle se lia d'une véritable amitié avec l'épicière de L'Étoile du Midi et lui demanda comment se procurer un peu de travail. Grâce à la boutiquière, ma mère se vit confier des travaux de tricotage à domicile par les femmes du village. Mais, surtout, sa nouvelle amie trouva pour elle des leçons particulières à donner aux enfants du village qui passaient ou repassaient leur certificat d'études. En fréquentant constamment les magasins du village, elle se constitua progressivement une petite clientèle et parvint ainsi à nous nourrir tous.

Grâce à ses puissantes relations, ma mère nous trouva même un nouveau logement. Il s'agissait d'une maisonnette qui paraissait inhabitée depuis longtemps. Elle était un peu plus vaste et surtout beaucoup plus propre que la masure dans laquelle nous nous étions installés quelques jours après notre arrivée. Elle appartenait à une certaine Mme Mante, une dame de la ville qu'on ne voyait guère au village, depuis des années. Une voisine, qui avait en charge ses intérêts, nous confia les clés sans nous demander de loyer.

La maisonnette donnait sur le boulevard et était située près de l'église, de la mairie-école et de ce que les habitants de Marguerittes appelaient « le château » : la maison de maître des Magne, la famille la plus importante de Marguerittes. Ils possédaient un parc somptueux et un vignoble immense. Une fontaine publique, toute proche de l'école, nous prodiguait son eau. Le parvis de l'église était vaste et avenant : l'abbé, homme grand et mince venu des Causses, s'y promenait le matin, d'un pas tranquille.

Notre habitation était fort modeste[1] : une pièce en bas, une courette de laquelle un escalier extérieur montait vers deux étroites chambres à l'étage constituaient tout notre logis. L'ameublement était sommaire et comportait pour tout luxe des lits et une cuisinière à bois. Je m'employais régulièrement à améliorer notre petite installation : à l'aide de planches usagées, je confectionnai des latrines dans la cour. Je parvins même à fabriquer des étagères. Pour protéger nos provisions des souris, j'aménageai un garde-manger suspendu au plafond et plaçai des pièges aux quatre coins de la maison.

Tout comme à Paris, ma sœur restait la plupart du temps invisible même si elle nous prodiguait ses bienfaits à distance. Elle commença rapidement à donner des leçons particulières aux enfants destinés, par leurs parents, à la gloire du baccalauréat. Puis elle trouva une place de conseil chez le libraire le plus prestigieux de Nîmes, Calendal, qui pratiquait aussi le prêt de livres. Elle s'inscrivit également à l'université de Montpellier pour suivre un cursus d'anglais et trouva une place de professeur de lettres au pensionnat que tenaient des religieuses à Bessèges.

Louis Turc ou comment je devins pâtre

Quant à moi, je devins berger. Je fis rapidement la connaissance de nos voisins, les Turc. Leur maisonnée était réduite. Le berger, Louis, célibataire, vivait avec sa mère. Tous les villageois appelaient cette dernière « la Romaine » parce qu'elle était la veuve de Romain Turc. Mais son fils l'appelait simplement « la mère ».

Louis Turc hébergeait chez lui un de ses cousins, le vieux Maximin, auquel il confiait son deuxième troupeau. Édenté, ce cousin, descendu des montagnes, avait des mœurs assez frustes : il dormait avec ses bêtes, était de ce fait imprégné de suint et se faisait la barbe uniquement avec le ciseau à laine destiné à la tonte des brebis. Il ne prononçait jamais un mot.

Grand et maigre, âgé d'une quarantaine d'années, Louis Turc avait un visage souvent bleu par une barbe vorace mais illuminé par la tranquille bonté de ses yeux. Sa face couperosée et tannée par le mistral était toujours surmontée d'une vieille casquette ou d'un large chapeau de paille. Vêtu d'un gilet de laine quelle que fût la saison, il portait, aux champs, un pantalon rapiécé à l'aide de « pétasses », c'est-à-dire de lambeaux d'étoffes multicolores.

À la différence de nombre d'habitants de Marguerittes – et, notamment, de son rustique parent Maximin –, Louis Turc s'exprimait aussi bien en français qu'en patois. Il était considéré comme un « rouge » mais ne se souciait guère de politique : sa seule préoccupation était son troupeau. Son univers se bornait aux pâturages qu'il pourrait leur trouver. Jamais il ne s'accordait de repos. Jamais il ne passait une journée sans sortir ses bêtes. Une fois l'an, il les faisait tondre et vendait leur précieuse laine. De temps en temps, il vendait un agneau ou une brebis à son ami le boucher Duplix, au marché noir.

Il avait aussi l'habitude d'élever chaque année un cochon. lui donnait pour nom le prix qu'il l'avait payé. Telle bête s'appelait

4 200 et telle autre, 3 900. Et, chaque année, il le tuait. Toute sa famille, et notamment son frère, cheminot, habitant à l'autre bout du village, accompagné de son épouse, était convoquée à la cérémonie. Chacun recevait une tâche à accomplir, les hommes dans la cour et les femmes à l'étage, dans la cuisine. Les cris du cochon, presque humains, ne laissèrent pas de me bouleverser quand j'assistai à l'exécution.

Dans la hiérarchie des habitants de Marguerittes, Louis Turc avait un statut intermédiaire. Il n'était assurément pas un simple journalier agricole, mais il ne faisait pas non plus partie de la société des « bons propriétaires ». Possédant sa maison et deux troupeaux, il n'avait pas de pâturages. Cela l'obligeait à demander la permission d'aller faire paître ses brebis chez les uns et chez les autres. C'est ce qui le contraignait à fréquenter assidûment le café : il pouvait y rencontrer et se concilier les propriétaires terriens. Certains vignerons le laissaient aller dans leurs vignes une fois la vendange passée. Certains paysans lui donnaient accès à leurs champs en jachère ou aux oliveraies qu'ils n'avaient pas encore labourées. Louis Turc disposait, à vrai dire, d'un puissant argument dans les discussions : le fumier que produisaient ses deux troupeaux fertilisait les sols. Certains, comme les Duplix, étaient ses amis dévoués. Mais d'autres restaient inflexibles et ne l'admettaient jamais sur leurs terres.

Notre amitié avec les Turc fut immédiate. Voyant que je cherchais constamment du bois pour alimenter notre cuisinière, Louis Turc me montra les lieux où il était possible et licite de ramasser du bois mort et de glaner quelques sarments de vigne desséchés. Mais il m'enseigna aussi toutes les variétés d'arbres, de plantes et d'animaux. C'était pour moi un ravissement de tous les instants.

Mme Turc me confia le soin de porter à son fils son déjeuner. Comme il partait très tôt le matin avec ses bêtes, il mangeait toujours froid. Je reçus donc la mission de lui porter un plat chaud à midi. D'une extrême bienveillance avec moi, le berger me garda bientôt avec lui l'après-midi, puis me proposa de l'aider à mener son troupeau dès le matin. Je fus rapidement traité comme un enfant de la maison. Leur affection était manifeste, mais elle se passait de paroles.

Ma mère se rapprocha également des Turc. Mme Turc lui apprit la cuisine méridionale. C'est grâce à elle que je connus les parfums enivrants du thym et du laurier ainsi que les délices de la daube et de la ratatouille. C'est grâce à elle que j'appris comment me régaler d'un peu de pain frotté de tomate. C'est enfin grâce à elle que je découvris la « pascade », modeste galette de froment aux œufs, parfumée à l'eau-de-vie de la coopérative du village. Toutes ces saveurs étaient pour moi nouvelles et merveilleuses. Elles apportaient à mon estomac toujours creux le réconfort d'un véritable soleil végétal.

Des nouvelles de mon père

Durant la journée, le souci de survivre accaparait chacun de nos instants. Mais, tout en gardant le silence, nous étions très préoccupés par le sort de mon père.

Quelque temps après notre arrivée à Margueritties, les Kernbaum reçurent une carte postale interzone qui nous était destinée. Ironie cruelle, comme la plupart des cartes de l'époque, elle était à l'effigie du maréchal Pétain. Elle était de mon père. Il laissait entendre, en termes détournés, qu'il avait échappé à la rafle du Vél' d'Hiv mais qu'il avait été arrêté par les Allemands en essayant de passer la ligne de démarcation, près de Bordeaux. Il était détenu dans un camp à Mérignac et s'attendait à être envoyé vers l'Est de l'Europe. Il nous assurait que sa santé et son moral étaient bons.

Quelque temps après, une nouvelle carte représentant Pétain nous parvint. Elle était d'une inconnue qui nous assurait avoir vu mon père dans une gare au milieu d'une foule de prisonniers en partance vers l'Est. Il lui avait demandé de nous rassurer derechef sur sa santé et sur son moral, en lui confiant l'adresse des Kernbaum.

Une journée dans ma vie de berger

Dès que je devins berger, mes journées à Marguerittes se déroulèrent selon un rituel presque invariable.

Levé avant le jour, je me consacrais au feu, avant toute autre chose. Lorsque j'avais réussi à constituer une petite réserve de bois mort, j'enfournais des branches mortes d'olivier ou des débris de chêne vert dans le foyer de la cuisinière. Mais lorsque mes recherches avaient été moins fructueuses, ce qui était fréquent, je me contentais d'y jeter des sarments de vigne.

Parfois, je me contentais d'allumer de la sciure de bois que j'avais disposée en puits dans un petit fourneau que j'avais formé à partir d'une grande boîte de conserve. Le tirage de la cheminée était si mauvais que la pièce était régulièrement enfumée. Il me fallait alors ouvrir la porte qui donnait sur la rue. Grâce à l'ouverture constante de la porte donnant sur la cour – elle était bloquée dans cette position depuis des temps immémoriaux –, la fumée se dissipait peu à peu et je pouvais m'atteler à ma deuxième tâche de la journée : aller chercher de l'eau à la fontaine publique, à l'aide d'un vieux broc ébréché que j'avais récupéré je ne sais où. Une fois rentré, je faisais bouillir l'eau et préparais une décoction de chicorée. L'estomac enfin un peu soulagé par ce breuvage, mélangé à un reste de pain noir les jours les plus fastes, je vidais nos pots de chambre et jetais de la paille dans les latrines.

Mes tâches ménagères accomplies, j'allais chez les Turc. À l'étage, je trouvais le berger attablé en compagnie de son cousin

Maximin, déjeunant d'un peu de la soupe gardée de la veille. Sa mère les servait en silence, constamment debout. Une fois leur frugal déjeuner expédié, ils descendaient avec moi à la bergerie. Nos pieds s'enfonçaient dans une litière que Turc renouvelait rarement : pour se procurer de la paille fraîche, il lui fallait, en effet, sacrifier l'une de ses précieuses bêtes.

Chaque matin, le berger passait affectueusement en revue les agneaux et leurs mères et examinait avec soin les brebis malades ou blessées. Une fois sa tournée achevée, il prenait sa vieille besace de cuir, la plaçait en bandoulière sur son épaule et se dirigeait vers le portail, accompagné de sa chienne Diane, qui frétillait à la perspective de sortir. Les vantaux de la porte s'ouvraient, la lumière du matin envahissait toute la bergerie et les bêtes commençaient à sortir d'un pas lent. Lorsque le troupeau était rassemblé devant la maison sur la chaussée, nous pouvions nous mettre en marche. Nous traversions le village encore endormi. Turc et moi marchions en tête, laissant à Diane le soin de veiller à la bonne marche de notre petit cortège. Nous étions toujours suivis de près par les brebis que Turc avait munies d'un collier de bois et d'une clochette.

En hiver, nous menions le troupeau aux Olivettes. Mais, en été, nous allions du côté du mas Beaulieu. La route qui y conduisait était tranquille. Étroite et sinueuse, elle passait entre des vignes vigoureuses et de beaux potagers abrités du mistral par de longues rangées de cyprès. À quelques kilomètres du village, nous quittions la route et suivions un chemin de terre tracé entre les chênes verts, les amandiers et quelques rares cerisiers, longeant un ruisseau. Le troupeau s'étirait peu à peu jusqu'à former une longue colonne que, seule, Diane parvenait à surveiller.

Après les jardins, commençaient les « herbès », lopins de terre laissés en jachère et entourés de hauts taillis. Les brebis ne trouvaient qu'à grand-peine leur chemin à travers les broussailles et nous les guidions précautionneusement à travers le lacis des herbes folles. Allant de pré en pré, nous apercevions enfin le mas

Beaulieu, construction massive dont les couleurs vives et contrastées me plaisaient infiniment. Les jardins faisaient alors de nouveau leur apparition. Nous étions accueillis par l'odeur des figuiers, exaltée par la chaleur qui commençait à croître. Retrouvant un peu d'espace, le troupeau commençait à se disperser et Turc enjoignait alors à Diane de le rassembler. « Va chercher la gourmande ! », lui lançait-il en patois, lorsqu'une bête s'attardait pour brouter hors de la parcelle à laquelle nous avions la permission d'accéder.

Quand le soleil parvenait à son zénith, nous nous arrêtions et rassemblions tout le troupeau à l'ombre d'une haie. Une fois les précieuses brebis mises à l'abri, nous pouvions prendre un peu de repos. Mais la faim se faisait rapidement sentir. Louis Turc puisait dans sa musette une gamelle et une bouteille de vin. Des légumes bouillis, des œufs durs et parfois même des pâtes, tel était notre ordinaire. Il divisait nos rations à l'aide d'un Opinel. Ce couteau était son unique outil : il l'utilisait pour se couper un bâton ou pour débarrasser ses brebis d'un caillou ou d'épines.

Pendant que nous mangions, à lentes bouchées, le soleil embrasait progressivement l'air tout autour de notre havre d'ombre. Les bêtes cessaient peu à peu tout mouvement. Nous pouvions nous laisser aller à la douce tranquillité de la sieste. Le signal de notre réveil était donné par les clochettes des brebis qui, une fois la grosse chaleur passée, s'égayaient progressivement alentour. Nous reprenions alors notre marche, marquant régulièrement des arrêts pour laisser paître le troupeau.

Nous devisions rarement. Parfois, Louis Turc s'engageait dans de lentes et longues considérations sur ses bêtes. Comme lui, je les aimais. Comme lui, je savais reconnaître chacune d'elles à sa tête ou sa démarche. Comme lui, j'observais le manège que les béliers faisaient autour d'elles. D'autres fois, le berger me racontait les histoires du village : il y avait celle du vigneron qui voulait que son fils devînt un grand homme ; celle de la femme qui s'était mariée à un jeune homme intéressé par son argent et qui avait été rapidement délaissée. Elle passait tous les jours dans la rue en criant : « Quel malheur ! Quel malheur ! » Mais, le plus souvent, il me montrait les différentes sortes d'herbes aux vertus médicinales et détaillait devant moi les variétés d'insectes. Sous sa houlette, je me familiarisais avec les lapins et les lièvres, et je grimpais aux arbres pour observer les nids de pies.

De temps à autre, il arrivait qu'une brebis mît bas au cours de nos marches. Louis Turc aidait alors l'agneau à sortir du ventre de sa mère, le prenait délicatement dans ses bras et coupait avec précaution le reste du cordon ombilical. La brebis entreprenait immédiatement de nettoyer son petit tout gluant. Celui-ci essayait à plusieurs reprises de se hisser sur ses pattes et, dès qu'il y parvenait, cherchait la mamelle de sa mère. J'étais à la fois fasciné et ravi par ce spectacle : qu'y a-t-il de plus beau qu'un agneau qui vient de naître ? Quand nous changions de champ, Louis Turc prenait l'agneau dans ses bras, suffisamment bas pour que sa mère puisse encore le lécher, et il le posait un peu plus loin pour qu'il continue à téter.

Quand le soir arrivait, nous rassemblions le troupeau. Si une brebis avait mis bas, Louis Turc enveloppait son agneau dans un sac de jute dont il ne se défaisait jamais. Quant à moi, je hissais sur mon dos le fagot de bois mort que j'avais rassemblé durant le jour, et nous nous mettions en route. Sur le chemin du retour, nous croisions toujours des paysans. Invariablement, Louis Turc s'arrêtait et échangeait avec eux quelques paroles, toujours les mêmes. Jamais il n'était question de politique. Jamais ils ne médisaient des autres paysans. Jamais ils n'évoquaient la guerre. Les travaux et les jours étaient leur seul souci et leur seul sujet de discussion.

Lorsque nous arrivions en vue de Marguerittes, les bêtes qui ouvraient la marche commençaient à presser le pas. Certaines se mettaient même à courir en bêlant, pressées de retrouver l'agnelet qu'elles avaient laissé au bercail. Avertie par les bêlements, Mme Turc avait toujours ouvert l'entrée de la bergerie. Les brebis s'y engouffraient et se pressaient contre l'enclos des agneaux, jusqu'à ce que le berger l'ouvrît et permît ainsi de tendres retrouvailles. Diane pouvait alors s'étendre sur une des marches de l'escalier pour attendre son souper. Mais la journée de Louis Turc était encore loin d'être finie : il lui fallait encore attendre Maximin et l'autre troupeau, qui tardaient toujours, dîner puis aller au café chercher des pâturages pour ses bêtes.

C'est en suivant jour après jour les pas et les gestes de Louis Turc que j'appris avec bonheur le métier de berger.

Une fois le troupeau installé pour la nuit, je revenais à ma maison pour souper. L'hiver nous regagnions, très tôt, nos lits à l'étage. Mais l'été, nous passions la soirée, assis devant notre porte, à l'exemple des habitants de Marguerittes. Ma mère sortait une de nos rares chaises, et je me plaçais à ses côtés sur une grosse pierre polie. Je contemplais, avec passion, la lumineuse nuit du Midi et ses innombrables étoiles. Déjà, je ne me lassais pas de la contemplation des astres : leur éclat était intense dans l'azur profond de la nuit.

Sous la protection de Marguerittes

Au fil des mois passés à Marguerittes, nous nous intégrâmes parfaitement à la vie du village. Aucun des habitants ne nous traita avec hostilité, tout au contraire.

Mes débuts avaient, pourtant, été difficiles. À mon arrivée, les enfants du village m'injuriaient : « Sale Boche » était le seul nom qu'ils me donnaient. Pour ne rien arranger, ma tenue excitait leurs moqueries. Comme je ne possédais que mon costume de ville, le cousin Kernbaum m'avait donné un de ses shorts de vieille toile, plein de pétasses et démesurément large. Lorsque je le portais, les garnements me poursuivaient en hurlant : « Pantalon flottant ! Pantalon flottant ! »

Contre toute attente, je devins pourtant l'ami des meneurs de la bande : les fils Dardaillon. Ils avaient été confiés aux soins de ma mère, de sorte que nous nous liâmes de façon plus civilisée : ils me posaient des questions sur la grande ville.

À force de suivre Louis Turc partout, je m'intégrai dans sa constellation sociale : je connaissais les Rambaud, qui l'aidaient à obtenir des pâturages, et les Béringuier, la famille de la belle-sœur de Louis Turc. Finalement, je fus bientôt considéré comme un enfant du village, comme un petit berger du coin. Je saluais tout le monde et tout le monde me connaissait. J'étais au courant de tous les menus événements du village.

À force de fréquenter les commerces, ma mère avait fait la connaissance de nombreuses personnes. Elle s'était, notamment, liée d'amitié avec l'institutrice, Mme Vissac. Celle-ci avait recommandé les leçons particulières de ma mère et de ma sœur à plusieurs parents d'élèves. Les gens du village la considéraient comme une « rouge ». Son père avait beau être juge à Nîmes, posséder la collection complète de l'*Action française* et la considérer comme son plus beau trésor, elle n'allait pas à la messe et s'était mariée avec un « hussard noir de la République » qui servait dans le nord du département : il y dirigeait une importante école. Un « rouge », lui aussi. Cette institutrice était une grande lectrice. Elle prêta, bientôt, ses chers livres de Colette à ma mère.

Ma sœur, elle aussi, s'incorpora parfaitement à la vie de la région. Le libraire de Nîmes, pour lequel elle travaillait, lui témoignait une confiance sans bornes. C'était l'époque où les ouvrages de la collection « Pléiade » constituaient de véritables trésors. Le libraire les entreposait non pas dans sa boutique, mais chez lui. Il n'en prêta pourtant pas moins son précieux Racine à ma sœur.

Durant une partie de la semaine, celle-ci travaillait dans le pensionnat que tenaient des religieuses dans le nord du département. Elle en revenait avec des provisions que les sœurs nous prodiguaient avec générosité. Ma sœur donnait également, le soir, des leçons à la fille d'un des gendarmes. J'ignore si ma mère avait révélé à ceux-ci notre véritable situation ou s'ils l'avaient comprise d'eux-mêmes. Mais, grâce à eux, nous ne fûmes jamais inquiétés.

Plusieurs milieux me restèrent toutefois complètement étrangers : le café et l'église. Je voyais passer le prêtre tous les jours, mince silhouette noire, devant ma porte. Je sentais la bonté dans ses yeux et dans ses gestes. Mais jamais je n'eus la hardiesse de m'adresser à lui.

Si nous réussîmes à survivre à la guerre, c'est grâce à la protection discrète des habitants de Marguerittes. J'aimais et j'aime encore éperdument cette contrée et ses habitants : leur douceur et leur accent, la couleur chaude de leurs maisons et le souffle froid de leur mistral.

Une fenêtre sur la guerre

Tous les soirs, à neuf heures quinze précises, nous traversions la rue et allions chez Mme Vissac. Nos visites à l'institutrice étaient les seules fenêtres sur la guerre auxquelles j'eusse accès : en sa compagnie, nous écoutions la BBC. Marguerittes vivait isolé du monde : peu nombreux étaient ceux qui s'intéressaient aux nouvelles de la ville, encore plus rares étaient ceux qui lisaient un journal régional.

Je suivais au contraire, avec minutie, le déroulement des hostilités. Au-dessus de mon grabat, j'avais accroché une carte de l'Europe que j'avais trouvée à Nîmes, issue d'un journal suisse. Lorsque je rentrais de chez l'institutrice, je marquais, à l'aide de punaises, les lieux des batailles et je suivais ainsi avec passion la progression des armées alliées, en Afrique du Nord d'abord, en Sicile et en Russie ensuite.

Le régiment allemand

Longtemps restée lointaine, la guerre finit par faire irruption à Marguerittes. Un jour de 1943, un régiment allemand s'établit dans le village lui-même. À la suite du débarquement en Afrique du Nord, les troupes allemandes avaient en effet envahi la « zone libre » pour prendre place le long de la mer Méditerranée. Puis, comme suite aux offensives alliées en Tunisie, d'autres troupes allemandes étaient arrivées dans le Languedoc.

Le large boulevard circulaire, qui accueillait d'habitude les flâneries des habitants, fut occupé par des véhicules militaires et fut constamment sillonné par des patrouilles qui défilaient en chantant des airs martiaux. Le colonel du régiment allemand s'établit dans le château des Magne, laissant à leur disposition quelques pièces. Une activité inlassable agitait ses troupes. Leur rythme frénétique contrastait violemment avec le *tempo* imperturbablement lent que conservaient les habitants de Marguerittes. Ils passaient, indifférents, à pied et en charrette, à côté des lourds camions et des motos vrombissantes des Allemands. Ils ne les regardaient même pas.

L'arrivée du régiment allemand modifia tout de même un peu la vie du bourg. Une dame très belle, vêtue avec élégance, s'installa au rez-de-chaussée de l'une des maisons du boulevard, toujours derrière sa fenêtre. Des rumeurs m'apprirent bientôt qu'elle était la maîtresse d'un des officiers du régiment.

Une vieille maison près de l'église, depuis longtemps laissée à l'abandon, revint à la vie : ouverte sur la rue, bruissante de rires et d'éclats de voix, elle abritait deux ou trois jeunes filles du village qui portaient des robes aux couleurs clinquantes et étaient, chose inouïe, constamment fardées. Par des bribes de conversation saisies au passage, je compris peu à peu qu'elles se constituaient un petit pécule en accueillant des soldats. Enfin, la fille du cordonnier Reboul se lia avec un militaire allemand. Il déserta et se cacha chez elle puis l'épousa à la fin de la guerre.

J'assistais à tout cela sans peur. Mais ma mère était constamment à l'affût : chaque jour, nous entendions passer devant notre maison les bottes ferrées et les chants des escouades allemandes.

Comme elle avait fait la connaissance des femmes des gendarmes, ma mère connaissait toutes les nouvelles. Voyant son anxiété et connaissant notre statut, les gendarmes lui promirent de l'avertir en cas de danger. Une fois, l'aumônier du régiment, que tous avaient remarqué pour sa courtoisie et qui se promenait toujours seul, s'arrêta devant notre maison et entra. Il trouva ma mère dans l'unique pièce d'entrée, cuisine et rangements et se présenta à elle en français. Parcourant des yeux la salle basse de notre habitation, il vit les petites étagères de bois que j'avais fabriquées et dans lesquelles ma sœur avait serré ses livres d'anglais. Le religieux s'approcha et examina les titres.

« Mais il n'y a ici que des livres anglais ! », dit-il à ma mère pétrifiée.

Négligeant de monter à l'étage où il aurait découvert ma carte militaire de l'Europe, il prit courtoisement congé et sortit.

Après cet épisode, ma mère craignit de plus en plus une arrestation. Elle avait appris de Mme Turc le sort que la milice réservait à ceux qu'elle arrêtait : les récits de séances de torture abondaient, circulaient et ajoutaient à sa peur. Un jour, un gendarme conseilla à ma mère de ne pas dormir chez elle. C'est tout naturellement que les Turc nous accueillirent chez eux. Nous y restâmes cloîtrés quelques jours, puis, voyant qu'aucun événement ne se produisait, nous revînmes nous installer à la maison.

Le baccalauréat

Au printemps de 1944, M. Vissac, l'époux de l'institutrice chez laquelle nous allions écouter la BBC, me conseilla de passer la première partie du baccalauréat. Tout à mes occupations pastorales, je ne pensais plus du tout à l'école : la bergerie, les bêtes, la nature et mes tâches ménagères étaient tout mon univers. L'avenir n'existait pas pour moi. Mais l'instituteur me convainquit : les épreuves auraient lieu dans quelques semaines et elles constitueraient un bon entraînement pour obtenir le diplôme l'année suivante.

Je me rendis dans la librairie de Nîmes où travaillait ma sœur, muni d'un peu d'argent donné par ma mère, de quelques indications bibliographiques fournies par l'instituteur et de sa recommandation auprès de M. Calendal. Je choisis les livres un peu au hasard. Et je m'inscrivis. De retour chez moi, je me mis immédiatement à la lecture de ces manuels. Les ouvrages de science m'étaient d'un abord très aisé. Je les absorbai rapidement et les connus à fond en quelques jours. J'eus plus de difficulté avec les programmes d'anglais et d'espagnol. Il n'était pas question de cesser d'accompagner Louis Turc. J'emportais donc avec moi les précieux volumes et les parcourais durant nos haltes.

J'appris bientôt que la session du baccalauréat de cette année-là ne comporterait pas d'épreuves orales. J'allai passer les épreuves à Nîmes et n'y pensai plus. À ma grande surprise, je fus reçu.

Vers Peyreleau

Nous attendions avec impatience le « débarquement ». Aussi, lorsque Mme Vissac, le 6 juin 1944 au matin, vint avertir ma mère que les Alliés avaient pris pied en Normandie, la nouvelle tomba sur des esprits préparés. Ce fut pour nous le signal d'une nouvelle fuite. Les gendarmes vinrent nous voir. Ils étaient catégoriques : nous étions en danger à proximité de la milice nîmoise.

Ma mère alla demander de l'aide au prêtre de Marguerittes : celui-ci lui conseilla de se réfugier dans un petit village au confluent de la Jonte et du Tarn, Peyreleau, sur le flanc du Causse, où l'une de ses sœurs vivait, mariée au maire de l'endroit[2]. Cette région était plus sûre pour nous : les troupes allemandes n'y étaient pas stationnées et la milice en était loin. Nous quittâmes Marguerittes dans la journée.

Ma mère décida que nous ne prendrions ni bagages ni provisions afin de ne pas paraître suspects : nous devions apparaître comme des villageois qui se rendaient à la ville pour la journée. Nous prîmes le car de Nîmes et, de là, par train et par autocar, nous gagnâmes Peyreleau. Le voyage fut fastidieux : nous supportâmes d'être privés de boisson et de nourriture, mais les wagons étaient bondés et les changements innombrables. Pourtant, arrivés à destination, nous fûmes chaleureusement accueillis. À notre descente de l'autocar, ma mère trouva immédiatement la sœur du curé. Celle-ci avait été avertie de notre arrivée et nous attendait. Les petites pièces proprettes de son logis nous parurent un paradis : elle nous fit manger à sa table avec son mari, un homme âgé, trapu et aimable, doté d'une énorme moustache blanche, et nous logea dans un appentis qu'elle possédait à proximité de sa maison.

À peine remis de notre périple, nous nous mîmes tous à l'ouvrage : ma mère partit en quête de travaux d'aiguille et de leçons particulières, ma sœur commença à chercher un travail et, grâce à notre hôte, je trouvai une place de berger chez un fermier de Mostuéjouls. Une nouvelle vie débuta pour moi : les journées étaient harassantes et absolument solitaires. Mais elles me firent découvrir la végétation et la vie si particulières des Causses : le vent, les arbres et les animaux devinrent mes compagnons familiers.

À chacun son village

Quand je ne travaillais pas sur le Causse, je gagnais quelques sous en faisant de menues courses pour les estivants. Au village du Rozier, un bel hôtel accueillait, en effet, des dames couvertes de bijoux et accompagnées de leurs maris. Ils passaient là les mois chauds de l'année à se baigner et à pêcher dans le Tarn. Certains d'entre eux s'adonnaient, c'était de notoriété publique, à divers trafics pour les Allemands. Cet été-là, ils commencèrent à s'afficher ouvertement comme hostiles à l'occupation allemande : il est vrai qu'aucun régiment allemand ne se trouvait dans les environs. À mesure que l'été avançait et que les nouvelles des victoires alliées se multipliaient, ils devinrent de plus en plus virulents envers les Allemands et finirent par poser aux gaullistes.

Au milieu de l'été, les habitants de Peyreleau se réjouirent d'apprendre que les Allemands avaient quitté l'ancienne zone libre et s'étaient repliés au nord. Même s'ils n'avaient pas assisté au départ des troupes allemandes, ils se considérèrent comme libérés. Ils se rassemblèrent tous au monument aux morts pour célébrer l'événement. Le maire prononça un discours. Un autre orateur se présenta : c'était un homme riche, en villégiature dans la région. Le bruit courait qu'il avait fait de fructueuses affaires, dans les villes côtières du Languedoc, avec les anciens occupants.

Son allocution se heurta à un silence réprobateur. Et les festivités de la libération de Peyreleau s'arrêtèrent là.

À la fin du mois d'août, nous apprîmes avec joie la libération de Paris par l'intermédiaire d'un voisin qui possédait une radio. Le village ne broncha pas. J'interrogeai le maire sur l'absence de célébration : « À chacun son village », me répondit-il.

J'entrevis enfin la possibilité de retrouver le mien : le quartier de la gare du Nord et de La Chapelle, à Paris.

Saynète 4

LA SOCIÉTÉ DES COMPAGNONS

Difficile retour à Paris

Ma mère redoutait tant la puissance des Allemands qu'elle ne pouvait se résoudre à regagner Paris. Pour elle, leurs armées étaient invincibles et reprendraient inéluctablement le dessus. Le pays retentissait de rumeurs sur les armes secrètes du Reich et, vers la fin de 1944, la bataille des Ardennes nous fit croire un moment que les Allemands reprendraient l'avantage.

Nous n'avions plus à craindre les miliciens. Mais l'absence de papiers officiels nous exposait à une autre difficulté : nous ne pouvions pas obtenir de tickets d'alimentation. À la fin de l'hiver, ma mère réussit à surmonter sa peur et décida de rentrer à Paris. Elle était pressée par la nécessité, car elle n'avait plus aucun moyen de subsistance à Peyreleau : la clientèle se faisait trop rare. Comme à son habitude, elle chercha et trouva le moyen de regagner la capitale. Accompagnée de ses deux enfants, elle prit un autocar surpeuplé, plusieurs trains bondés et emprunta un bac pour traverser la Loire. Nous voyagions la plupart du temps debout et étions totalement dépourvus de provisions. À bout de forces et assoiffés, nous atteignîmes notre appartement du cinquième étage du boulevard de la Chapelle : nous étions rentrés.

Mais nos épreuves n'avaient pas atteint leur terme : notre appartement était occupé. Les voisins, auxquels mon père avait confié ses clés en partant, y avaient installé de nouveaux locataires, cheminots à la gare du Nord. Ceux-ci vivaient dans nos meubles et ne voulaient pas nous céder la place. Nous tentâmes alors de trouver refuge dans notre magasin de la rue du Faubourg-Saint-Denis. En vain. La compagnie qui avait les immeubles du quartier en gérance l'avait loué au libraire qui tenait boutique à côté. Il avait fondu les deux magasins en un seul.

Exténuée, ma mère prit la résolution de passer la nuit dans un hôtel minable de la rue de la Chapelle où nous dûmes dormir à trois dans le même lit. Privés de bons de rationnement, nous allâmes manger dans un restaurant très bon marché à plat unique où s'entassait une foule hâve et où tous les aliments qui apparaissaient sur la table étaient immédiatement dévorés. Nous vécûmes ainsi plusieurs jours, ne mangeant qu'une fois dans la journée, à tour de rôle.

Ma mère alla bientôt à la mairie du 10ᵉ arrondissement pour se plaindre de notre éviction. À force de supplications, elle aboutit au comité de libération local et réussit à intéresser à son sort des membres des FFI. Un immense gars la rassura : « Nous allons régler cela tout de suite, Madame. » Escorté de quelques camarades et arborant un brassard officiel, il se dirigea d'un pas martial vers notre logement, se fit ouvrir la porte et enjoignit aux locataires de nous laisser une des deux pièces. Ils devaient aussi nous donner accès à la cuisine et aux toilettes. Ma mère réussit à adoucir nos rapports avec nos colocataires de fortune. Mais ils obtinrent rapidement un logement de la SNCF. Nous étions enfin revenus chez nous !

L'homme qui gérait le parc immobilier du quartier nous alloua également une autre boutique, beaucoup plus petite que la précédente, en échange d'un loyer lui aussi plus modeste. Ma mère tenta, en employant un ouvrier juif, lui aussi sans place, de relancer notre fabrication et commerce d'articles de fourrure, dans l'attente du retour de mon père. Elle échoua.

Jamais à court d'idées, elle se résolut à se faire fripière et à aller au carreau du Temple vendre des canadiennes et des pantalons. Le travail était dur à l'extrême, même si je l'aidais autant que je le pouvais. Il lui fallait chaque jour, et surtout le samedi et le dimanche, à l'aube, apporter la marchandise sur son dos, affronter l'agressivité des autres commerçants, accepter de recevoir les plus mauvaises places – elle restait une étrangère – et supporter le froid. Notre gêne était telle qu'elle se privait d'un thé chaud au milieu des frimas.

Un métier manuel

La misère se faisait de nouveau sentir. Il fallait que je prisse un métier. En compagnie de ma mère, j'allai consulter M. Vimont, le surveillant général qui m'avait protégé au début de l'Occupation. Il me conseilla d'opter pour la classe de préparation au concours de l'École des arts et métiers : je travaillais bien de mes mains et ce cours comportait de longues séances d'atelier.

Il ne me dissimula pas les écueils de cette entreprise. J'avais cessé d'aller à l'école pendant bien longtemps, alors que ce concours nécessitait plusieurs années de préparation. Je n'avais jamais appris le dessin industriel, alors que cette matière était importante au concours et très difficile à rattraper. Il m'encouragea néanmoins à tenter ma chance et il obtint de l'école que je prisse des cours supplémentaires de dessin industriel et d'atelier le jeudi.

Je rejoignis enfin la société des compagnons que je chérissais tant et à laquelle l'Occupation m'avait arraché.

Le dessin industriel
et le concours des Arts et Métiers

C'est avec un grand bonheur que je retrouvai les cours, les séances d'atelier et, surtout, la menuiserie de l'école Colbert. Mais, dans toutes les matières, je me retrouvai complètement écrasé sous la masse des connaissances que je n'avais pas acquises durant le temps passé à Marguerittes. La préparation aux Arts et Métiers comportait de l'anglais et de la littérature française, des mathématiques et de la physique. Elle prévoyait aussi des séances d'atelier et les fameuses leçons de dessin industriel.

Je fus frappé, les premiers jours, d'observer que rien n'avait changé durant mes années d'absence : les professeurs, les élèves et les compagnons, en un mot toute mon école, étaient restés les mêmes durant la tourmente qui avait transformé le monde.

Mes camarades avaient toutefois notablement progressé durant cette période. Je commençai donc l'année en queue de classe. Peu à peu je parvins pourtant à rattraper mon retard dans toutes les matières, à l'exception du dessin industriel. Il est vrai que j'étais privé des instruments nécessaires pour exécuter correctement les devoirs : un tire-ligne et un compas corrects étaient des richesses hors de portée de ma bourse. Je réussis tout de même à me hisser aux premiers rangs de la classe.

Quand vint le moment de l'année où les inscriptions au concours furent ouvertes, l'École primaire supérieure Colbert refusa de me présenter aux épreuves. Le motif invoqué était que je serais nécessairement recalé et que cela porterait atteinte à la réputation de l'établissement. Pour mon malheur, le professeur principal, qui avait un pouvoir souverain sur les candidatures, était précisément en charge du dessin industriel. M. Vimont suggéra une autre explication au refus du conseil de classe : « Que veux-tu, me dit-il, Vichy n'est pas mort. » À la malédiction de la pauvreté, qui entravait mes efforts en dessin industriel, s'ajoutait la tare de se nommer Kouchelevitz.

Je revins à la maison en pleurant, résigné et démoralisé. Usant de toute sa persuasion, ma ·mère me convainquit de présenter moi-même ma candidature au concours, sans l'aide de l'école. Je rassemblai donc à la hâte toutes les pièces nécessaires et me dirigeai seul vers l'École des arts et métiers, boulevard de l'Hôpital. On accueillit ma requête avec beaucoup de surprise. Mais l'employé chargé des dossiers de candidature se montra extrêmement compréhensif : à mon grand soulagement, l'école m'admit à concourir.

Je fus reçu premier au concours.

Les camps de la mort et leur influence

L'avancée des armées alliées en Allemagne et en Europe de l'Est révéla à tous l'existence des camps d'extermination. Buchenwald, Dachau, Bergen-Belsen, Mathausen, Auschwitz Birkenau et Auschwitz Monowitz, ou encore Treblinka, tels étaient les noms macabres qu'égrenaient les unes des journaux que je voyais sur les présentoirs des kiosques.

Nous reçûmes bientôt un document officiel nous indiquant que mon père avait été déporté à Auschwitz. Et nous apprîmes qu'une grande partie de sa famille avait subi le même sort : ses frères Charles et Sylvain, sa sœur Lisa Rosenblum, qui m'avait accueilli chez elle, tous étaient morts en déportation. Seule sa très jolie sœur Suzanne revint vivante. Mais elle était dans un profond état de délabrement physique et de détresse morale. La famille de ma mère fut, elle aussi, en grande partie anéantie.

Ces nouvelles, ajoutées au spectacle des photographies réalisées par les troupes alliées dans les camps qu'elles délivraient, ne me surprirent pas. À mes yeux, ce fléau faisait partie des malheurs qui toujours s'acharneraient sur nous. Mais elles eurent un tel impact que je restai très longtemps en état de choc.

J'étais impuissant à imaginer ou à me représenter ce qui avait eu lieu. Certes, je vaquais toute la journée à mes devoirs scolaires et à mes tâches ménagères. Mais, presque chaque nuit, je faisais le même rêve : mon père était auprès de moi, il se tenait là, simplement, comme s'il n'avait jamais disparu. Je me souviens que je voulais prévenir ma mère de notre erreur concernant sa mort. Et je me réveillais persuadé de la présence de mon père. Encore à demi endormi, j'allais dire à ma mère : « Regarde, il est avec nous ! » Je fis ce rêve récurrent pendant plus de dix ans. La perte de mon père m'avait infligé une blessure qui, à mon insu, m'influença une longue partie de ma vie.

Pendant des années, je demandais à tous les survivants qu'il m'était donné de rencontrer ce qui s'était passé là-bas. Ils se confiaient à moi. J'accumulais les témoignages. Je dévorais les articles et les livres. Je voulais tout savoir : le fouet, les hurlements des règlements de comptes des prisonniers la nuit, les coups incessants...

Mais ce n'est que plus tard, grâce, notamment, à Roger Heim, professeur au Muséum national d'histoire naturelle, lui-même survivant de Mathausen, que je pus, en imagination, suivre mon père de son camp de Mérignac à Drancy, puis à Auschwitz. C'est seulement alors que je pus retracer les étapes de sa lente marche vers la mort.

Je voulais également comprendre si ce qui s'était passé était du domaine des procédés habituels utilisés par les hommes en guerre les uns contre les autres, si ces camps relevaient de la même logique que les pogroms qui avaient sévi au tournant du siècle ou s'il y avait là quelque chose d'inouï. Lorsque, quelques années plus tard, le philosophe Kostas Papaïoannou devint mon ami, il s'ouvrit à moi de ses vues sur la question. L'événement était selon lui radicalement neuf.

Ces massacres étaient d'une ampleur nouvelle et avaient frappé indifféremment les hommes, les femmes, les enfants et les vieillards. Ils avaient de plus été décidés et organisés froidement, personne ne pouvait prétendre qu'ils avaient été un acte de défense contre une menace. Et il y avait cette incroyable volonté de ne laisser aucune trace et de faire disparaître tous les camps une fois leur terrible office accompli !

De plus, c'est ce qui me frappait, les juifs s'étaient laissés faire. Cela anéantit à mes yeux l'idée que la non-violence était une réponse efficace à la barbarie. J'étais épouvanté par la cruauté et par le sadisme des responsables de camp. Et j'étais révolté par le mensonge partout propagé que personne, en Allemagne, n'était au courant de l'extermination en cours : le camp de Dachau était installé dans les faubourgs de la ville. La sœur de tel collègue de Saclay, déportée à Ravensbruck, sortait constamment du camp en commandos de travail et les enfants leur jetaient des pierres – comme Mme Geneviève de Gaulle-Anthonioz l'a écrit pour elle-même.

La technique et les barbares

Mais ce qui me choquait le plus, sans doute parce que j'étais moi-même un apprenti technicien, était l'utilisation d'une technique perfectionnée et d'une organisation sophistiquée pour la perpétration de ces actes. Tout cela avait été conçu selon le schème industriel que j'apprenais chaque jour. La fréquence des trains, la capacité des fours crématoires, et la nature et la quantité de gaz avaient été méticuleusement calculées selon un impératif d'efficience très élevée. Affréter des rotations ferroviaires régulières, remplir et vider les chambres rapidement, réduire au maximum les pertes de temps, limiter le nombre des pannes, prévoir des procédures de maintenance et produire des pièces de rechange, tout cela avait été réalisé par des ingénieurs hautement qualifiés. Un système industriel complet, détaillé et efficace avait été créé au service de la mort de masse. J'étais épouvanté par cette industrialisation du meurtre et par cette technicisation du massacre. Le triomphe de la technique, si humaine dans les mains des compagnons, était devenu un cauchemar, aux mains des barbares.

Ce fut pour moi un bouleversement durable et profond. À la différence de nombre de mes amis, le traumatisme causé par les camps ne me fit ni haïr le christianisme ni chérir le judaïsme. Au contraire, ces révélations me rapprochèrent encore davantage de la France et de sa douce et débonnaire indolence. Les miliciens et les pétainistes n'étaient rien à mes yeux, en comparaison de la bonté de ceux, instituteurs, surveillants, curés et simples paysans, qui nous avaient aidés et protégés.

Le 9 mai 1945, avant le concours de l'École des arts et métiers, nous apprîmes la fin de la guerre. Nos professeurs nous octroyèrent un congé exceptionnel et nous fûmes lâchés dans les rues. Je parcourus Paris en liesse. Je n'éprouvai moi-même pas de joie, mais un certain soulagement. La vie autour de moi continuait. La mienne était hantée par les absents, bouleversée par la mort et harcelée par les besoins quotidiens.

Saynète 5

GADZARTS ET TAUPINS

Les joies simples d'un apprenti ingénieur

En qualité de premier de la promotion de l'École des arts et métiers, je fus reçu, au début du mois de septembre 1945, par le directeur de l'École lui-même, M. Bonnafous. Il me reçut en compagnie de ma mère d'une façon extrêmement chaleureuse. Au cours de cet entretien, il me fit entrevoir un univers totalement nouveau pour moi : celui des ingénieurs.

Mes trois années de scolarité à l'École des arts et métiers furent l'occasion de partir à sa découverte. Auprès de mes professeurs et en compagnie de mes camarades, j'eus la joie extrême de découvrir les métiers de l'industrie. Ma dilection pour le travail manuel s'en trouva renforcée, élargie et éclairée. Je compris que la technique était une école de la maîtrise.

Aux Arts et Métiers, mes journées reprirent le cours régulier que j'affectionnais tant à Marguerittes. Seulement, c'était vers le pays de la technique – et non en direction du monde des bergers – que je dirigeais chaque jour mes pas.

Chaque matin, je quittais notre appartement du boulevard de la Chapelle vers sept heures, emportant toujours à la main notre poubelle pour aller la vider au rez-de-chaussée. Perdu dans mes pensées, je l'emmenais parfois jusqu'au métro. Je devais alors revenir en courant à notre immeuble pour la vider sans me mettre en retard. Arrivé à la station Place-d'Italie, je gagnais avec joie l'immense ensemble formé par l'école et ses ateliers.

Débouchant dans la large cour venteuse de l'établissement, je rejoignais le groupe de camarades auquel je m'étais intégré.

Notre journée de cours commençait en alternance soit par une leçon magistrale dans un amphithéâtre, soit par une longue séance de dessin industriel. La leçon portait sur un sujet à la fois proche des disciplines scientifiques et technologiques, et directement utile pour la pratique industrielle. Chacun de nos professeurs — comme chacun de nous — était affublé d'un surnom : le Z'af pour celui qui nous enseignait l'art complexe de la construction mécanique, le Ch'suisse pour tel enseignant affligé de zézaiement. En dépit de ces sobriquets, nous les respections infiniment : nous désirions tous ardemment recueillir le savoir qu'ils nous dispensaient.

La séance de dessin industriel durait jusqu'au déjeuner. Chacun de nous se tenait derrière une immense planche à dessin flanquée d'un bureau. Comme des ingénieurs de l'industrie, nous devions créer intégralement le dessin d'un vérin, d'une grue ou d'une boîte de vitesses. C'est dans cet exercice que des hiérarchies s'esquissaient : la plupart d'entre nous étaient à la peine. Nombreux étaient ceux qui se noyaient progressivement dans un dessin qui se couvrait inexorablement de ratures et de taches. Mais certains traçaient un plan net, d'une main assurée.

C'est là que j'appris l'importance d'une bonne conception industrielle : imaginer un dispositif ingénieux ou un appareil novateur était vain si les procédés de fabrication, de maintenance et de réparation étaient impossibles ou simplement compliqués. Ces séances ardues de dessin industriel nous apprirent à penser les objets dans le cadre des trois dimensions de l'espace, mais aussi dans celui du temps et de la durée : l'usage et l'usure devaient faire partie intégrante de notre conception de l'objet.

Aussitôt après le repas, vers treize heures quinze, nous rejoignions mes chers ateliers. L'école était dotée de véritables petites usines. Elles étaient rassemblées dans de vastes et sonores hangars derrière les bâtiments de l'école. Nous revêtions des bleus de travail et nous pouvions commencer à travailler sous la direction bienveillante d'anciens travailleurs de l'industrie.

Au fil des mois, nous reçûmes une formation mécanique complète. Fraiser, tourner, rectifier, fondre, souder, mouler et forger des pièces métalliques, tout cela me passionna. Tout cela m'apparut comme une extension progressive de notre maîtrise sur le monde des objets matériels. Chacun travaillait seul. Chacun était responsable de la machine-outil qu'il utilisait et de la pièce qu'il travaillait. Tout comme moi, mes condisciples travaillaient avec bonheur : les séances d'atelier leur étaient bien plus agréables et bien plus familières que les cours du matin, un peu trop théoriques à leur goût. Ils étaient généralement issus de milieux où les travaux mécaniques étaient connus, pratiqués et honorés. Mon propre plaisir était redoublé par la nouveauté : ces usines d'apprentissage étaient d'une modernité que je n'avais pas même imaginée dans les petits ateliers vieillots de l'École primaire supérieure Colbert. Je voulais savoir comment on fabriquait toute chose : les soupapes, les valves, les pompes, les charpentes métalliques, les moteurs des automobiles, les ponts, les gares. Ma soif de savoir-faire était insatiable.

Vers dix-neuf heures, la sonnerie générale interrompait notre labeur pour marquer la fin de la journée à l'école. Nous gagnions le vestiaire pour ôter notre bleu de travail et nous nous lavions les mains avec soin : elles étaient couvertes de graisse et nos ongles restaient noirs, même après notre passage aux lavabos. Nous nous dirigions alors, en petites bandes, vers la place d'Italie. Le métro disséminait notre troupe dans la ville et je rentrais chez moi.

Quand j'arrivais, je me mettais immédiatement à la tâche : nettoyer le plancher, lessiver le carrelage de la cuisine, faire quelques courses. Je le faisais toujours avec plaisir dans l'espoir d'alléger le fardeau de ma mère.

Puis nous dînions des plats que ma mère parvenait à préparer sur le réchaud à gaz. Ma sœur faisait parfois des apparitions pour se joindre à nous. Comme à son habitude, elle menait une existence autonome : elle travaillait dans un des PX (*Post eXchange ?*) destinés à fournir aux soldats américains en garnison à Paris tous les produits de leur pays qu'ils souhaitaient – alcools, confiseries ou encore revues, musique, etc. Ma sœur eut ainsi l'occasion de rapporter à la maison un petit pick-up à manivelle et quelques Victory Discs : le jazz fit son entrée dans mon univers sonore.

Avant de gagner mon matelas, disposé à même le sol dans un coin de la pièce qui nous servait d'atelier et de salle à manger, j'apprenais mes leçons pour le lendemain. C'est au cours de ces journées de bonheur pratique et de travail manuel que j'appris à connaître le monde des ouvriers, des contremaîtres et des ingénieurs.

Les fastes de la cantine

La vie à l'école me paraissait d'un faste extraordinaire : mes camarades étaient tous vêtus de manière convenable : ils avaient des chaussures de cuir et des vêtements quasi neufs. Certains arboraient même des cravates. J'étais pour ma part vêtu comme à Marguerittes, du moins au début de ma scolarité : je portais des galoches à semelles de bois, un pull à même la peau et étais bien entendu dépourvu de cravate. Mon seul vêtement présentable était un blouson de cuir marron que m'avait donné le chef de chantiers de jeunesse, en vacances à Peyroleau, avec femme et enfants, femme qui était devenue amie de ma sœur.

Au commencement de mon *cursus* à l'École des arts et métiers, il était malheureusement impossible à ma mère d'acheter quelque habit que ce fût, pour moi ou pour elle. La seule addition à ma collection de hardes fatiguées par les années de misère venait de l'un de ses cousins : il me donnait ses vêtements usagés. Je commençai à porter des chemises, mais l'usage des sous-vêtements me restait encore inconnu.

Nous déjeunions dans un immense réfectoire établi dans les sous-sols. L'éclat des récipients métalliques dans lesquels on nous servait, l'abondance et la variété – toutes relatives – des mets qu'on nous offrait, tout cela m'émerveillait. À mesure que la guerre s'éloignait, la viande se fit de plus en plus fréquente au menu. Il était de bon ton, chez mes camarades, de railler la cuisine de la cantine. Je ne me joignais pas à eux sur ce point : pour la première fois de ma vie, je mangeais régulièrement et à ma faim.

Camaraderies

Le traditionnel bizutage eut lieu : je fus déguisé en peau-rouge et défilai sur les épaules d'un de mes camarades. Mais cela ne m'affecta pas. C'était la première fois que j'appartenais à un groupe de camarades. La fraternité de l'atelier n'était pas un vain mot. Entre nous tous s'établit la camaraderie de ceux qui travaillent de leurs mains, sont capables d'utiliser des machines et savent créer des objets complexes. Pour l'entretenir, je me forçais quelque peu à participer à leurs jeux de cartes.

Mes condisciples étaient issus de milieux relativement modestes : la plupart étaient fils d'ouvriers, d'artisans ou de contremaîtres. Les plus aisés, très rares, étaient fils d'ingénieurs. Ils se destinaient tous à l'industrie et plusieurs d'entre eux fondèrent par la suite des entreprises, qui de génie mécanique, qui de construction électrique.

Mes amis parlaient de sujets qui m'étaient inconnus : la politique, les journaux, le bridge, les bals de la société des anciens élèves des Arts et Métiers, les sports, etc. Certains étaient gentiment mais extrêmement sarcastiques. Comme en témoigne la photographie de ma promotion, mon aspect était grave : je ne souriais jamais. Et comme mes résultats étaient excellents, ils moquaient mon perpétuel sérieux. Quand je me laissais aller à leur parler d'une de mes lectures, les plus joyeux s'écriaient : « Ignace au Panthéon ! Ignace au Panthéon ! » Ils aimaient à mentionner mon deuxième prénom pour évoquer la chanson de Fernandel et pour me taquiner. Dépourvu, aujourd'hui encore, de tout esprit de repartie, j'en étais réduit à subir leurs sarcasmes amicaux.

L'un d'eux entreprit de m'arracher à ma sauvagerie sociale et de me polir un peu. Il commença par m'inviter à la fête que ses parents donnaient chez eux le soir de la Saint-Sylvestre. Elle était à mes yeux du dernier chic : c'était mon premier réveillon. Il m'incita également à venir avec lui à l'abbaye de Royaumont pour assister à la session inaugurale de l'Union des grandes écoles. En entrant dans cette belle abbaye du XIII siècle, je pénétrai dans un univers de beauté jusqu'alors ignoré : celui de l'art. Le cloître et les ruines m'enchantèrent et le directeur, Gilbert Gadoffre, nous reçut en petit comité pour nous faire écouter des 78 tours. C'est là que j'entendis pour la première fois des musiques que j'aime encore : Couperin et Rameau.

C'est toujours avec beaucoup de tendresse que je me souviens de cette camaraderie parfois un peu persifleuse, mais pleine de chaleur.

À l'École des arts et métiers, je travaillais relativement peu les sciences. Mais ma curiosité s'y aiguisa.

Grâce aux ouvrages de vulgarisation qu'écrivait alors Louis de Broglie, j'acquis quelques notions sur la théorie des *quanta*, que ces livres nommaient encore « mécanique ondulatoire », et sur la théorie de la relativité. Je lus également quelques introductions à l'histoire des sciences. Et je me passionnai pour les livres d'astronomie : ils me fournissaient quelques aperçus sur les propriétés des astres que j'avais tant contemplés à Marguerittes.

Mon enthousiasme déclaré pour les sciences m'attirait de nouvelles moqueries de la part de mes compagnons. Je m'aperçois aujourd'hui que je fis alors, seul, mes premiers pas dans des domaines qui allaient me passionner durant le reste de mes jours.

La délivrance de ma mère

Notre situation matérielle était toujours extrêmement précaire. Nous ne chauffions pas notre logement et nous ne songions même pas à le faire. Notre ordinaire restait d'une modestie extrême.

Néanmoins, vers 1948, les efforts de ma mère nous permirent de sortir de la gêne. Voyant son acharnement au travail, un de nos cousins eut l'idée d'ouvrir un magasin de confection pour dames. Ma mère et lui partageraient à égalité charges et bénéfices, à condition que ma mère tînt la boutique et s'approvisionnât dans les ateliers que possédait ce cousin. Le prénom de l'épouse du cousin fut donné au magasin, Sylviane. Même si elle fut contrainte de contracter un emprunt pour réunir sa part de capital, ce fut pour ma mère une véritable délivrance : son travail au carreau du Temple était un véritable servage.

Ma mère s'établit près du boulevard de Strasbourg, dans une des boutiques du passage Brady. Celui-ci abritait alors exclusivement des commerces de vêtements et d'accessoires pour femmes.

Le magasin était assez vaste et comprenait, à l'étage, un petit atelier. Exaspérée par son nom, Esther Kouchelevitz, que personne ne parvenait à prononcer et qui la désignait à tous comme une étrangère, ma mère se fit appeler « Mme Sylviane ». Elle pensait ainsi conjurer la malédiction que son nom avait fait peser sur elle, sa vie durant.

C'était l'époque où Christian Dior lança le *new-look*. Toutes les femmes, même celles des milieux populaires, voulaient rafraîchir leurs garde-robes après les privations de la guerre. L'affaire de ma mère jouit immédiatement d'un certain succès, qui alla croissant. « Mme Sylviane » engagea rapidement deux vendeuses pour l'assister et installa une couturière à l'étage pour effectuer les menus travaux de retouche.

Ma mère fut enfin en mesure d'éloigner de nous les affres de la misère : elle put désormais régler son loyer sans se priver de tout. Elle acheta un petit four à gaz et un petit bloc douche que je raccordai au robinet de la cuisine. Elle put même installer un radiateur à gaz dans sa chambre. Comme elle ne s'était jamais chauffée de sa vie, elle oubliait régulièrement de l'utiliser. Elle finit par m'offrir un *cosy corner* : j'étais tout étonné de voir que je pouvais avoir un lit à moi.

À la sortie de l'école, je venais aider ma mère au magasin et, sur le chemin du retour, je l'accompagnais, rayonnante, dans une promenade, rue du Faubourg-Saint-Denis, durant laquelle elle jouissait du plaisir de pouvoir acheter des fruits et des légumes aux marchands de quatre saisons et du fromage aux crémiers. Ce n'était pas l'aisance, mais, au moins, un certain confort.

L'accession à une certaine forme de prospérité fut plus qu'un soulagement, ce fut une victoire. Pour la première fois de sa vie, ma mère n'était plus contrainte de survivre. Elle pouvait vivre, tout simplement.

Ma mère réussit même à réaliser son rêve : passer des vacances sur la Côte d'Azur. Depuis la fin de la guerre, j'avais pris l'habitude, à la fin de l'année scolaire, de retourner à Marguerittes pour travailler comme berger chez les Turc. Mais, un été, ma mère décida que nous partirions à Cannes.

Elle loua une chambre dans les quartiers populaires de la ville. Nous allions tous les jours à la plage municipale nous baigner : j'avais appris à nager dans le Tarn. Jamais, en revanche, nous n'allions au restaurant : par souci d'économie, nous mangions chez nous. Jusqu'à ce qu'apparaisse une règle obligeant tous les hôtels de la Côte à proposer un menu à un prix très modique et partout identique. Ma mère décida alors d'aller dîner au Britannia. Aux côtés de ma mère rayonnante, j'allai, pétrifié, dans un palace peuplé de robes longues et de smokings. Sans ciller, ma mère prit place et demanda le menu obligatoire. Le plus naturellement du monde, le maître d'hôtel et les serveurs nous servirent les plats plébéiens que nous avions commandés dans un service de porcelaine fine et d'argent ciselé.

Aux portes de l'École polytechnique

Lorsqu'il me donnait ses vieux habits, le cousin disait à ma mère, pour apaiser ses scrupules : « Grâce à eux, il pourra se marier avec une fille de bonne famille, quand il aura une bonne situation. »

Mais cette fameuse situation restait à mes yeux un mystère. J'entrevoyais avec peine quel était l'avenir des élèves de l'École des arts et métiers.

À plusieurs reprises durant ma scolarité, M. Bonnafous, en directeur exemplaire, me conseilla de tenter d'entrer à l'École polytechnique. Il connaissait chacun de ses élèves et veillait sur leurs résultats. Les miens étaient excellents, de sorte qu'il songea pour moi à cette voie assez rarement empruntée par les élèves de son école.

Tout cela était bien loin de mon esprit. J'ignorais jusqu'à l'existence de l'X. Mon seul projet était d'aider ma mère au magasin et de contribuer ainsi à l'éclosion de sa sérénité. J'y consacrais tous mes congés. Je songeais avec terreur aux métiers d'ingénieur et de technicien, et je caressais l'idée de devenir moi-même artisan et commerçant pour prendre part au soulagement de ma mère.

J'écoutais donc les recommandations de M. Bonnafous d'une oreille distraite et incrédule. Je me sentais parfaitement incapable de formuler la moindre objection en face d'un monsieur si important et si cordial. Il insista pourtant et voulut que je rencontrasse l'ingénieur général Lamothe, alors directeur des études de l'École polytechnique. Il prit rendez-vous pour moi avec ce personnage considérable. Après avoir traversé les majestueux bâtiments de la montagne Sainte-Geneviève, je me présentai sans cravate, comme à l'accoutumée, dans son bureau orné des photographies des promotions précédentes. Rien ne rappelait ici l'usine de l'École des arts et métiers : tout était fin et élégant. Je frappai à la porte de la haute administration française. L'inspecteur général Lamothe me reçut avec une courtoisie exemplaire :

« Mon ami Bonnafous m'a parlé de vous, me dit-il. Bien entendu, aux Arts et Métiers, vous n'avez rien appris de ce qui est nécessaire pour passer le concours de l'École polytechnique. Mais cela n'a aucune importance. Je vais vous adresser au professeur Cagnac, qui dirige la classe de mathématiques spéciales au lycée Louis-le-Grand. Point n'est besoin pour vous de passer par la classe de mathématiques supérieures : préparez-vous en un an, vous entrerez à l'X sans doute parmi les derniers, mais vous réussirez. »

La classe du professeur Cagnac

Sans bien comprendre de quoi il s'agissait, je suivis ses conseils encourageants et me conformai à la voie qu'il m'avait tracée. Mon diplôme de l'École des arts et métiers en poche, j'entrai au lycée Louis-le-Grand, dans la classe de mathématiques spéciales du professeur Cagnac.

Mes condisciples tranchaient vivement avec mes camarades de l'École des arts et métiers. Ils étaient d'un statut social si élevé qu'il m'était parfaitement inconnu. Ils ne proféraient aucune moquerie et se contentaient d'une ironie mordante. L'un d'entre eux, vêtu avec une grande recherche, plein de morgue, traitait les gens de mon milieu de « sous-alimentés ». Un autre était le fils de Maurice Thorez : très grand et déjà corpulent, il était toujours habillé d'un costume deux-pièces fort bourgeois. Jovial, il arrivait au lycée, *L'Humanité* sous le bras, déclarant à la cantonade : « Je lis mon journal de classe. » Les deux fils du professeur Cagnac, Bernard et Pierre, étaient, à mes yeux, nimbés de la gloire de leur père, de sorte que je n'osais les approcher. Tous me frappaient par leur aisance verbale, par leur agilité intellectuelle et par la profondeur de leurs esprits.

Cette petite société baignait dans l'harmonie que dégageait la personnalité radieuse, amicale mais ferme du professeur Cagnac. Son savoir et sa clarté nous éblouissaient tous. C'est, à mon sens, l'un des meilleurs esprits qu'il m'ait été donné de rencontrer.

Je devais tout apprendre depuis le début : je connaissais la technique ; il me fallait, en quelques mois, apprivoiser la science. Durant les premiers mois au lycée, je fus complètement perdu. Je figurais régulièrement dans les derniers rangs du classement que le professeur Cagnac établissait et proclamait pour chaque composition. Mais, au mois d'avril, je réussis à me hisser parmi les premiers du classement. Cela me valut l'estime des meilleurs élèves de la classe et, surtout, la bienveillance du professeur Cagnac, qui me prodigua conseils et encouragements. Il m'incita même à m'enhardir au point de proposer des solutions à certains exercices. Quand je demandais la parole, il déclarait à l'assemblée : « Prenez note, Messieurs, de ce que dit votre camarade. C'est la bonne solution. »

Quand arriva l'époque des concours, je me présentai uniquement à celui de l'École polytechnique, alors que tous mes compagnons d'études s'inscrivaient également à ceux d'autres écoles. Ce n'était pas forfanterie de ma part : j'étais sincèrement persuadé que ma candidature était vouée à l'échec. Je souhaitais même secrètement ne pas être reçu : cela me permettrait de retrouver la boutique de ma mère.

Pourtant, les épreuves écrites me parurent aisées. Et, de fait, mes notes furent si bonnes que je fus ce qu'on appelait alors « hyper-admissible », c'est-à-dire dispensé d'une partie des épreuves orales : le petit oral. Le grand oral, qui me restait à passer, ne présenta pas non plus de difficultés. À la proclamation des résultats, j'appris que j'avais obtenu la somme des points la plus élevée au concours. Je fus pourtant déclaré second au classement d'entrée : comme je n'avais pas pu suivre les cours de latin, de grec et d'escrime dispensés pendant les années de lycée, je n'avais pas bénéficié des points de *bonus* qu'octroyait le fait d'y avoir assisté. Un autre que moi, qui, comme tous mes condisciples, avait été lycéen, reçut, grâce à ces points supplémentaires, la première place au classement ultime.

Mon entrée à l'X, inattendue, ne m'apporta ni fierté ni même joie. Ma mère elle-même, autant que je m'en souvienne, ne m'adressa aucune parole de félicitations. Tout cela était beaucoup trop éloigné de notre vie et de notre monde. Je fus seulement saisi d'une certaine incertitude sur mon avenir : tous mes projets étaient bouleversés, puisque j'entrais à l'École polytechnique.

Saynète 6

LE DÉVOILEMENT DU MONDE

Maillot jaune

J'étais persuadé d'être entré à l'École polytechnique par erreur. J'étais d'ailleurs certain que cette bévue ne tarderait pas à éclater au grand jour et que tous sauraient bientôt à quoi s'en tenir quant à mes compétences réelles.

En septembre 1949, à la rentrée, je ne me préparais donc absolument pas à travailler pour réussir mes études à l'X. Vers la fin du dernier trimestre, mon ambition se bornait à me présenter au suffrage de mes condisciples, en compagnie d'un camarade, pour devenir « caissier » de ma promotion. Cette charge consistait à gérer un petit fonds d'assistance aux élèves en difficulté et aux élèves étrangers. Apprenant mon dessein, l'inspecteur général Lamothe me convoqua :

« Vos notes du semestre vous classent premier de la promotion. Il est hors de question que vous deveniez caissier ! Retirez votre candidature ! », m'ordonna-t-il.

J'obéis à mon bienfaiteur, laissant à mon colistier le soin de me trouver un remplaçant.

Je n'avais pas conscience que ma vie allait changer du tout au tout. L'entrée à l'École des arts et métiers m'avait ouvert des mondes que j'entrevoyais sans les connaître. L'accession à l'X me plongea dans des univers dont j'ignorais l'existence même.

Tout commença par l'uniforme. En un instant, il me dépouilla de l'aspect miséreux que me donnaient la nécessité et mes habitudes vestimentaires. Les uniformes réglementaires kaki de l'armée me convenaient à merveille : pompe inaccoutumée, ils comprenaient des sous-vêtements ; ils me débarrassaient du souci de m'attifer ; mais surtout, ils tissaient entre mes condisciples et moi un lien que je chérissais : j'étais enfin membre à part entière d'une communauté. Le grand uniforme me plaisait moins. Nous ne le revêtions que rarement, pour les cérémonies. Ultérieurement, l'épée du major de promotion me fut remise, qui commémorait la mort d'un élève pendant la Grande Guerre de 1914-1918.

Je changeai également de lieu de vie. Durant la semaine, j'habitais un dortoir, avec une douzaine de camarades, à la caserne de Lourcine, au coin de la rue Berthollet et du boulevard de Port-Royal. Une autre promotion résidait dans les bâtiments historiques de la rue Descartes. À cette époque, à la suite d'une réforme administrative, deux promotions étudiaient en même temps à l'X. Je rompis donc complètement avec la solitude qui m'était coutumière : je vivais constamment avec mes camarades. La discipline, à vrai dire fort légère, ne me pesait absolument pas.

Des classements périodiques avaient lieu durant la scolarité à l'École polytechnique. Au premier d'entre eux, proclamé à la fin du premier semestre, je fus déclaré premier. J'allais le rester durant toute ma scolarité, jusqu'à sortir major de ma promotion. Ce statut de « major perpétuel » me valut une estime et un respect universels. Pour la première fois de ma vie, on me montra même une certaine déférence. Personne n'aurait eu l'idée de m'appeler « Ignace » ou de moquer mes enthousiasmes. Quand je passais dans les couloirs de l'école, certains élèves sportifs me saluaient plutôt en s'écriant : « Voilà le maillot jaune ! »

Amitiés

Je m'entendais avec tous mes camarades. Mais certains d'entre eux étaient mes intimes. Ils sont nombreux ceux dont j'aimais la compagnie, la conversation ou la simple présence ! Mais rendre hommage à tous m'est impossible. Je ne parlerai donc que de certains d'entre eux.

À mon arrivée au « casert », je fis la connaissance de Roger Pagézy. C'était un jeune homme de taille moyenne, toujours souriant, toujours plein d'attentions. Fils d'un grand industriel protestant originaire du Languedoc, il avait un accent qui me rappela celui de Marguerittes et suscita immédiatement ma sympathie. Roger était entré à l'École polytechnique avec un classement fort médiocre. Son père avait longtemps hésité : peut-être fallait-il suivre une nouvelle année de préparation pour obtenir un meilleur rang. Heureusement pour notre amitié, Roger intégra en même temps que moi. Nous nous liâmes très rapidement. Et c'est lui qui, le premier, me fit découvrir les arcanes de la haute bourgeoisie française. Chez son père, qui résidait rue de Rivoli, près de la place de la Concorde, je rencontrai des hommes célèbres ou en passe de l'être, Pompidou, Baumgartner, Pinay, Reynaud ou encore Mayer. Je n'osais évidemment pas leur adresser la parole : j'étais médusé par la présence de ces grands hommes.

Jacques Lesourne était, lui, le major de l'autre promotion présente à l'X à cette époque. Lorsque je le rencontrai pour la première fois, dans la cour de l'école, je m'enquis tout simplement de ce qu'il lisait. Il me répondit qu'il se consacrait à l'étude des archives du ministère allemand des Affaires étrangères de la

Wilhelmstrasse, désormais accessibles, ainsi qu'à celle des mémoires des généraux allemands. Sa sérénité chaleureuse et son intelligence lumineuse firent que je l'admirai et l'aimai sur-le-champ.

Ce fut le début d'une amitié fidèle et forte, qui dure encore. Au fil de nos rencontres, durant sa scolarité à l'X, puis au corps des Mines, il me fit partager sa passion pour l'histoire. Il m'expliqua même, plus tard, ce monde économique qui me déroutait tant : en bon ingénieur, il me dévoila les ressorts secrets de la fragile machine du marché. Ce fut toujours, et c'est encore aujourd'hui, un privilège pour moi que de le compter parmi mes amis.

La haute bourgeoisie française

J'ignorais tout des usages de la société dans laquelle j'entrais. Je ne savais ni passer un coup de téléphone ni m'asseoir dans un fauteuil. J'étais incapable de parler, de manger ou de boire convenablement en société. Les règles de la bienséance et les rites du dîner en ville m'étaient aussi inconnus que les lois matrimoniales des Papous.

Je fus tout d'abord frappé par la beauté et la richesse des demeures où mes camarades me conviaient : tableaux, miroirs, fauteuils et tapisseries, tout était motif d'étonnement, tout était pour moi source d'admiration. Je fus si impressionné par ces intérieurs que j'acquis peu à peu une véritable expertise en la matière. J'en vins à identifier mes hôtes aux objets dont ils s'entouraient.

La politesse exquise dont tous faisaient preuve à mon égard ne laissait pas de m'impressionner. Ils étaient fiers de constater que la République française était fidèle à sa réputation de générosité et à son idéal d'égalité. J'étais pour eux la preuve vivante qu'un fils du peuple pouvait être major de l'X. Cette courtoisie me frappait d'autant plus que l'essentiel des discussions était, je le notais avec étonnement, consacré à d'élégantes ironies ou railleries.

L'art de la conversation m'éblouit lui aussi, mais resta un soleil lointain. Je demeurais, bouche close, à écouter les frivolités spirituelles et toujours souriantes qu'échangeaient les convives à une vitesse étourdissante. On me posait parfois une question. Mais je rompais alors le fil subtil et tendu de la conversation pour asséner aux convives une leçon, un « amphi », que tous louaient pour sa clarté mais qui n'avait que peu de rapport avec les brillants dialogues du dîner. Il m'était, à vrai dire, loisible de briller à peu de frais : mes hôtes étaient généralement encore épris d'une cosmologie d'avant guerre, de sorte que je passais aisément pour un génie quand je niais hardiment l'existence de canaux sur Mars ou décrivait notre galaxie, la Voie lactée.

Petit à petit, au fil des invitations, mes différents hôtes m'éduquèrent et me polirent avec un doigté, une discrétion et une sollicitude qui redoublèrent mon admiration. J'apprivoisai quelques-uns de ces cérémoniaux. Mais jamais je ne parvins à acquérir l'aisance et l'habilité que les autres, je le voyais, déployaient le plus naturellement du monde.

Je n'avais pas la moindre idée d'ascension sociale : j'étais tout à la joie d'être accueilli et respecté dans un monde qui me paraissait infiniment beau.

« Igor » et le Grand Siècle

À mes yeux, il allait de soi que je devais verser l'essentiel de ma solde de polytechnicien à ma mère. Le peu d'argent que je gardais était intégralement consacré aux livres. C'était mon principal plaisir et ma seule dépense.

L'entrée à l'École polytechnique coïncida en effet chez moi avec une véritable boulimie de lectures. Le divin Homère, les tragiques grecs, Eschyle et Sophocle, les classiques français, Corneille et Racine, La Fontaine et Molière, La Bruyère et La Rochefoulcaud, Pascal [1] et Descartes, mais surtout les mémorialistes du Grand Siècle, Retz et Saint-Simon devinrent mes auteurs, furent mes passions. Immense joie : je découvrais les mémoires du duc de Saint-Simon dans la Pléiade, à mesure que les volumes paraissaient. Les existentialistes, les caveaux de Saint-Germain, tout cela m'était parfaitement étranger. Seul le Grand Siècle m'intéressait.

J'eus, il est vrai, un bref moment de russophilie – toute littéraire –, si bien qu'un compagnon de chambrée facétieux me surnomma un temps « Igor ». Mais ma préférence allait toujours aux Grands Français.

J'entrais de plain-pied dans la haute culture et j'eus le sentiment d'en être complètement transformé.

La science des maîtres

Au lycée Louis-le-Grand, j'avais éprouvé une profonde admiration pour le professeur Cagnac. Ce fut une véritable adoration que je vouais aux professeurs de l'École polytechnique. Ils m'ouvrirent, en effet, les portes de la science et modifièrent ainsi complètement ma vision du monde. En moi se forma le sentiment que l'homme contemporain vivait un moment privilégié : il avait la chance de pouvoir explorer, les yeux ouverts, le jardin magnifique du monde. À Marguerittes, j'avais découvert, sous la conduite du berger Turc, les trésors de la nature et les joies de l'observation. Guidé par mes maîtres de l'X, j'assistais, chaque jour, au dévoilement progressif de l'univers.

Nombreux furent ceux auxquels je dus ces révélations incessantes. Il m'est impossible de rendre à chacun le tribut de reconnaissance qu'il mérite. Mais certains d'entre eux furent pour moi de véritables guides. Tous ces hommes me transmirent beaucoup plus que des connaissances : ils me révélèrent à moi-même. C'est à leur contact, en les suivant – et en essayant parfois de les imiter – que je découvris ma vocation : la science. Pour la première fois de ma vie, je n'envisageais plus mon avenir dans la boutique de ma mère.

Je vouais une admiration presque obsessionnelle à l'analyse mathématique et à celui qui était chargé de nous l'enseigner : Paul Lévy. J'osais aller parler avec lui dans son petit bureau après la fin du cours. D'ordinaire timide et presque gauche, il s'engageait avec moi dans de longs entretiens sur son domaine scientifique. Pédagogue exemplaire, il tenait à savoir, de la bouche du major de la promotion, ce que les élèves pensaient de son cours.

Louis Leprince-Ringuet était à mes yeux un modèle de bonté et de science. Il était nimbé du prestige que lui conféraient son poste de professeur au Collège de France et son rayonnement personnel. Il avait coutume d'accueillir chez lui certains de ses élèves. Je fus de leur nombre. Il habitait un étage d'un bel hôtel particulier du XVIIe siècle, rue de Grenelle, en compagnie de ses nombreux enfants. C'est à lui que je dus de découvrir la théorie de la relativité générale et la physique quantique. Entièrement dévoué à ses disciples, il consacrait de nombreuses heures à réfléchir avec eux à leur orientation. Il me marqua par son humilité, par son ouverture et par sa piété. C'était un homme de cœur et un scientifique doté de l'extraordinaire capacité de bâtir des laboratoires de niveau international. Il était le familier d'Heisenberg et de Bohr. Il était l'un des membres les plus éminents de la communauté scientifique mondiale. C'est grâce à lui que j'entrevis pour la première fois l'existence de cet aréopage.

Gaston Julia, le professeur de géométrie, était l'enthousiasme scientifique personnifié. Membre de l'Académie des sciences, il sentait, il mimait, en un mot il vivait la géométrie. L'énergie qu'il déployait dans ses cours et dans ses recherches me transportait. C'était une des « gueules cassées » de la Grande Guerre. Il nous faisait cours le visage entièrement voilé par une étoffe noire. Ses yeux seuls, rayonnant d'une puissance intellectuelle, suffisaient à nous hypnotiser.

Le professeur de mathématiques appliquées, Roger Brard, était avec moi extrêmement chaleureux. C'était un ingénieur du génie maritime de grand renom : il dirigeait le bassin des carènes et avait pris part à la conception de la coque et des hélices du paquebot *Normandie* avant guerre. Il faisait cours en uniforme. J'admirais surtout en lui les efforts constants qu'il déployait pour être à la hauteur de sa tâche. Je devais par la suite travailler abondamment avec lui.

Jean Ullmo, examinateur d'analyse mathématique à l'École, eut sur mon existence une influence particulièrement profonde. Il m'invita chez lui pour deviser de science et pour parler de mon avenir. Il suivait de près mon travail et s'efforça de m'éclairer sur les voies qui m'étaient ouvertes. Il joua dans ma vie un rôle central : c'est lui qui m'incita à entrer dans le monde de la recherche scientifique.

Une galerie complète de portraits de mes maîtres serait comme l'énumération des vaisseaux achéens au livre II de l'*Iliade* : elle pourrait lasser le lecteur. Mais elle me remplirait de joie : c'est à cette compagnie de savants que je dois l'événement le plus important de ma vie intellectuelle et spirituelle : le dévoilement du monde de la science.

Arpenter la planète

C'est durant ma scolarité à l'École polytechnique que j'entamai les pérégrinations qui, dans ma mémoire, constituent mes « grands voyages » de jeunesse. Le lecteur contemporain s'étonnera peut-être que je m'attarde un peu sur ce qui, aujourd'hui, peut sembler si banal. Mais voyager au loin était, à la fin des années 1940 et au début des années 1950, bien plus ardu qu'à présent. Il fallait alors disposer de beaucoup de temps et d'un peu d'argent. Or, en dépit de la solde que me versait l'École polytechnique, j'étais toujours relativement impécunieux puisque je la reversais à ma mère.

Je surmontai cette difficulté en m'engageant comme « pilotin aux machines » dans plusieurs compagnies maritimes. Cet office n'avait rien de prestigieux : il s'agissait tout bonnement de participer à veiller au bon fonctionnement des machines d'un navire. Vérifier les pressions, contrôler l'alimentation de la chaudière, superviser les opérations de maintenance, telles étaient les obligations de la charge de pilotin. C'est à elles que je consacrais une partie de mon temps durant les longues traversées que j'effectuais alors. Elles réveillaient en moi le goût de la mécanique.

Un été, à bord de l'*Île-de-France*, affrété par la Compagnie générale transatlantique, je ralliai New York où je découvris avec ravissement les œuvres de la Frick Collection et, en particulier, le *Cavalier polonais* de Rembrandt dont la martiale virilité me plut infiniment. L'architecture verticale de New York me transporta par son énergie et sa beauté.

Une autre année, je dédiai mes vacances à une navigation vers l'Inde. Fasciné par la lecture des romans de Kipling et par celle du *Pèlerinage aux sources* de Lanza del Vasto [2], je voulais découvrir le sous-continent. Je me fis débarquer à Ceylan et, de là, à bord de ferries populeux et de wagons de train de quatrième classe, je parcourus une bonne partie de la République indienne récemment proclamée. Madurai et son temple incandescent de ferveur, Bombay et ses masses grouillantes, Gwalior et l'*ashram* d'un de mes hôtes, Amritsar et la civilisation des Sikhs, Peshawar où les hommes de la zone tribale sont tous constamment armés, Bénarès où un prince m'offrit l'hospitalité dans son palais à l'abri de sa garde personnelle, telles furent certaines des étapes les plus marquantes de mon périple. Partout, je fus accueilli avec une courtoisie extrême : le père d'un de mes camarades, membre du Rotary Club, avait rédigé pour moi une lettre de recommandation à l'intention de tous les correspondants du Rotary en Inde. Paradoxalement, ce sésame me donna accès à l'Inde profonde.

Les années suivantes, je fis d'autres voyages encore. Affecté aux machines d'un des cargos de la compagnie des Chargeurs réunis de Bordeaux, je partis un été vers l'Afrique subsaharienne : que ce fût au Congo ou au Tchad, je fus partout accueilli par les ingénieurs des Ponts et Chaussées et leurs services techniques. Plus tard, je découvris le Maroc en compagnie de Roger Pagézy, car la compagnie que dirigeait son père y possédait et y exploitait de nombreuses mines et des géologues y recherchaient les gîtes miniers éventuels. Nous suivîmes l'un d'entre eux dans ses tournées de prospection.

Les détails et les péripéties de ces voyages scintillent encore dans ma mémoire comme autant de joyaux sur la couronne de ma modeste jeunesse. Mes « grands voyages » achevèrent de m'ouvrir au monde : ils me dévoilèrent l'univers chatoyant des hommes.

« Un si beau nom ! »

Ultime métamorphose de ces années d'études à l'École polytechnique, j'entrepris de changer de nom. Ma mère avait réussi à changer le sien, du moins à la boutique. Mais elle restait inquiète : elle était encore convaincue que la chasse aux juifs allait reprendre. Avoir traversé la guerre avec un tel nom collé à la peau la remplissait encore d'effroi. Elle m'incita vivement à quitter le nom de Kouchelevitz.

Si je ne partageais pas ses craintes, je souhaitais moi aussi ce changement. Mon patronyme était pour moi comme un atavisme de persécution, de peur et d'impuissance. La Russie qui sonnait dans ce nom ne constituait pas à mes yeux mes racines. Elle n'était pour moi qu'un enfer de souffrance et de barbarie. Et la condition de juif, entièrement subie et parfaitement inconsistante dans mon cas, me pesait.

Ma seule patrie était la France. Je l'aimais chaque jour davantage. Je voulais lui appartenir jusque dans mon nom.

Je m'ouvris de ce projet à l'ingénieur général Lamothe. Il s'adressa à M. de Ségogne, l'avocat près le Conseil d'État aux services duquel l'École polytechnique recourait chaque année pour régler les litiges ayant trait à l'admission et aux classements de sortie de l'École. Je rencontrai ce parfait aristocrate français dans les murs de l'X et lui exposai mon souhait. Il m'écouta avec bienveillance et m'annonça immédiatement qu'il se chargerait de l'affaire. Il le fit avec un grand zèle et à titre gracieux. Il me demanda seulement de l'aider à constituer le dossier en réunissant deux éléments.

Le premier était de faire établir par un expert que mon nom de famille était usuellement porté par les juifs de Russie ou d'Europe de l'Est. Il me conseilla de recourir à la science du professeur André Mazon, titulaire de la chaire de littérature et civilisation slaves du Collège de France. Louis Leprince-Ringuet était son collègue au

Collège et me recommanda à ses soins. Quand je lui exposai mon désir, il s'exclama : « Quel dommage ! Un si beau nom ! » Mais il servit bien volontiers mon dessein et engagea des recherches. Elles furent d'abord infructueuses : selon elles, le nom n'était pas typique des juifs de Russie. Le radical « Kouch » était d'origine locale et était porté également par des chrétiens. Le professeur Mazon réussit néanmoins à surmonter cette difficulté et à fournir à M. de Ségogne les arguments dont il avait besoin.

La seconde des indications que je devais fournir à l'avocat concernait le nom que je souhaiterais désormais porter. Je ne devais en effet dérober son nom à personne.

Étant donné ma passion pour le Grand Siècle, c'est tout naturellement que je cherchai mon futur nom dans les *Mémoires* du duc de Saint-Simon. Je refusai de le chercher dans les *Mémoires* du cardinal de Retz : il avait trahi le roi de France et mon changement de nom était aussi une protestation de loyauté à l'égard de mon pays. Je proposai à M. de Ségogne plusieurs noms, piochés dans chaque volume des *Mémoires* : Albret, Estrée, Beaumont, Entraygues. Afin de ne frustrer personne de son nom, il ajouta des lettres aux noms que je lui soumis et notamment un « D » euphonique à ceux qui commençaient par une voyelle. Il transforma également leur orthographe en recourant à sa connaissance de la prononciation des noms sous Louis XIV. Il forgea ainsi toute une liste de patronymes possibles et engagea la procédure.

Pendant plusieurs mois, je n'en entendis plus parler. Mais un jour que j'étais déjà à l'École des mines, M. de Ségogne m'informa du succès de ses démarches et m'annonça que mon nom de famille officiel serait désormais « Dautray ». Ce changement rasséréna quelque peu ma mère.

Pour moi, il consacra mon adoption par la France : je n'avais pas choisi mon nom, il m'avait été donné par le Conseil d'État de la République, sous les hospices d'un des descendants de la vieille France.

SOUS LES DRAPEAUX

Major pour la science

À la fin de ma scolarité à l'École polytechnique, je n'avais, bien entendu, pas étanché ma soif de connaissances. J'avais, en revanche, travaillé depuis mon retour à Paris avec un tel enthousiasme que j'atteignis une satiété certaine en matière d'exercices et d'apprentissages scolaires.

Mon classement de sortie de l'X ne fut pas affecté par cette relative lassitude : je fus déclaré major de ma promotion, loin devant le second. Là, encore, je n'en conçus aucune fierté particulière. Durant ma scolarité, je n'avais travaillé ni dans le but de maintenir mon rang, ni dans celui d'acquérir quelque gloire que ce fût. J'avais simplement eu à cœur de me donner entièrement à ma nouvelle passion, la connaissance scientifique, et j'avais eu la chance d'avoir des maîtres capables de m'y inciter et de m'y aider.

Mon rang de major n'était pas la cause de mon ardeur au travail, il était seulement l'effet de la découverte de ma vocation.

Les transmissions immatérielles

Ayant eu tout mon soûl de leçons et de compositions, je regardai l'arrivée du service militaire comme un événement providentiel. Elle me permit de relâcher enfin un peu mes efforts et de goûter une certaine détente. Les polytechniciens, surtout s'ils possédaient un bon rang de sortie, choisissaient généralement de servir dans l'artillerie. Pour mes camarades et pour mes professeurs, la longue tradition qui s'était établie en ce sens me conduisait tout naturellement à opter pour cette arme. À leur grande surprise, je choisis de servir dans les télécommunications. Ce n'était pas, de ma part, toquade ou ignorance des us et coutumes polytechniciens. J'avais longuement médité mon choix.

D'un point de vue patriotique, il me paraissait particulièrement utile de contribuer à l'amélioration des communications entre les forces armées. Combien de récits avais-je entendus sur la mauvaise qualité des transmissions de l'armée française durant la guerre de 1939-1945 ! Les communications étaient si défectueuses, avais-je entendu dire, que de très nombreux soldats avaient été faits prisonniers uniquement faute d'avoir été avertis d'une retraite des troupes françaises ou d'une avancée de l'armée allemande. La narration de ces mésaventures, aux conséquences parfois dramatiques, m'avait durablement ému et profondément affecté. C'était pour cela que je souhaitais ardemment prendre part, autant que je le pouvais, au vaste mouvement de modernisation des communications en cours à cette époque dans l'armée française.

Ma décision avait également été dictée par mes intérêts scientifiques et techniques. L'ère des transmissions sans fil en était à ses débuts. Remplacer les lourds réseaux de câbles qui entravaient les mouvements de troupes par des moyens de transmissions extrêmement ductiles à force d'immatérialité me paraissait un projet d'avenir. Et l'ingénieur en moi souhaitait approcher ces nouvelles technologies de l'invisible.

Je partis donc faire mon apprentissage à l'école des transmissions de Montargis. Que la vie me parut paisible dans cette caserne quasi provinciale ! Lente et régulière, ma vie était scandée par mes retours à Paris, chez ma mère, le samedi. Entre-temps, le reste de la semaine, je devisais longuement avec les techniciens de l'école : nos discussions étaient celles d'ingénieurs passionnés par la nouveauté de la VHF. Je fréquentais également plusieurs camarades de l'École polytechnique en service avec moi.

L'un d'entre eux, passionné d'art, me montra l'un des premiers livres de la collection Skira : *La Peinture italienne : les créateurs de la Renaissance*. Je fus si bouleversé par ce que je vis que je l'achetai, à la première occasion, le dévorai et n'eus de cesse que de pouvoir partir, aux premières vacances venues, contempler les originaux à Florence, Sienne et Arezzo.

Je nouai enfin des relations très cordiales avec le représentant des Arts et Métiers à Montargis. Grâce à lui, je découvris les industries locales : la fraternité de l'armée était redoublée par celle de l'atelier.

Les charmes de la vie de garnison

Une fois ma formation achevée, comme tout élève officier, je reçus une affectation au régiment de Laval : je devais y commander une section de transmission, avec le grade de sous-lieutenant. Et c'est au régiment que je découvris véritablement le sens de la vie d'officier.

Mon respect pour les militaires de carrière s'accrut encore à leur contact : aucun des officiers de mon régiment ne considérait sa carrière comme un métier. Chez chacun d'eux, je sentais le feu de la vocation[1]. La volonté de servir la France était chevillée à leur âme et se communiquait aisément à la mienne. Leur compagnie me ravissait et me galvanisait, que ce fût au mess ou sur les champs d'opérations. Mes rapports avec eux, comme avec mes subordonnés, étaient proprement fraternels. Le seul de leurs plaisirs que je ne parvins jamais à partager avec eux fut leur engouement pour les jeux de cartes et leur passion pour les parties de dés.

Mon attirance pour la vie militaire était accrue par ses charmes indéniables et multiples. Notre colonel considérait son régiment comme sa propre famille et traitait ses jeunes officiers en fils. Nous étions choyés par les bonnes familles de Laval, surtout quand elles comptaient une jeune fille à marier. Comme c'était la tradition, lorsqu'un notable de la ville voulait recevoir notre colonel, il nous conviait avec lui. Dans ces réceptions, c'était une succession de plaisirs désuets : des jeunes filles en fleur virevoltaient autour de nous, nous proposaient des tasses de thé, des pâtisseries et nous invitaient à disputer d'interminables parties de croquet. Auréolés du prestige de notre uniforme et de l'immense gloire de notre modeste grade, nous appartenions de plein droit à l'Olympe local composé de hobereaux, d'industriels et de fonctionnaires.

La vie de garnison et la condition d'officier me plurent tant que je caressai un moment l'idée de m'engager dans l'armée à la fin de mon service. Cette existence m'apparaissait comme la meilleure façon de servir la France : un dévouement entier, une sérénité constante, l'obscurité relative de celui qui se donne à son régiment, tout cela constituait, à mes yeux, un mode de vie idéal.

Lors d'un de mes passages à Paris, je fis part de mon projet à mon *mentor*, Jean Ullmo. Il se récria et me rappela ce que tous mes camarades m'avaient déjà dit : la carrière militaire était ordinairement le lot des polytechniciens médiocrement classés. La destinée naturelle d'un major de l'X était d'entrer à l'École des mines. Longtemps je fus rétif à ce qui n'était à mes yeux que coutumes et non pas arguments. Jean Ullmo comprit néanmoins comment me convaincre : selon lui, je servirais tout aussi bien – et même mieux – mon pays en entrant à l'École des mines qu'en me donnant à l'armée. C'est seulement après avoir reçu de lui cette assurance que je m'en remis à sa bienveillante autorité et suivis son conseil : j'optai pour le corps des Mines.

PATRONS, MINEURS ET PORIONS

Un moine au pays des patrons

Entrer à l'École des mines aurait dû être une consécration : seuls les premiers au classement de sortie de l'École polytechnique pouvaient accéder à ce qui était, et est encore, l'une des plus glorieuses antichambres du haut patronat français, le corps des Mines. L'entrée à l'École des mines fut pourtant loin d'occuper, dans mon existence, une place comparable à la seconde naissance que constitua, pour moi, mon admission à l'École polytechnique. Les Mines m'arrachèrent à la vie exaltante, à force de dévouement, que m'offrait l'armée, sans me donner pour autant accès à une communauté qui me fût chère ou seulement familière.

À la rentrée de 1952, je quittai, à regret, la vie toute familiale de mon régiment pour reprendre la routine de l'école sans parvenir à y prendre goût. Ma seule consolation était de retourner vivre auprès de ma mère et de l'aider davantage que durant mon séjour à Laval.

À Polytechnique, mes maîtres avaient tous su susciter en moi un intérêt profond pour leurs disciplines respectives. Aux Mines, le programme des cours me parut bien peu attrayant : les sciences y étaient réduites à la portion congrue. Les professeurs de l'École des mines étaient assurément d'un niveau exceptionnel. Mais les perspectives qu'ils traçaient devant nous étaient par trop éloignées de mes intérêts scientifiques pour que j'y fusse sensible.

Je me rappelle encore les conférences d'économie que prononçait devant nous le futur lauréat du prix Nobel, Maurice Allais. J'étais bien évidemment saisi par leur qualité. Mais, pour tout dire, ses considérations hautement formalisées sur les taux d'intérêt réels et sa modélisation mathématique sophistiquée des choix intertemporels me laissaient froid.

Je me souviens aussi d'un cours d'une année, consacré aux moteurs, durant lequel nous ne vîmes aucune des machines dont il était question : manipuler, toucher, démonter, tout cela était hors de question. Les objets concrets avaient entièrement cédé la place à des schémas et à des considérations théoriques.

Mon intérêt pour les cours alla faiblissant. Et je cessai bientôt d'y consacrer plus que le temps et les efforts que la bienséance – et le service de la scolarité – exigeaient de moi.

Aux Mines, j'étais sans conteste à la place que me désignait mon rang de major de l'X. Mais je n'étais pas là où me poussaient mes préférences. Tout, dans cette école, était destiné à faire éclore en nous les aptitudes, les aspirations et les manières de hauts fonctionnaires ou de grands industriels. Cela revêtait à mes yeux une certaine noblesse. Mais jamais il ne serait venu à l'idée de la plupart des « Mineurs », ainsi que se nommaient à l'époque les élèves de l'École des mines, de se consacrer à une carrière scientifique. Trouver une position dans la sidérurgie, les charbonnages, le pétrole, les minerais non ferreux, la grande chimie ou encore la finance était, sauf exception, leur destin irrémédiable.

En dépit des deux années que j'y passai, cet univers ne perdit jamais à mes yeux son aspect lointain et incompréhensible. Même si les Mineurs et les anciens des Mines me réservaient toujours un accueil courtois, j'avais le sentiment de ne pas être à ma place parmi eux. J'assistais sans mot dire à leurs conversations. Je me sentais si étranger aux mœurs de leurs cénacles que je me tins à l'écart de leurs plaisirs. Alors que j'avais été ébloui et charmé par les réceptions données par les parents de mes condisciples à l'X, je me maintins toujours à une distance respectueuse de la vie sociale des Mineurs.

Mon absence aux réjouissances qui l'animaient périodiquement était si fréquente que certains de mes camarades se persuadèrent que je vivais en ermite : « Vous êtes un moine laïc ! », me déclara-t-on même un jour.

À la conquête de l'autonomie intellectuelle

Mes condisciples des Mines avaient tort : je ne menais certes pas la vie d'un Mineur, mais je n'avais pas non plus l'existence d'un reclus. Pour la première fois de ma vie, je sentais monter l'aspiration à vivre une vie à moi. Je souhaitais mener mon existence comme je l'entendais.

Je commençais à prendre en main mon propre développement intellectuel. J'y consacrai toute l'énergie que je ne donnais pas à mon travail scolaire. Plus ou moins consciemment, j'établis pour moi-même et suivis avec constance un programme d'études scientifiques axé sur mes centres d'intérêt.

À l'occasion, son tracé croisait celui de mon *cursus* à l'École des mines. À leur intersection, je donnai libre cours à ma passion pour la géologie. Je suivis avec intérêt les cours de cristallographie et de minéralogie que l'École nous dispensait. Je constituai une collection de roches : sel de gemme, grenat, wolframite, pyrrhotine, malachite, tourmaline et calcite envahirent mes rayonnages.

Je me livrai sans entraves à leur contemplation et à leur étude. Les contours parfaitement rectilignes et les angles réguliers de certains minerais m'intriguèrent : je cherchai à comprendre leurs causes. Je ne devais les saisir que beaucoup plus tard. Mes autres camarades étaient bien contraints de se frotter aux surfaces rugueuses des minéraux. Mais, plus géologue que mineur, je fus le seul à les trouver attirantes.

Mon parcours scientifique personnel me conduisit à une source d'émerveillement supplémentaire : l'unification des particules élémentaires. On avait jusqu'ici répertorié des centaines de particules élémentaires sans comprendre pourquoi l'infiniment petit était en proie à une telle profusion et à une telle dispersion. Mais on découvrit plus tard qu'on était victime d'une illusion d'échelle : le monde des particules élémentaires était en fait divisé en trois grandes familles. La science de la nature, je le compris alors, progressait en se simplifiant.

Comble de bonheur, je découvris les balbutiements de la cosmologie expérimentale : la galaxie et l'Univers tout entier avaient une histoire. Loin d'être figées dans l'éternité froide, mes chères étoiles avaient elles aussi une histoire, lisible pour l'initié.

Je me consacrai également, mais d'une façon plus désordonnée, à mes autres passions, affirmées ou naissantes : contempler la danse classique des ballets du marquis de Cuevas et de Roland Petit rejoignit dans le panthéon de mon adoration les écrivains du Grand Siècle et les représentations du Théâtre Français.

Loin d'être vouée à l'isolement, ma vie était en fait peuplée de pierres merveilleuses, de sciences nouvelles et d'œuvres d'art inépuisables.

L'inspecteur et le mineur de fond

À la sortie de l'École des mines, le 1er septembre 1954, je reçus, comme prévu, ma première affectation, dans le service des Mines de Clermont-Ferrand. Je quittai Paris et m'établis dans une petite chambre, près de la cathédrale, chez une vieille demoiselle.

À peine arrivé, je me mis au travail. L'ingénieur en chef me confia plusieurs missions, dont celle d'inspecter les houillères du bassin d'Auvergne. Je ne fus pas long à comprendre que mes fonctions me plaçaient au confluent de deux mondes bien distincts.

D'un côté, celui des fonctionnaires des Mines. Il obéissait à des lois qui me restaient imperméables. Tout en moi demeurait rétif à l'univers des « collègues » – le mot lui-même me paraissait exotique. J'étais insensible aux questions d'avancement alors que la plupart des personnes avec lesquelles je travaillais – de la plus obscure des secrétaires au plus prestigieux des ingénieurs du corps des Mines – avaient élaboré un plan de carrière précis. Je peinais non seulement à partager leurs préoccupations mais aussi à parler le même langage qu'eux : j'avais l'impression d'être un Huron de Voltaire.

De l'autre côté, le monde du fond de la mine. Il était à mes yeux diamétralement opposé à celui de l'administration. J'étais transporté d'admiration et d'empathie pour le courage des mineurs et pour l'autorité de leurs chefs, les porions. Ils étaient en effet bien plus que de simples contremaîtres : personnalités charismatiques, ils veillaient littéralement sur une petite troupe de mineurs. Toujours aux avant-postes, lorsqu'une difficulté surgissait, ils sortaient invariablement de la mine en dernier, après que le dernier de leurs hommes l'eut quittée. Entre toutes ces gueules noires, je sentais la solidarité des frères d'armes que j'avais découverte au régiment.

Aux Mineurs, je préférai les mineurs. Je fus pris d'une véritable passion pour les mines et leurs habitants. La solidité des ouvrages de soutènement, la précision des appareils de détection des gaz m'absorbèrent. L'installation toute récente d'outils électriques au fond des mines, grâce à l'arrivée de l'énergie électrique, m'intéressa : elle transformait les conditions de travail des mineurs et nécessitait qu'on prît des mesures de sécurité nouvelles. Contrairement à mes pairs, je descendais au fond de la mine dès que j'en avais l'occasion, pour me faufiler dans les moindres recoins et les moindres filons. Assurer la sécurité de mes mineurs était, pour moi, devenu un véritable sacerdoce.

Les « collègues » raillaient volontiers mon dévouement pour le monde du fond, mon omniprésence dans la mine et la méticulosité de mes inspections. Mais le monde de la surface ne retenait que peu mon attention : en pensées, j'étais constamment immergé dans la communauté obscure et chaleureuse du fond.

L'union des absents

Comme toujours, je rentrais aider ma mère à Paris toutes les semaines, le samedi et le dimanche. Le bonheur nouveau que lui procurait sa récente prospérité fut malheureusement éphémère : en quelques mois un cancer l'emporta loin de moi et me laissa en proie à l'une des douleurs les plus vives de mon existence.

À l'été 1954, on lui diagnostiqua un cancer. Une opération et des examens complémentaires révélèrent l'existence de métastases. Comme j'ignorais complètement ce qu'était un cancer et comme ma mère se montrait, comme à son habitude, d'un courage exemplaire, lorsque le médecin me fit part de son diagnostic, je ne pris pas conscience de la gravité de sa maladie et retournai, comme chaque semaine, à Clermont-Ferrand.

Vint le moment où son état de santé se dégrada tant qu'elle eut de la peine à se tenir debout. Son médecin vint chez nous l'examiner. Il m'annonça alors qu'elle était perdue. Sur le coup, je refusai de croire qu'une telle disparition fût possible. Ce fut seulement bien après que je pris conscience du malheur qui s'annonçait. Son médecin proposa à ma mère le choix entre une ultime opération au succès très incertain et une mort assurée, mais sans souffrances. Elle s'en remit à moi pour prendre la décision. Je recommandai qu'on l'opérât une dernière fois.

Aujourd'hui encore, je la vois distinctement, étendue sur son lit à l'hôpital, me souriant du fond de ses souffrances. Pas une seule plainte ne s'échappait de sa bouche, pas une seule crainte ne s'exprimait dans ses mots. Après l'opération, je m'absentai pour approvisionner sa chambre. À mon retour, elle s'était éteinte. Je l'avais abandonnée pour quelques instants et elle m'avait laissé pour toujours.

Les semaines qui suivirent sa mort ne furent que douleur et confusion. Je restai cloîtré plusieurs jours dans notre appartement, négligeant de m'alimenter. Je ne sortis que pour son enterrement. J'y retrouvai ma sœur, seul soutien dans la tempête : « Tu es un bon petit soldat. Je ne t'abandonnerai pas », dit-elle à ma douleur.

Dans le carré juif du cimetière de Bagneux, sur une pierre tombale de granit, une inscription réunit mes deux grands absents : Mardochée et Esther.

PARTIE 2

Connaître et construire

PREMIERS PAS DANS LE NUCLÉAIRE

Au moment où ma mère entra dans sa longue agonie, s'ouvrit pour moi une importante décennie. Ce fut d'abord une époque de deuil : pendant très longtemps je portai un crêpe noir. Mais cette période fut également celle d'une lente maturation, d'un épanouissement régulier de mes connaissances et de mes activités scientifiques.

C'est durant ces années que j'adoptai – progressivement mais définitivement – les méthodes, les aspirations et le mode de vie d'un physicien, sans pour autant renier mon métier d'ingénieur. C'est à cette époque que je fis la connaissance de plusieurs des meilleurs scientifiques français et que je fis mes premiers pas dans la communauté savante internationale.

Au seuil du Centre d'études atomiques

Je n'entrai pas dans le nucléaire comme certains entrent en religion. Mais je n'y pénétrai pas non plus par hasard.

Quelque temps avant le décès de ma mère, mon mentor, Jean Ullmo, à l'occasion d'un de mes retours hebdomadaires à Paris, me reçut chez lui, boulevard Malesherbes. Ces entretiens étaient devenus habituels depuis longtemps : nous devisions de science et parlions, à l'occasion, de mon avenir. Il me questionna longuement sur mes activités dans le bassin d'Auvergne, sur ma vie dans l'administration des Mines et sur mes espérances professionnelles. Perçant à jour mon habituelle réserve, il devina mon désappointement et déclara : « Mais vous êtes fait pour la science ! C'est à elle que vous devez vous consacrer ! » Et, selon lui, le domaine scientifique le plus prometteur du moment était le nucléaire.

Ce mot était à la fois vaste et obscur à mes yeux. Mais Jean Ullmo commença à chercher pour moi un poste en rapport avec mes capacités et avec mes souhaits. Il fut question un moment que j'intégrasse le laboratoire d'un assistant de Frédéric Joliot-Curie, Hans von Halban. Mais Jean Ullmo avait pour ami Jules Horowitz, qui était à ses yeux le plus grand physicien nucléaire en France. Ce dernier dirigeait alors le service de physique mathématique du Centre de recherche que le Commissariat à l'énergie atomique avait établi sur le plateau de Saclay, près de Paris. Le nom de Jules Horowitz, si important pour le reste de mon existence, m'était alors parfaitement inconnu. Jean Ullmo prit rendez-vous pour moi avec lui et je pris l'autocar du personnel du centre pour me rendre à Saclay.

Jules Horowitz me reçut de façon réservée et assez circonspecte. J'ignorais à l'époque que c'était son habitude. Il m'interrogea sur mes études, sur mes compétences et sur mes projets. De mes réponses, je ne garde qu'un souvenir très vague. Mais le discours que Jules Horowitz me tint sur-le-champ est encore très net dans ma mémoire : il m'acceptait dans son service dès la rentrée suivante.

Il ne s'agissait que d'un accord de principe : mon entrée au laboratoire de Saclay était, bien entendu, subordonnée à l'assentiment de Jacques Desrousseaux, qui était alors directeur du corps des Mines. Personnage considérable, responsable de toutes les administrations des Mines de toute la France, il tenait entre ses mains la destinée professionnelle de chacun des Mineurs. Encore une fois, Jean Ullmo intercéda : il convainquit Jacques Desrousseaux que les jeunes Mineurs avaient un bel avenir dans le nucléaire et obtint mon détachement au Commissariat à l'énergie atomique.

À l'automne 1955, je ralliai le continent de la science : ses rivages me paraissaient bien connus, mais son cœur m'était encore peu familier. Je franchis alors le seuil d'un univers par moi inexploré : celui du nucléaire. J'y entrai en novice, avide de découvrir l'un des domaines scientifiques les plus novateurs du moment.

Mon entrée au Commissariat à l'énergie atomique fut marquée par mon enracinement dans un lieu : pendant plus de dix ans, je travaillais au Centre d'études nucléaires de Saclay. J'aimai immédiatement son atmosphère de laboratoire. J'y rencontrai des personnes d'horizons très différents, des docteurs ès sciences de toutes les disciplines, des officiers de marine en formation pour servir sur les futurs vaisseaux à chaudières nucléaires, des scientifiques étrangers ou encore des techniciens de pointe spécialisés dans les matériaux, l'électronique ou la chimie.

Tout contrastait là-bas avec l'administration des Mines. Je pouvais me désintéresser des questions d'avancement sans passer pour un excentrique et je pouvais partager ma passion pour la science avec ceux qui m'entouraient.

Je menais enfin une vie qui me convenait.

Génie âpre aux idées, débonnaire aux hommes,
d'une culture universelle, d'une bonté profonde,
homme de vérité, blessé et écorché pour toujours
par la guerre

Mes premières années de travail à Saclay furent dominées par la personnalité unique et l'esprit exceptionnel de Jules Horowitz. Il était mon supérieur hiérarchique, mais il fut surtout le premier véritable génie qu'il me fût donné de côtoyer. Je ne goûtai pas immédiatement la chance qui m'était offerte. Pendant plusieurs mois, nos relations demeurèrent assez distantes, car mes premiers travaux ne le satisfaisaient pas. Que de fois me renvoya-t-il les rapports qu'il m'avait commandés afin que j'amendasse tel ou tel passage ! Que de fois me demanda-t-il de lui fournir des résultats précis alors que je lui apportais des considérations qu'il jugeait extérieures au sujet !

D'une rigueur intellectuelle exemplaire, il était souvent, dans ses rapports avec les autres, d'une certaine sécheresse, qui confinait parfois à la dureté. Son immense respect de vérité le faisait d'une exigence extrême avec ses collaborateurs, le conduisait à être sans complaisance pour ses pairs et lui donnait une indépendance totale à l'égard de ses supérieurs. Ferme dans l'expression de son savoir, peu disert, il répugnait à expliquer quoi que ce fût aux personnes qu'il estimait incompétentes. Et il s'indignait fréquemment contre ceux qui, dans la communauté scientifique, prenaient leurs aises avec la vérité pour éviter de se faire des ennemis et accélérer ainsi la progression de leur carrière.

L'histoire personnelle de Jules Horowitz avait certainement contribué à façonner ce tempérament fait d'un amour farouche pour le vrai et d'une sensibilité toujours soigneusement cachée. J'appris peu à peu les événements de sa vie et en fus profondément touché : ils faisaient résonner en moi de nombreux souvenirs et ravivaient de nombreuses blessures.

Jules Horowitz était issu d'une famille juive pieuse et cultivée de Galicie. Dès le plus jeune âge, il excella, comme son père, dans la maîtrise de l'hébreu et de l'araméen [1], ainsi que dans l'exégèse des textes sacrés. Chassés de Pologne par l'antisémitisme, ses parents avaient cru pouvoir trouver refuge, pour eux et pour leurs enfants, dans l'Allemagne de la République de Weimar. En vain. Quelques années plus tard, ils furent contraints de reprendre leur exode vers l'ouest et s'installèrent à Metz pour échapper au régime national-socialiste, puis en « zone libre » pour éviter l'Occupation. Scientifique d'exception, polyglotte distingué et homme de lettres accompli, Jules Horowitz prépara les concours des grandes écoles au sein du lycée du Parc à Lyon, au moment où l'Europe s'embrasait. En 1941, il fut reçu à tous les concours qu'il passa, y compris à celui de l'École polytechnique. Mais les lois raciales de Vichy l'empêchèrent d'y prendre son poste.

Seul le directeur de l'École des mines de Saint-Étienne l'accepta dans son établissement. Il fut néanmoins contraint de le déclarer aux autorités et l'administration de Vichy qui supervisait les écoles des Mines réclama son exclusion : conformément aux règlements en vigueur, l'École des mines de Saint-Étienne devait compter, au plus, 0,44 % d'élèves juifs. Tel avait été le verdict des satrapes de Vichy. Opiniâtre, Jules Horowitz s'efforça de suivre, au fond des années de l'Occupation, une licence de mathématiques et de physique à Lyon, en empruntant des livres à la bibliothèque de son ancien lycée.

C'est alors que la tragédie s'ajouta au drame : les rafles survinrent. Son père, croyant qu'elles frapperaient uniquement les hommes, se cacha en compagnie de son fils, laissant à son épouse le soin de veiller à leur maison. À leur retour, elle avait disparu, emportée par la cruauté des fonctionnaires vichystes vers les camps de l'Est. Comble d'abjection, le lycée du Parc déposa contre Jules Horowitz une plainte pour vol : il n'avait pas pu rendre les livres qu'il y avait empruntés avant de se cacher. À la Libération, cette plainte infâme – qui s'était entre-temps muée en condamnation inique – faillit presque l'empêcher d'entrer comme élève étranger – il avait encore la nationalité polonaise – à l'École polytechnique. C'est seulement en agitant la menace de révélations à la presse qu'il obtint que la Chancellerie consentît à lui octroyer un casier judiciaire vierge.

Les similitudes frappantes de ses souffrances avec les malheurs que j'avais connus ne créèrent aucune complicité particulière entre nous. Elles suscitèrent seulement en moi une admiration sans borne pour le courage de l'homme. L'excellence du savant m'apparut, elle, tous les jours davantage. D'abord rétif à cette personnalité rude, à cet esprit inexorable de précision à cette intelligence inflexible, je m'imprégnai peu à peu de sa circonspection exigeante.

De l'intuition à la rigueur

Je dois avouer que ni ma préparation ni ma scolarité à l'X n'avaient développé en moi le souci de la rigueur mathématique. Durant toutes ces années, je m'étais beaucoup fié à mon intuition. Au contact de Jules Horowitz, j'appris qu'elle était précaire ou stérile tant qu'elle n'était pas étayée sur la rigueur. Des calculs précis et des vérifications expérimentales indépendantes les unes des autres, des comparaisons des ordres de grandeur étaient nécessaires pour soutenir une idée, aussi séduisante soit-elle. Voilà ce qu'il me révéla. Génie créateur de pans entiers de la physique des réacteurs nucléaires, il s'astreignait à vérifier lui-même inlassablement tous les calculs produits par ses services. Source continuelle d'inspirations et gisement inépuisable d'idées, l'esprit de Jules

Horowitz s'était astreint lui-même à la discipline de l'exactitude. Il se déclarait par exemple méfiant à l'égard de ceux qui prétendaient livrer une interprétation du sens profond de la « physique quantique ».

Sous sa conduite, je m'habituai aussi graduellement à l'organisation de son service. Jules Horowitz lui avait donné un régime de travail assez inhabituel, tout opposé aux habitudes de la bureaucratie. Il ne convoquait pas de réunion pour discuter ou pour décider des projets de son équipe ; il ne procédait pas à des mises au point régulières sur l'état d'avancement de ses travaux. Il privilégiait très nettement les entretiens en tête à tête, de sorte que chacun d'entre nous avait avec lui des relations de maître à disciple. J'appris ainsi à mener un travail de ses commencements à sa conclusion : j'acquis autonomie et responsabilité.

J'appris même progressivement à apprivoiser le travail de rédaction des rapports scientifiques. Je me sentis peu à peu plus à l'aise dans la vie quotidienne d'un laboratoire.

L'école de physique quantique et les quatre chevaliers de l'Apocalypse[2]

Jules Horowitz avait alors la mission de développer une nouvelle spécialité scientifique : la physique des réacteurs nucléaires. Sa capacité à déceler les innovations prometteuses et sa grande aptitude à diriger les hommes le désignaient pour cette tâche. Et c'est pour accomplir ce projet qu'il cherchait alors à s'entourer de jeunes collaborateurs. J'étais l'un de ceux-là.

Aussi compétents que soient les fondateurs d'une spécialité, ils se heurtent nécessairement à une difficulté : il leur faut former leurs collaborateurs. Dans les domaines de pointe, la formation ne précède pas la recherche : elle a lieu en même temps qu'elle. Jules

Horowitz devait donc fonder une école[3] qui fût, en même temps, un laboratoire : il avait conscience qu'il pourrait ainsi développer l'énergie nucléaire en France. Il constitua en conséquence, de façon informelle, dans le laboratoire de Saclay, une véritable école de physique des réacteurs, où la neutronique jouait un rôle central. Il y avait là comme auditeurs, entre autres, Roland Omnès et Pierre-Gilles de Gennes, futur lauréat du prix Nobel. Ce qu'il s'agissait de nous enseigner était capital pour élaborer la théorie des réacteurs nucléaires et donc pour contribuer à leur construction.

Toute production d'énergie nucléaire résulte d'une réaction en chaîne : un noyau fissile[4] d'atome frappé par un neutron libère des neutrons qui eux-mêmes vont frapper de nouveaux noyaux d'atomes. Toute la question est bien évidemment de maîtriser ce torrent de neutrons, son intensité et donc sa puissance énergétique. Pour produire une explosion, cette cascade doit s'accélérer. Mais pour produire de l'énergie, cette réaction doit rester constante et donc mieux contrôlée. Construire des réacteurs nucléaires suppose la maîtrise de toutes les phases de la vie des neutrons, ce qui requiert la constitution d'une science théorique et expérimentale des neutrons : la neutronique.

Parmi toutes les questions qui nous étaient posées, l'une d'entre elles m'attirait tout particulièrement. Elle était redoutablement complexe à résoudre mais très simple à poser : comment contrôler une réaction en chaîne ? À l'époque, étudier la neutronique était, aux yeux de tous, et aux miens en particulier, exaltant : il s'agissait de chercher les moyens du futur pour produire l'énergie de façon industrielle. C'était également pour la France une question d'indépendance énergétique : était-il possible de produire de l'énergie à partir de l'atome ? Le programme nucléaire français n'en était qu'à ses balbutiements : seuls des réacteurs d'études avaient été construits.

Pour nous former, Jules Horowitz avait à ses côtés des scientifiques d'exception : Anatole Abragam, Albert Messiah et Claude Bloch. Durant de long mois, ils organisèrent des sessions de cours.

Ils nous impressionnaient tant que certains d'entre nous les nommaient les « quatre chevaliers de l'Apocalypse ».

Théoricien profond et expérimentateur accompli, qui restera dans l'histoire des sciences, Anatole Abragam nous enseignait la résonance magnétique nucléaire. Il était un modèle de lucidité et de clarté : il ne se lançait jamais dans des considérations générales et nous parlait toujours de phénomènes circonscrits et de difficultés déterminées. Il tenait à mes yeux de Socrate et de Faraday. C'était l'un des grands savants français de l'après-guerre. J'ai toujours été choqué qu'il n'ait pas reçu le prix Nobel. Albert Messiah nous formait à la mécanique quantique : il en était l'un des pionniers en France. Claude Bloch, lui, nous faisait cours sur les réactions nucléaires. Ce n'étaient pas seulement nos professeurs, c'étaient des maîtres internationalement reconnus. Ces géants scientifiques expliquaient périodiquement à la vingtaine de novices – prometteurs mais débutants – que nous participions à une science en pleine expansion.

Les enseignements de cette petite académie occupaient presque tout mon temps et me passionnaient. Muni des polycopiés distribués par nos enseignants, je gagnais fréquemment la bibliothèque du laboratoire et m'y plongeais dans les publications scientifiques. Dans l'atmosphère raréfiée de théories naissantes, mon obsession était d'obtenir des ordres de grandeur, des repères numériques qui me permissent d'avoir non seulement une idée, mais même une image des phénomènes qu'on nous dévoilait. Pour ce faire, je calculais constamment le nombre de chocs des réactions en chaîne, je mesurais les énergies et j'évaluais les distances : je voulais avoir des points de comparaison avec le monde naturel.

Apprenti scientifique

La bibliothèque du laboratoire de Saclay devint bien vite mon lieu de prédilection. Je m'y rendais fréquemment pour donner libre cours à ma passion de la recherche scientifique, dans tous les domaines. Je continuais, bien entendu, à me plonger dans l'astronomie et dans le développement extraordinaire de l'astrophysique expérimentale, même si j'entendais fréquemment Jules Horowitz ironiser contre les considérations cosmologiques qui commençaient à se répandre parmi les physiciens des particules élémentaires.

Je cultivais également les mathématiques : j'étudiais les instruments qui étaient utiles à ma formation en physique, tout en explorant aussi des domaines sans rapport *apparent* avec mes activités professionnelles, comme la théorie des groupes de transformation, dans le livre de Wigner et tout ce qui s'en suivi. J'habitais alors plusieurs mondes scientifiques, qui, pour le profane, ne communiquaient pas, mais qui, pour moi, étaient étroitement imbriqués.

Je ne négligeais pourtant pas l'aspect technique des disciplines que j'apprenais. Dès que je le pouvais, je me rendais dans les usines auxquelles étaient adressées les commandes du CEA et, par le truchement des ingénieurs des Arts et Métiers que j'y rencontrais, grâce à ceux qui m'y avaient invité, je me familiarisais avec les méthodes de fabrication et avec les procédés de banc d'essais.

Je pris alors de nouvelles habitudes de vie : profondément marqué par la mort de ma mère, je sortais peu et commençais à travailler beaucoup plus. Ma seule distraction régulière m'était donnée par les dîners auxquels Jean Ullmo me conviait en fin de semaine, afin que la solitude de mon deuil ne fît pas trop sentir sa cuisante morsure. Au début, nous dînions avec son épouse seule : il me parlait alors longuement des nouvelles possibilités qu'ouvrait le développement des sciences.

Mais il convia bientôt nombre de ses amis. De réconfortantes, les soirées passées chez lui devinrent vite passionnantes. Enjoué, cultivé, extrêmement disert, Jean Ullmo entretenait en expert le feu d'une conversation élevée mais aisée. Ses invités n'étaient pas en reste : un de ses camarades de promotion à l'X, Louis Armand, était d'une grande verve : il rendait tout sujet intéressant. Et Kostas Papaioannou, avec qui je me liai rapidement, était d'une lumineuse et débordante intelligence.

Saynète 10

PREMIÈRE RÉVÉLATION SCIENTIFIQUE

Dans la confrérie des scientifiques, j'entrai en apprenti. Mais, bientôt, une occasion se présenta qui me permit d'acquérir aux yeux de mes maîtres le statut d'un compagnon à part entière.

Le programme Q 244

Je me formais depuis quelque temps déjà au Centre de Saclay, lorsqu'un jour Jules Horowitz me convoqua dans son bureau. Cela n'avait rien d'exceptionnel : je me rendis au rendez-vous en songeant que je devrais sans doute reprendre un nouveau travail. Mais, à ma grande surprise, il me parla ce jour-là d'un nouveau projet, bien plus vaste que ceux auxquels j'avais participé. Une nouvelle équipe était en train de se constituer. Il s'agissait de concevoir un sous-marin à propulsion nucléaire.

La nouvelle selon laquelle les États-Unis avaient réussi à se doter de tels submersibles, dont le premier avait été baptisé

Nautilus, s'était répandue dans le monde et avait excité l'imagination de nos ingénieurs du génie maritime : ils avaient conçu un programme de construction d'un sous-marin nucléaire français qui avait reçu le nom de Q 244. Ce programme avait une direction bicéphale. La Marine était représentée par Roger Brard, mon ancien professeur à l'École polytechnique. Le Commissariat à l'énergie atomique était, lui, représenté par Jacques Yvon, qui dirigeait alors le département d'étude des piles dont le service de Jules Horowitz faisait partie. Chacun des deux pilotes du Q 244 s'entoura d'une équipe. Jacques Yvon demanda à Jules Horowitz de lui recommander des membres de son service. Je fus désigné pour y travailler à temps partiel.

Une réaction en chaîne
dans une chaudière nucléaire

Je commençai par assister aux réunions hebdomadaires du programme Q 244 sans recevoir de mission précise de la part de Jacques Yvon[1].

L'entreprise piétinait. Elle se heurtait à de multiples obstacles scientifiques et techniques. Dans l'écheveau de problèmes que nous rencontrions, je décelai une difficulté capitale : la commande de la puissance du réacteur nucléaire. En effet, une chose est de réaliser des réactions en chaîne et une tout autre chose est de la faire contribuer à la motion d'une hélice et à l'alimentation électrique des pompes et des instruments d'un vaisseau.

Propulser un submersible grâce à l'énergie nucléaire exigeait qu'on produisît une véritable chaudière : le réacteur nucléaire devait produire l'énergie nécessaire pour porter l'eau à ébullition ; cette vapeur devait actionner une turbine, elle-même destinée à actionner un alternateur électrique ainsi que l'hélice. Bien plus, la construction d'un navire à propulsion nucléaire poussait à son paroxysme la question du contrôle des réactions en chaîne. Comme dans un réacteur destiné à produire de l'énergie électrique, il fallait que la réaction ne s'emballât en aucune circonstance et ne dégénérât jamais en explosion. En un mot, il fallait que le système fût stable. Mais les exigences de maîtrise étaient encore bien plus hautes : il fallait que le submersible fût aussi maniable que tous les autres vaisseaux sous-marins. Il devait pouvoir changer d'allure, accélérer et décélérer. Et il devait pouvoir maintenir son allure une fois qu'elle serait atteinte.

Toute la question était donc de créer, de faire varier et de stabiliser la puissance de l'énergie nucléaire. Il ne s'agissait plus seulement du contrôle d'une réaction en chaîne, il s'agissait de la commande du niveau de puissance d'une chaudière embarquée.

Premiers succès

Ces questions nouvelles s'inscrivaient tout naturellement dans l'étude des réacteurs nucléaires que j'avais développés dans le service de Jules Horowitz. Riche des enseignements de mes maîtres, en quelques mois je trouvai le moyen de plier la chaudière nucléaire aux nécessités de la navigation[2]. Ce fut mon premier fait d'arme au sein du CEA : j'avais résolu une difficulté que des personnes bien plus expérimentées que moi avaient affrontée sans succès. Ce coup d'éclat m'attira la sympathie et l'estime de Jacques Yvon et de Roger Brard.

Je fus particulièrement heureux de ce succès. Il bénéficiait en effet à la Marine de mon pays et satisfaisait mon patriotisme ; il mêlait de surcroît étroitement sciences et techniques : il offrait un contrôle accru de la seconde grâce à la première. Pour la première fois de ma vie, je réalisai ce qui serait mon activité durant des années : produire des connaissances nouvelles au service d'une construction.

Cette première réussite me fit sortir de la condition de simple disciple. L'Institut national des sciences et des techniques nucléaires me confia un cours sur la commande des réacteurs nucléaires et le Centre de Saclay publia quelque temps après le polycopié de mes enseignements sous le titre *Centrales et moteurs atomiques*. Je pris ainsi véritablement pied dans la communauté des scientifiques.

Direction d'équipe

La moindre de mes satisfactions ne fut pas de recevoir de la part de Jules Horowitz des marques d'estime. Il ne m'adressa bien évidemment pas de félicitations. Mais j'eus un jour le plaisir de l'entendre dire, devant moi, à une personne qui piétinait sur le sujet : « Comment ? Dautray a rédigé des centaines de pages lumineuses et exhaustives sur la question, et vous ne les avez pas lues ? »

Le grand homme me confia la constitution d'un groupe de travail sur les problèmes de commande des réacteurs. Il fallait récolter les fruits de mes découvertes à une échelle plus vaste que celle des réacteurs embarqués. La question du contrôle et de la commande avait une portée pour tous les projets de construction de réacteurs électronucléaires dont la France voulait se doter.

Pour la première fois, j'eus la direction d'une équipe scientifique. Elle se constitua progressivement : de jeunes physiciens me rejoignirent pour travailler dans une atmosphère fraternelle. Elle était certes fort réduite. Au plus fort de son activité, elle réunit seulement une dizaine de personnes. Mais je ne pensais jamais à quoi que ce soit d'autre qu'au travail en cours.

À mesure que mon programme d'étude prenait le large, le projet de submersible à propulsion nucléaire était pris dans la tourmente. Jacques Yvon démontra que le réacteur prévu ne pouvait pas fonctionner à l'uranium naturel : les réacteurs qui utilisaient ce combustible avaient des dimensions trop grandes pour pouvoir être embarqués dans un navire, qu'il fût submersible ou non. De l'uranium enrichi était nécessaire. Or seuls les Américains pouvaient nous en fournir. Il devenait donc indispensable d'entrer en relation avec eux au niveau gouvernemental. Le capitaine de vaisseau Pierre-Jean Granjean, un collaborateur de Jacques Yvon pour le projet de réacteur de sous-marin, entreprit d'expliquer la situation à chacun des hauts responsables de la Marine et de la Défense. Il convainquit ainsi le ministre de la Défense, Pierre Guillaumat, de nous prêter son concours pour obtenir le combustible idoine. Il le persuada également qu'il était nécessaire de lancer un nouveau projet de chaudière nucléaire avec d'abord un prototype à terre : l'utilisation d'uranium enrichi requérait de nouvelles études et de nouveaux plans.

Des décisions radicales furent prises : Roger Brard fut remplacé par un très grand ingénieur du génie maritime d'une vaste expérience et ayant les qualités requises pour diriger un tel projet ; Jacques Yvon reçut pour mission d'assister ce dernier à titre de consultant extérieur ; l'équipe fut entièrement remaniée. La nouvelle équipe s'installa au Centre de Saclay, dans un bâtiment dont l'accès était impossible sans accréditation spéciale. Certains des membres de l'ancien groupe de travail firent partie de la suite de l'aventure, mais le projet fut désormais l'affaire quasi exclusive d'ingénieurs du génie maritime et d'officiers de marine, tous de premier plan. Une grande partie était de mes amis. Leur entreprise réussit pleinement et ils dotèrent la France d'une flotte de sous-marins utilisant leurs chaudières nucléaires.

Mon équipe, pour sa part, se consacra intégralement au contrôle de tous les autres réacteurs nucléaires français. Auréolé de mon succès dans ce domaine, je nouai aisément des coopérations avec d'autres chercheurs du Centre de Saclay, et notamment avec Jacky Weil[3], l'un des pères de la première pile nucléaire française Zoé et dont l'équipe réalisait en particulier, à cette époque, des calculateurs analogiques et les équipements de contrôle des réacteurs. Nos résultats furent fructueux : nous trouvâmes ensemble un système de commande fiable. Il permettait non seulement de résoudre les questions de stabilisation et de variation de la puissance, mais aussi d'assurer la sécurité des futures centrales nucléaires. Un tel système de commande comportait précisément ce qui manquait aux centrales soviétiques, comme celle de Tchernobyl.

Connaître, maîtriser et protéger devinrent alors les maîtres mots de mes activités dans le nucléaire.

LA SÉPARATION DES ISOTOPES
DE L'URANIUM NATUREL

Olegh Bilous

Les années passées au Centre de Saclay m'offrirent de grandes joies. Elles m'apportèrent également d'amers enseignements. J'y appris que la vie des hommes du nucléaire est parfois en proie au malheur.

L'existence d'Olegh Bilous est pour moi le symbole des destinées tragiques que connaissent certains de ceux qui œuvrent dans ce domaine. Le souvenir très net que j'ai gardé de lui a été avivé, il y a quelque temps, par la nouvelle de son décès. Cet ancien élève de l'École polytechnique, scientifique de talent, est mort dans la rue, à Paris, en vagabond [1].

Issu d'une famille de « Russes blancs » ayant fui le régime soviétique, il avait hérité de sa mère – une matrone au caractère trempé – une ardente foi orthodoxe. De haute sature, émacié au point d'en être squelettique, il avait le regard vague de ceux dont les yeux sont tournés vers les soubresauts de leur vie intérieure.

Personnalité lunaire, il parlait d'une voix éteinte et restait en toutes circonstances d'une immobilité étonnante.

À sa sortie de l'École polytechnique, il avait rejoint le corps des Poudres. C'est en travaillant aux questions d'armement, dont cette administration est usuellement chargée, qu'il eut une idée qui contribua de façon notable au développement de l'armement nucléaire français.

Extraire de l'uranium naturel[2] un uranium de teneur plus élevée en l'isotope 235, celui-ci étant fissile

Au milieu des années 1950, La France avait le dessein explicite de se doter d'armes nucléaires. Deux voies s'ouvraient à elle : celle de l'uranium enrichi et celle du plutonium.

À cette époque, les ingénieurs militaires français savaient que la bombe larguée sur la ville d'Hiroshima était constituée d'uranium enrichi en U 235. Autrement dit, pour construire cette arme, les savants au service de l'armée américaine avaient fortement enrichi en uranium 235 l'uranium naturel, constitué pour l'essentiel d'uranium 238. Les scientifiques qui travaillaient pour la défense française savaient également que l'uranium enrichi était le combustible du réacteur du submersible américain *Nautilus* et, plus largement, celui de tous les réacteurs nucléaires d'outre-Atlantique. La France souhaitait en conséquence prendre des initiatives d'enrichissement de l'uranium. Seulement, les procédés d'enrichissement étaient fort ardus : les installations nécessaires étaient de taille gigantesque et soulevaient d'immenses difficultés scientifiques et techniques. Et nous ne pouvions pas compter sur l'aide des États-Unis dans la mesure où ils soumettaient ces questions au secret le plus strict. La France devait donc tout découvrir par ses propres forces. En dépit des redoutables difficultés qu'elle présentait, la voie de l'enrichissement de l'uranium naturel avait plusieurs atouts. Une fois obtenu, l'uranium 235 était relativement aisé à manier et à travailler sur les machines-outils. En outre, les mesures de radioprotection à prendre étaient relativement simples et légères. Enfin, les bombes faites d'uranium 235 n'avaient pas besoin de tests ou d'études poussés. Le calcul suffisait à obtenir des prévisions exactes, comme ce fut le cas pour la bombe lancée sur Hiroshima.

Construire des armes à partir de plutonium soulevait des difficultés différentes, mais elles aussi considérables : il était très difficile de travailler le plutonium sur des machines-outils et les mesures de radioprotection à prendre étaient extrêmement lourdes et complexes. La voie du plutonium présentait pourtant un avantage appréciable sur celle de l'uranium enrichi : il était à l'époque plus facile à produire. Cette option était donc soutenue par nombre de responsables du domaine nucléaire. Ils firent construire le centre de Marcoule pour la production de plutonium et obtinrent ainsi les matériaux nécessaires pour effectuer les premiers tirs d'engins expérimentaux français, à partir de 1960.

Cependant, à l'initiative des gouvernements et des ministres successifs de la IVe République, l'un des ingénieurs généraux, chef du Service des poudres lança, dès le début des années 1950, des études sur la création d'une usine d'enrichissement d'uranium. Olegh Bilous fut l'un des volontaires choisis pour participer à ce programme.

Il fit porter ses travaux sur l'ensemble du procédé. Il s'inspira de ce qu'il savait sur les recherches menées par les savants américains. Il conçut un concept d'usine basé sur une méthode d'enrichissement promise à un grand avenir. Son projet était de faire passer l'uranium naturel au travers d'une série de « filtres » et d'en séparer ainsi progressivement l'uranium 235 nécessaire à la fabrication de bombes. Comme l'uranium 238 et l'uranium 235 sont des isotopes (les noyaux de leurs atomes respectifs contiennent le même nombre de protons mais des nombres différents de neutrons) de masses différentes (235 et 238), chaque passage à travers ces filtres enrichit le flux passant en l'un des isotopes, d'où le nom de diffusion gazeuse. Ce procédé nécessitait des installations considérables (il était prévu qu'elles fussent de la taille du Champ-de-Mars). Le nom de cette entreprise était « projet d'usine de séparation des isotopes de l'uranium ».

À l'époque, l'idée était extrêmement novatrice pour la France : les méthodes de séparation par centrifugation, aujourd'hui si répandues – et même proliférantes : elles sont notamment utilisées en Inde, au Pakistan, en Corée du Nord, etc. –, n'avaient alors pas été développées.

Olegh Bilous avait imaginé les grandes lignes du procédé de séparation. Mais, pour se lancer dans la réalisation d'une usine pilote et d'une usine définitive, il lui manquait encore plusieurs viatiques. Il avait évidemment besoin de l'autorisation officielle et des crédits de l'administration. Il devait doter son projet d'un support industriel solide. Il devait également réunir de nombreux spécialistes en mécanique des fluides, en chimie, en physico-chimie, en physique statistique, en technique des compresseurs, en modélisation, en régulation, etc. Il résolut une à une toutes ces difficultés.

L'autorisation administrative de se mettre à l'ouvrage lui fut octroyée et encouragée par son supérieur hiérarchique, l'inspecteur général des Poudres Fauvet. La direction du projet fut confiée, pour ce qui était du CEA, à Georges Besse, un jeune polytechnicien qui s'était déjà signalé par son intelligence exceptionnelle, par son énergie et par ses capacités de meneur d'hommes (par sa chaleur humaine, sa clarté, sa simplicité, son courage et son exemple contagieux) et d'organisateur. Et, pour s'occuper du volet scientifique de son programme, Olegh Bilous s'associa de nombreux spécialistes : comme l'uranium devait être porté à l'état gazeux pour être filtré, il s'adjoignit des physiciens et des chimistes experts en diffusion des gaz ; comme les matériaux poreux prévus pour constituer les « filtres[3] » étaient très particuliers, il rechercha des théoriciens de ces matériaux ; il recourut enfin à des chercheurs et des expérimentateurs du Centre d'études nucléaires de Saclay. Je fus l'un d'eux.

À plusieurs reprises, Olegh Bilous m'avait demandé de contribuer à son projet. Comme le major de sa propre promotion, mon ami Jacques Lesourne, se consacrait désormais à l'histoire et à la science économique, et comme j'étais à la fois major de ma promotion et physicien, j'étais tout désigné, à ses yeux, pour résoudre les difficultés scientifiques les plus épineuses de son projet. Faire passer de l'uranium porté à l'état gazeux à travers des milliers de filtres supposait une maîtrise complète des flux. Il fallait en effet s'assurer que l'uranium traverserait la cascade de filtres dans le bon sens sans jamais revenir en arrière, et sans qu'aucune instabilité des écoulements ne se produise. L'établissement de ce contrôle des écoulements supposait la résolution de problèmes mathématiques considérables[4]. Produire la théorie des écoulements gazeux de cette usine et permettre ainsi leur contrôle, telles étaient les missions qu'Olegh Bilous souhaitait me confier.

Ma première contribution
à l'armement nucléaire français

Je n'accédai pas immédiatement à sa demande. À mon arrivée au Centre de Saclay, j'étais trop occupé à apprendre mon nouveau métier de physicien pour pouvoir me joindre à son programme. Je lui demandai donc un délai.

Je n'étais alors pas du tout réticent à l'idée de contribuer, même indirectement, à la construction d'armes nucléaires. D'une part, il s'agissait avant tout pour moi de résoudre des problèmes mathématiques, physiques et techniques. D'autre part, contrairement à nombre de scientifiques du Centre de Saclay, je n'avais pas de doute sur la nécessité de doter la France d'un armement nucléaire. La guerre froide battait son plein et je savais que les pays d'Europe – et notamment mon pays – n'auraient ni les moyens ni la volonté de se battre en cas d'invasion soviétique. Le pacifisme radical de certains chercheurs du Centre de Saclay ne m'attirait pas plus qu'il ne m'indignait. Il me paraissait tout simplement d'un irréalisme complet : les quelques survivants des camps de la mort n'avaient pas été libérés par la non-violence. La non-violence des millions de victimes ne les avait pas non plus sauvées.

Une fois ma période de formation achevée, je décidai de contribuer au projet, attiré tout à la fois par sa portée patriotique, par sa valeur scientifique et par ses enjeux techniques. Jules Horowitz m'accorda son autorisation pour constituer une petite équipe établie dans les bâtiments du Centre de Saclay qui abritaient ses propres services. Le plus brillant de ceux qui me rejoignirent fut Pierre Nelson, un ancien élève de l'École polytechnique, ingénieur de l'Air. Je déployai une activité sur tous les fronts. À l'exemple de Jules Horowitz, je vérifiai scrupuleusement tous les calculs réalisés par mon équipe, à une époque où les ordinateurs n'étaient pas encore à notre disposition. Et j'acquis progressivement tous les outils mathématiques nécessaires pour modéliser le flux d'uranium prévu.

Je tenais également à ce que les modèles théoriques que j'élaborais avec mes collaborateurs fussent confrontés à leurs applications techniques. Je mis donc tout mon zèle à me familiariser avec les équipements fort complexes destinés à l'usine de séparation isotopique. Je voulus les voir moi-même. Je visitai plusieurs usines notamment celle d'Hispano-Suiza qui était chargée de construire les pompes, les vannes et les compresseurs de l'usine de séparation isotopique. Je retrouvai avec joie les ateliers et les usines. Comme à mon habitude, j'y engageai un dialogue fructueux avec les ingénieurs, et notamment avec Pierre Chaffiotte, qui supervisait cette production. Cet homme massif et carré reconnut immédiatement en moi un compagnon des Arts et Métiers. Il m'expliqua les détails de la construction et démonta devant moi, sur place, plusieurs équipements pour me montrer leur structure.

Notre travail se déroula dans une ambiance chaleureuse et énergique. Nombreux étaient ceux que la nouveauté et la portée du projet séduisaient. Je nouai des relations très amicales avec Georges Besse, avec Daniel Massignon[5] ou encore avec Robert Galley. Je réussis même à établir des rapports humains avec Olegh Bilous : j'étais le seul avec lequel il se détendît et se laissât aller à sourire. Je parvins à le convaincre de venir passer une partie de ses vacances en ma compagnie et en celle de ma sœur et ses enfants, sur la Côte d'Azur. Je découvris alors un peu mieux sa personnalité inquiète. Souvent perdu dans ses pensées, il était rongé par de multiples angoisses. L'une d'elles concernait l'argent. Il était économe à l'extrême : « L'argent économisé, me disait-il, est comme de la sécurité en bouteille. »

Près de quatre ans de travail furent nécessaires à mon équipe pour trouver la solution. Grâce à nos efforts conjugués, nous parvînmes à surmonter les difficultés centrales du contrôle du flux des gaz d'uranium : comprendre le comportement naturel de ce flux et savoir le commander de manière appropriée.

L'ensemble du projet avança régulièrement et prit corps en quelques années. Claude Fréjacques, un polytechnicien du corps des Poudres, rejoignit le programme pour y diriger, au CEA, les études. Les avant-projets cédèrent la place aux modélisations mathématiques puis aux dessins industriels. À ces derniers succédèrent des modèles réduits construits dans des unités pilotes. Nous pûmes alors procéder à des mesures et vérifier expérimentalement nos prévisions et nos calculs. Une société de droit privé fut créée pour donner un nouveau cadre juridique au programme. Quand le projet scientifique et technique fut suffisamment avancé, un site fut choisi pour la future usine de séparation isotopique : un immense terrain situé près d'Avignon, à Pierrelatte.

La décadence d'un esprit

Au début des années 1960, au moment où débutait la construction de l'usine de Pierrelatte, la vie d'Olegh Bilous bascula. Oppressé par la confidentialité qui entourait nos activités et sans doute hanté par ses démons intérieurs, Olegh Bilous commença à se croire surveillé. Il fut bientôt persuadé qu'il faisait l'objet d'une défiance généralisée de la part de ses collaborateurs et de ses supérieurs. Cette conviction prit bientôt les dimensions d'une obsession. Son malaise devint si grand et si proche du délire qu'il alla voir un jour Robert Galley, alors responsable du projet pour ce qui était du CEA, et lui déclara : « Je sais bien que vous me tenez tous pour un traître parce que je suis russe. »

Sa peur se mua en angoisse et, subitement, il disparut : sans prévenir qui que ce soit, ni sa hiérarchie ni ses proches, il quitta la France et s'installa dans une université américaine. Vivant en reclus, percevant les maigres émoluments d'un tuteur en ingénierie chimique, il chercha à échapper à d'illusoires persécuteurs. Il démissionna même du corps des Poudres, sans se soucier des conséquences sur sa retraite.

Au bout de quelque temps, il finit par revenir en France. Mais il fut presque aussitôt en proie à un nouvel accès de terreur et partit pour l'Australie. Là-bas, il fut interné à plusieurs reprises dans un établissement psychiatrique. Après quelques années de soins, il revint derechef en France. Mais, en dépit des efforts que Claude Fréjacques et moi-même déployâmes, il ne reprit jamais la vie professionnelle. Il vécut dans l'obscurité, puis dans la misère, toujours miné par l'angoisse. Il finit par mourir, toujours en proie aux affres de la terreur.

Vicissitudes des hommes du nucléaire

Aujourd'hui encore, je suis frappé par le contraste brutal entre la réussite du projet dont le plan général avait été conçu par Olegh Bilous et le naufrage de son existence.

Dès 1967, quelques mois après sa première disparition, l'usine à laquelle il avait consacré plus de dix ans de sa vie produisait, selon le procédé qu'il avait imaginé, un uranium propre à la construction de bombes nucléaires françaises et à la fabrication de chaudières nucléaires pour les sous-marins et les porte-avions français. De surcroît, le programme de recherche et de construction qu'il avait lancé permit à des personnalités de premier plan, comme Georges Besse et Claude Fréjacques, de remporter un important succès. Ils l'utilisèrent pour le bien de la France. Ainsi, Fréfacques obtint que les études relatives à la séparation isotopique continuent. Cela permit de fabriquer de nouvelles barrières de diffusion bien plus efficaces que celles de Pierrelatte. Enfin, l'usine de Pierrelatte et les travaux cités ci-dessus servirent, quelques années plus tard, de matrice scientifique et technique à la conception et à la construction d'une nouvelle usine de séparation isotopique, destinée à alimenter, elle, tous les réacteurs électronucléaires de puissance civils français.

Olegh Bilous, quant à lui, fut victime de ses failles intérieures et du poids considérable que les activités nucléaires font peser sur ceux qui s'y consacrent. Son sort fut la folie et son lot, le malheur.

L'ENVOL DE PÉGASE

Le maître d'œuvre et les outils

Durant les premières années que je passai au Centre de Saclay, j'acquis progressivement la réputation et les responsabilités d'un jeune scientifique de haut niveau. Les innovations que je proposai pour le contrôle des réacteurs et les solutions que j'apportai pour la réalisation de l'usine de séparation isotopique me conférèrent le statut et les fonctions d'un scientifique accompli. Je menais des recherches de pointe, formais des ingénieurs et des scientifiques, explorais de nouvelles spécialités et dirigeais plusieurs groupes de travail au sein du service de Jules Horowitz.

Toutefois, mes activités, aussi fécondes fussent-elles, étaient seulement des contributions : j'apportais mon aide à des projets dont je n'avais pas la maîtrise de la conception ; je participais activement à des programmes, mais n'étais responsable que d'un de leurs aspects ; je fournissais une expertise sur des points cruciaux, mais l'architecture générale des programmes n'était pas placée entre mes mains. Or j'avais des idées de construction de réacteurs nucléaires que je souhaitais réaliser, y compris avec la partie mécanique.

À la fin des années 1950, cette situation changea, car je reçus successivement la direction de deux programmes complets et autonomes : la construction du réacteur Pégase puis celle du réacteur de l'Institut Von Laue-Langevin.

Aussi différents fussent-ils à l'époque, ils m'apparaissent à présent comme identiques sur un point capital : tous deux étaient orientés vers la création d'outils utilisant les faisceaux de neutrons au service de la connaissance scientifique. Si j'accorde, aujourd'hui encore, une telle importance à ces deux projets, ce n'est pas seulement parce qu'ils m'ont permis, les premiers, d'exercer une direction scientifique complète. C'est parce qu'ils ont ouvert une voie importante : ils dotaient la France de réacteurs d'essais, pour la connaissance des matériaux, ce qui est le préalable à toute innovation et à toute sécurité. Cela contribua à m'aiguiller vers la réalisation d'instruments de « savoirs », d'exploration des propriétés participant à l'aventure nucléaire ou non [1].

Pragmatisme et programmes nucléaires

À la fin des années 1950, je consacrais la plus grande partie de mon temps et de mon énergie à la résolution des problèmes de régulation des réacteurs et des difficultés soulevées par la conception et la réalisation de l'usine de séparation isotopique à Pierrelatte. Ce fut à ce moment que Jules Horowitz me confia la construction d'un réacteur nucléaire nommé Pégase. Ce projet me sembla immédiatement enthousiasmant, à plusieurs titres.

Pour la première fois, il m'était offert de réaliser intégralement un objet scientifique et technique. Il m'incombait en effet de tracer l'architecture générale de Pégase, de créer chacun de ses composants, de mener sa construction et, enfin, de procéder à sa mise en route. La tâche était attrayante parce qu'elle donnait une nouvelle ampleur à mes activités.

Pégase n'avait pas seulement les charmes de la nouveauté et les avantages d'un travail de large envergure. Il présentait à mes yeux des attraits plus scientifiques. Ce réacteur n'était pas destiné à la production industrielle d'énergie : Pégase n'était pas un « réacteur de puissance ». Il devait permettre de procéder à des tests : c'était un « réacteur d'essais ». Il était dévolu à l'étude des réactions de différents corps aux radiations et aux températures. L'idée était de placer divers matériaux dans des flux de neutrons variés et d'observer leur résistance et leurs transformations. Effectuer ces tests permettrait de constituer une série d'études précieuses pour la construction ultérieure de réacteurs de puissance. Grâce à Pégase, on pourrait apprendre à connaître, en toute sécurité, le comportement de chacune des parties constitutives et des combustibles des futures centrales. Il était conçu comme la source vive de techniques et de savoirs nouveaux.

Un réacteur de ce type, nommé MTR (*Material Testing Reactor*) avait déjà été édifié aux États-Unis. La construction du MTR s'imposait à l'esprit pragmatique des scientifiques américains, toujours soucieux de confronter leurs théories à des expériences concrètes. Mais Pégase était une première en France. C'était même un projet pionnier en Europe : les Britanniques avaient bien bâti un réacteur d'essais à Harwell, mais il n'avait pas de finalité technique et industrielle aussi affirmée.

Opter pour la construction d'un réacteur d'essais me semblait être de bonne méthode, aussi bien d'un point de vue scientifique que d'un point de vue technique et industriel. D'une part, procéder à des expérimentations variées et nombreuses afin de faire progresser une discipline scientifique me semblait le meilleur moyen d'échapper à la tentation de l'abstraction, malheureusement trop répandue parmi les physiciens. Et, d'autre part, acquérir de véritables savoir-faire en matière de construction de réacteurs nucléaires me semblait la meilleure façon de garantir le succès et la sécurité du programme nucléaire civil français. La France avait, comme à son habitude, choisi d'être pionnière. Mais, de façon un peu plus inhabituelle, elle avait résolu de suivre une démarche réaliste et pragmatique : la construction de son parc nucléaire reposerait sur des connaissances solides patiemment récoltées au fil des expériences et non sur des théories géniales mais non vérifiées.

Le site de Cadarache

Lorsque je pris la direction du projet Pégase, une étude de concept avait été réalisée par un des brillants physiciens de l'équipe de Jules Horowitz nommé Victor Raïevski, qui quittait le CEA pour un poste de recherche européen. Ma mission était de partir de ce document et de franchir toutes les étapes jusqu'au lancement et au fonctionnement de Pégase.

La première d'entre elles fut de réaliser un avant-projet détaillé répondant au cahier des charges que j'avais assigné au programme Pégase. À l'aide d'ingénieurs et de physiciens du Centre de Saclay, j'élaborai donc une description générale du réacteur, je dressai une esquisse de chacune de ses parties et j'établis une liste des études et des expériences à réaliser. C'était la première fois en France qu'on construisait un réacteur civil fonctionnant à l'eau ordinaire et à l'uranium enrichi. Ces tâches scientifiques de conception et d'organisation m'étaient déjà bien familières. Mais la construction de Pégase exigea de moi que je devinsse plus qu'un directeur scientifique : je dus me transformer en un véritable ingénieur en chef et en un authentique responsable financier, car on me confia la gestion d'un budget global.

La question du site fut aisément résolue. Pour Pégase et pour les futures installations nécessitant beaucoup d'espace, le Commissariat à l'énergie atomique acquit un immense domaine couvert de garrigues sauvages et giboyeuses, le long de la Durance, à Cadarache. Avec une vaste délégation conduite par Jacques Yvon, j'allai le visiter dès que le projet me fut confié. Cet endroit, dont le nom est devenu célèbre depuis, était alors un véritable désert : hormis la maison forestière qu'abritait le domaine, quelques bâtiments appartenant à EDF[2] et une auberge accueillant les chasseurs, dans le village de Ginasservis, la région était presque inhabitée.

Construire, jour après jour

Une fois l'avant-projet réalisé, je passais à la phase suivante et m'attelai à l'établissement du projet proprement dit. M'entourant de plusieurs équipes spécialisées, composées de scientifiques et de techniciens de grande valeur, je fixai l'anatomie complète de Pégase et fis tracer le dessin de chacun de ses organes. Tous ces plans devaient être extrêmement précis et détaillés : ils devaient en effet permettre à des sociétés industrielles de fabriquer chacune des parties constitutives de Pégase.

L'aspect industriel du projet Pégase absorba une bonne partie de mon attention. Une bonne coordination avec les firmes chargées de la fabrication était en effet capitale d'un point de vue technique. Je constituai une équipe spécialement dédiée à ce travail.

La réalisation de ce projet dura presque cinq années. Comme le site de Cadarache ne comportait, au départ du projet Pégase, aucune installation, je fis l'avant-projet et le projet presque exclusivement au Centre de Saclay. Mais, lorsque commença la construction proprement dite, je pris l'habitude de me rendre chaque semaine à Cadarache. Je prenais le train pour Marseille et je gagnais ensuite Cadarache en automobile, accompagné de mes collaborateurs. Je voulais en effet superviser la construction de façon méticuleuse.

Nombreux furent ceux qui m'aidèrent dans cet immense chantier. Afin d'établir et de faire respecter un calendrier précis pour les études, les expériences et les étapes de la construction, j'eus besoin d'un architecte industriel. Je le trouvai en la personne de René Arditti. Pour coordonner au jour le jour les travaux de construction, j'eus la chance de bénéficier des compétences exceptionnelles de Paul Faurot. D'apparence juvénile et d'un dévouement sans faille au bien public, il avait un parler unique en son genre : il mêlait constamment les termes les plus techniques du nucléaire avec les mots les plus simples des paysans[3]. Un physicien de grande classe, Bernard Lerouge, m'apporta son concours précieux.

Enfin le chef de chantier m'apprit ce qui était un métier peu connu de moi, la vie d'un chantier de génie civil.

J'entretins avec eux des relations extrêmement confiantes. Plus largement, tous les acteurs de ce projet se montrèrent d'une conscience professionnelle exemplaire.

À mesure que le chantier s'avançait, je commençai à résider de plus en plus fréquemment et de plus en plus longtemps à Cadarache. Je finis même par m'y installer jusqu'au lancement du réacteur, en 1962. Mes journées étaient sans fin : elles étaient partagées entre des difficultés théoriques concernant la physique des neutrons, les contraintes d'une entreprise industrielle considérable et les problèmes inhérents à tout chantier. Et, comme je dirigeais Pégase en parallèle avec mes autres travaux, j'avais naturellement peu de loisir : mes seuls délassements furent de monter à cheval au milieu de la garrigue tôt le matin et d'apprendre à piloter dans un petit aéro-club à l'heure de la pause déjeuner. Je retrouvai avec ravissement les merveilleux paysages que j'avais parcourus à pied dans ma jeunesse.

Obstacles et succès

L'envol de l'immense machine à connaître qu'était Pégase ne fut pas aisé. Il fut entravé par les nombreux contretemps qui émaillent usuellement le lancement de dispositifs de pointe. Tout d'abord, le système chargé de refroidir le réacteur se révéla défectueux, il fallut le réparer. Ensuite, les énormes boulons qui scellaient le cœur du réacteur se brisèrent les uns après les autres quand ils furent plongés dans l'eau (très pure) ; afin de protéger les opérateurs des radiations, il fallut les remplacer. Enfin, les expériences préalables destinées à vérifier la qualité de l'irradiation des tubes à essais contenant les échantillons à irradier nous livrèrent des résultats aberrants. Je cherchai la cause de ces phénomènes et découvris que l'un des corps qui enveloppaient les échantillons en question contenait des impuretés[4] qui absorbaient les neutrons et faisaient ainsi obstacle à leur pénétration jusqu'au sein des tubes contenant les matériaux fissiles à irradier. Je dus trouver un matériau de substitution qui n'empêchât point les neutrons de pénétrer dans ces échantillons à irradier.

Une fois surmontées ces péripéties – et bien d'autres encore –, je pus envisager de mettre le réacteur en activité. Je me souviens encore de mon émotion lorsque je réunis mon équipe dans la salle des commandes. J'étais la plus haute autorité scientifique présente. J'étais pénétré du sentiment de mes responsabilités : j'étais seul comptable de tout incident. J'ordonnai qu'on activât le réacteur. Puis, constatant que le processus se déroulait normalement, je commandai qu'on le portât à sa pleine puissance. Tout fonctionna comme prévu. Notre joie fut profonde : nous avions construit et lancé le premier réacteur nucléaire sur le site de Cadarache et offert à notre pays un outil irremplaçable pour se doter d'un parc de centrales nucléaires stables et sûres.

Au carrefour des techniques et de la contemplation

Le projet Pégase fut pour moi extrêmement révélateur : au fil des mois, je pris clairement conscience que la recherche scientifique ne reposait pas seulement sur le talent de personnalités d'exception et sur l'ingéniosité des équipes travaillant dans les laboratoires de pointe. Je compris qu'elle dépendait également en grande partie de tout un système technique : Pégase fut pour moi la matérialisation de l'idée que tout instrument scientifique est au carrefour de techniques, de savoir-faire et de connaissances.

C'est également durant la construction de Pégase que je formulai explicitement l'une des convictions les plus fortement ancrées dans mon esprit. Un de mes amis du centre de Cadarache, dont l'épouse était enseignante en philosophie, m'invita chez lui, à Aix-en-Provence, et me fit rencontrer un philosophe brillant. Au fil de la conversation, celui-ci me déclara que la construction d'autoroutes en Provence lui avait littéralement « dévoilé » la région, qu'il pensait pourtant déjà bien connaître depuis toujours.

Cette conversation anodine me permit de mettre des mots sur ce que je ressentais confusément depuis longtemps : en répondant à ma vocation scientifique, je participais au vaste mouvement de « dévoilement » du monde dans lequel les hommes s'étaient engagés à partir du XVIIe siècle. Moi aussi, j'essayais de contribuer, dans la mesure de mes moyens, à tracer des chemins d'où les hommes pourraient contempler les merveilles de la nature à l'échelle de l'atome.

Saynète 13

UN RÉACTEUR POUR EXPLORER
LA NATURE

L'histoire et la géographie ;
la dynamique et la statique

À l'aube des années 1960, certains physiciens étaient engagés dans une entreprise passionnante : ils exploraient la structure de la matière, qu'elle fût inerte ou vivante. Grâce aux rayons X, ils mettaient au jour la composition et l'agencement des atomes dans de nombreux corps. Cette spécialité, la physique des milieux condensés, était, en France, vigoureusement développée par plusieurs équipes constituées de scientifiques de grande qualité, comme Bernard Jacrot au Centre de Saclay, ainsi que Jean Guinier et Jacques Friedel à Orsay.

Toutefois, cette discipline nouvelle et prometteuse se heurta bientôt à des limites expérimentales et technologiques : si l'utilisation des rayons X permettait de déterminer la position des atomes constitutifs des corps étudiés, elle ne permettait pas de retracer leurs déplacements, leurs mouvements avec vitesse, énergie, interaction, mouvements collectifs, corrélation de ces mouvements, etc. : ceux-ci étaient trop rapides. Les physiciens des milieux condensés étaient contraints de limiter leur exploration de la matière à une étude statique. Ils ne pouvaient pas bâtir de dynamique complète, c'est-à-dire de science des trajectoires. Ils étaient comme des géographes privés de la possibilité d'être des historiens : ils pouvaient établir des cartes mais étaient condamnés à ignorer les mouvements, les moments magnétiques, etc. La physique des milieux condensés était une statique sans dynamique, une géographie sans histoire.

Pour surmonter cet obstacle et poursuivre le développement de cette spécialité, un nouvel instrument d'observation, plus fin et plus sensible, était nécessaire. Il fallait imaginer un réacteur nucléaire capable d'émettre des flux de neutrons très intenses afin de pouvoir capter des signaux [1]. En un mot, il était nécessaire de construire un réacteur à haut flux de neutrons.

Une coopération internationale avortée

Plusieurs équipes européennes s'étaient heurtées à cette difficulté, de sorte que certains pays européens – le Royaume-Uni, l'Allemagne et la France – avaient décidé de développer un programme commun au sein de l'Agence de l'énergie atomique de l'OCDE. Britanniques, Allemands et Français menaient la réflexion ; ils s'étaient découvert des besoins communs et voulaient mutualiser les charges à tous les pays volontaires de l'OCDE pour développer cet instrument.

Connaissant mon profond intérêt pour la construction d'instruments scientifiques et reconnaissant la qualité de mon travail pour le projet Pégase alors en train d'aboutir, Jules Horowitz me fit participer à ce programme commun afin de le représenter, en tant que physicien des réacteurs. Je commençai par m'informer sur les besoins des physiciens de la matière condensée. Bernard Jacrot, qui devait utiliser le réacteur à haut flux de neutrons, me donna toutes les indications nécessaires et me mit en relation avec tous les futurs utilisateurs. Je leur demandai de m'exposer à quelles expérimentations et à quelles observations ils souhaitaient procéder. Je collectai alors les souhaits de spécialistes de disciplines extrêmement différentes. J'élaborai alors en quelque sorte le cahier des charges scientifiques du futur réacteur à haut flux de neutrons. Je me fis le dépositaire de son programme de recherche. À mon sens, les sacrifices consentis pour la construction d'instruments de recherche fondamentale ne pouvaient être justifiés que si un programme d'expériences précises était établi à l'avance et pour plusieurs années.

Les travaux du groupe de l'OCDE avancèrent régulièrement jusqu'au jour où le gouvernement britannique, à court d'argent, se déclara incapable de contribuer au financement. Les scientifiques britanniques furent contraints de se retirer et l'OCDE abandonna complètement le projet.

L'échec de la coopération au sein de l'OCDE ne me découragea pas : le projet me passionnait. Je réalisai, presque seul, l'étude de concept de physique du réacteur[2], préalable à la réalisation des plans du réacteur à haut flux de neutrons.

Un réacteur similaire avait déjà été construit au laboratoire de Brookhaven, près de New York : le HFBR (*High Flux Beam Reactor*). Il fut certes pour moi une source d'inspiration précieuse. Mais je souhaitais développer un instrument beaucoup plus performant, bien plus adapté aux besoins des différentes disciplines d'exploration de la matière. Je voulais que ce réacteur fût novateur au point de permettre des expérimentations dont personne n'avait alors l'idée.

En quelques mois, sous les auspices de Jules Horowitz à Saclay et de Louis Néel, le directeur du centre de Grenoble, et en collaboration avec Paul Ageron, je constituai une étude de concept relativement précise et suffisamment exhaustive.

L'alliance scientifique franco-allemande

Alors que je travaillais depuis un certain temps déjà à cette étude de concept, une conférence internationale dédiée à l'utilisation pacifique de l'énergie nucléaire fut organisée à Genève en 1964, pendant l'été. Je m'y rendis en compagnie d'une forte délégation française, présidée par le ministre de la Recherche, les agents du CEA étant menés par Francis Perrin et par Jules Horowitz. Avec Paul Ageron, j'y présentai mes travaux sur le réacteur à haut flux de neutrons.

Ma communication servit de base à la proposition que Jules Horowitz adressa, au cours de cette conférence, aux ministres allemand et français chargés de la Recherche. Ils convinrent de s'isoler un moment. Jules Horowitz, aidé par sa parfaite maîtrise de la langue allemande et secondé par son épouse qui veilla à ce qu'il ne fût dérangé par personne, persuada le ministre allemand d'élaborer, de construire et d'exploiter ce réacteur dans un cadre strictement franco-allemand. L'accord des ministres scella l'alliance scientifique franco-allemande dont Jules Horowitz se fit alors l'artisan.

C'était un geste politique d'une grande importance pour le développement du couple franco-allemand et donc pour la construction européenne : l'amitié politique et la coopération économique seraient renforcées par une union scientifique. Il s'agissait non seulement de construire ensemble un réacteur à haut flux de neutrons, mais également de créer, autour de lui, tout un institut d'étude de la matière condensée. Cet institut serait placé sous la double égide d'un scientifique français et d'un savant allemand : il devait se nommer l'Institut Von Laue-Langevin ou ILL.

La conclusion de l'accord donna, bien entendu, lieu à de nombreuses négociations. Le réacteur à haut flux de neutrons serait construit en France, à Grenoble, mais le directeur général de l'Institut serait allemand. L'accord de principe fut conclu assez rapidement. Mais beaucoup de temps fut ensuite nécessaire pour parvenir à réunir les physiciens, les ingénieurs et les techniciens concernés au Centre nucléaire de Grenoble. Pour atteindre ce but, Jean Renou, le responsable des relations internationales du CEA déploya toute son habileté.

Je me souviens encore de l'attitude réservée que les deux délégations observèrent lors de la première réunion. Les membres de l'équipe française étaient placés sous l'autorité de Louis Néel. La délégation allemande, elle, était conduite par le professeur Heinz Maier-Leibnitz. Les physiciens allemands nous posèrent des questions très nombreuses, très détaillées et très pertinentes. Les physiciens français entreprirent d'y répondre, sans lever toutes les réticences de la partie allemande. J'attendis que tous mes collègues français se fussent exprimés et je me lançai dans un exposé : loin d'être embarrassé ou réticent, je répondis de façon extrêmement précise et exhaustive à chacune des questions allemandes qui concernaient la physique et le concept du réacteur à haut flux et dissipai tous les doutes des savants d'outre-Rhin. Je présentai ensuite un projet complet de réacteur à haut flux de neutrons : je détaillai ses caractéristiques, ses performances, le calendrier des délais de sa réalisation et ses avantages scientifiques.

En dépit des blessures que la guerre avait causées en moi, je souhaitais que notre coopération fût efficace et notre confiance entière.

Je fus heureux que voir et de sentir que j'étais parvenu à établir avec la délégation allemande une relation de respect et de sincérité. J'eus en particulier la satisfaction de constater que le professeur Heinz Maier-Leibnitz avait pour moi une véritable estime. Au fil de nos réunions, je devins son interlocuteur privilégié et il me témoigna sa confiance de plusieurs façons. Il demanda que je fusse immédiatement placé à la tête de l'équipe opérationnelle française, alors même que les physiciens de Grenoble souhaitaient que je m'installasse préalablement à Grenoble.

Il voulut également que je reçusse non seulement la mission de diriger la construction du réacteur, mais également celle de bâtir les équipements expérimentaux lourds qui devaient entourer le réacteur proprement dit. Enfin, alors qu'il était prévu que tout fût réalisé en binôme, il plaça le responsable allemand sous mon autorité. En somme, j'eus la responsabilité de concevoir et de bâtir l'essentiel des infrastructures scientifiques et techniques de l'ILL.

Les rencontres bilatérales se multiplièrent ensuite et permirent d'avancer à un rythme soutenu : l'équipe se souda progressivement et commença à établir, sous ma direction, l'avant-projet du réacteur à haut flux de neutrons.

Eau ordinaire vs *eau lourde :* *le dilemme*

L'élaboration de cet avant-projet se heurta à de nombreuses difficultés. Le processus de construction d'un instrument de recherche de pointe est en effet une série d'obstacles surmontés et une succession de problèmes résolus un à un. Une des difficultés qu'il fallait affronter concernait le choix du fluide chargé de réfrigérer le cœur du réacteur. L'équipe bilatérale, unanime sur bien des points, se divisa sur celui-là.

Il nous fallait choisir entre un système de refroidissement utilisant de l'eau ordinaire et un procédé de réfrigération à l'eau lourde. Cette dernière est un isotope de l'eau ordinaire qui absorbe beaucoup moins les neutrons que celle-ci.

Les dirigeants du Centre nucléaire de Grenoble étaient de fervents partisans de l'eau ordinaire. À chaque fois que je m'entretenais avec eux, ils me vantaient la qualité de l'eau contenue par une nappe d'eau souterraine située sous le Centre d'études nucléaires de Grenoble. Ils avaient fait valoir cet argument pour justifier l'implantation de l'ILL à Grenoble, alors que d'autres physiciens étaient partisans d'une installation située à Strasbourg. Si le système de refroidissement par eau lourde était retenu, c'était le choix même du site de Grenoble qui pouvait être remis en cause. Les dirigeants grenoblois voulaient à tout prix que je me rangeasse à leurs vues. Quand ils furent à court d'arguments scientifiques et techniques, certains d'entre eux recoururent à des considérations qui me parurent assez déplacées. Selon eux, opter pour l'eau lourde équivaudrait à se soumettre aux Allemands et donc à se rendre coupable de trahison. Ils brandissaient de surcroît la menace d'en appeler au grand savant en magnétisme, Louis Néel[3]. Pour leur répondre, j'étais, comme à mon habitude, fort embarrassé : mon patriotisme me poussait à accepter la position des Grenoblois, mais j'avais des doutes profonds sur sa validité scientifique.

La délégation allemande tenait, elle, en majorité, à l'eau lourde. Elle était selon eux plus adaptée au refroidissement du réacteur. Mon interlocuteur allemand pour la physique du réacteur, Beckurts, chercheur au Centre nucléaire de Karlsruhe défendait de façon très convaincante ce choix.

Vint le moment du projet final. Ce travail m'était échu : il s'agissait de rédiger des milliers de pages et de réaliser des centaines de dessins industriels. Mes équipes s'en chargèrent, sous ma direction, au Centre de Saclay. Nous fûmes alors épaulés par Herbert Kouts, un chercheur américain en congé sabbatique pour un an, auprès de moi, qui, précisément, venait du laboratoire de Brookhaven, proche de New York. Je dus alors trancher entre les deux systèmes de refroidissement. Mon équipe[4] et moi-même envoyâmes à l'imprimeur une première version du rapport préconisant l'usage d'eau ordinaire. L'imprimeur m'appela quelque temps après : je devais relire les épreuves du rapport et délivrer mon bon à tirer. La relecture d'une telle masse de documents réclamait tant d'attention que je fis venir chez l'imprimeur, établi en région parisienne, mes principaux collaborateurs. Nous y travaillâmes une semaine durant. En relisant l'ensemble du texte, il m'apparut clairement que le système de refroidissement à l'eau lourde devait être privilégié. Je changeai donc le texte conclusif et recommandai l'eau lourde, sans avertir au préalable la direction du Centre de Grenoble, ni Horowitz.

Lorsque le rapport fut imprimé et diffusé, je pris la mesure des récriminations auxquelles j'allais devoir faire face. Elles ne manquèrent pas : pour certains dirigeants du centre grenoblois, j'avais cédé aux responsables allemands de la physique des réacteurs. Je fis en conséquence l'objet d'un accueil peu aimable quand j'allai voir les dirigeants du Centre d'études nucléaires de Grenoble.

Retrait

Une fois le projet détaillé réalisé, je passai à la construction proprement dite. Elle commença assez rapidement. Mais je n'eus pas la satisfaction de la mener à son terme. L'administrateur général du CEA m'appela en effet pour aller à la Direction des applications militaires (DAM) avant la fin des travaux et donc avant la mise en service du réacteur à haut flux de neutrons. Il me fallait quitter le domaine du nucléaire civil et participer au programme militaire.

Mon retrait de l'ILL était extrêmement délicat : le bon déroulement de la coopération franco-allemande tenait en effet en grande partie aux excellentes relations personnelles que j'avais nouées. Me retirer du projet, c'était risquer de rompre le fil fragile de la collaboration scientifique. Je m'étais de plus imposé à tous comme un chef de projet incontestable et efficace. Abandonner la construction de l'ILL risquait de compromettre l'achèvement du projet. Partir, c'était enfin avouer aux Allemands que l'armement nucléaire français entrait dans une nouvelle phase. Je proposai alors que mon adjoint, Jean Chatoux, prît ma place. Ce fut une réussite : l'Institut Von Laue-Langevin commença son activité quelque temps après mon départ.

Son succès fut consacré par le retour des Britanniques. Ils avaient abandonné le projet à ses débuts ; ils ne pouvaient plus espérer en tirer quelque bénéfice industriel que ce fût, car toutes les commandes liées à la construction de l'ILL avaient déjà été adressées à des entreprises allemandes et françaises : ils voulurent tout de même y participer et payèrent leur écot.

Si Pégase m'avait fait découvrir les difficultés et les joies de la direction de projet, la construction du réacteur à haut flux de neutrons de l'Institut Von Laue-Langevin établi à Grenoble m'initia, quant à elle, aux rivalités scientifiques et aux luttes politiques. La construction de Pégase n'avait pas été de tout repos d'un point de vue théorique et technique. Mais celle du réacteur à haut flux de neutrons fut, elle, un chemin semé d'embûches qui n'avaient rien à voir avec la science ou la technique. De cette aventure, je retirai la conviction que la progression des sciences est trop souvent subordonnée à la résolution de conflits qui n'ont rien à voir avec elles.

La conception et la réalisation du réacteur à haut flux de neutrons de l'Institut Von Laue-Langevin reste dans mon souvenir comme une œuvre de valeur : ce réacteur permit et permet encore à des scientifiques venus du monde entier de poursuivre l'exploration méthodique de la matière et aussi des grandes molécules du vivant. C'est à mes yeux une réalisation d'une importance extrême pour la recherche fondamentale. J'eus, dès cette époque, le sentiment d'avoir apporté une contribution de poids à la recherche civile. Il est aujourd'hui, au même titre que le CERN l'est pour les particules élémentaires, un centre international important d'étude de la matière condensée.

Mais j'eus, au même moment, la conviction que mon devoir me commandait d'accepter de me consacrer au programme nucléaire militaire.

Au service de la France, au service de la science

UNE ÉPOQUE NOUVELLE

Le monde inconnu du nucléaire militaire

Au milieu des années 1960, s'ouvrirent à moi une période et une sphère toutes nouvelles : j'entrai dans le monde des recherches nucléaires appliquées à l'armement. Cet univers ne se dévoila pas à mes yeux immédiatement. Mon entrée dans cette nouvelle époque fut graduelle, car elle coïncida, pendant plusieurs années, avec la réalisation du réacteur à haut flux de neutrons destiné au futur Institut Von Laue-Langevin.

Je découvris ce monde parce qu'on m'y appela. Jacques Yvon guida d'abord mes pas vers ce domaine d'activité. Puis le gouvernement français me demanda instamment d'y pénétrer plus complètement. À ce moment-là, les autorités politiques, scientifiques ainsi que militaires françaises — et avec elles le pays tout entier — allaient d'échec en échec dans un domaine vital : celui de la dissuasion thermonucléaire.

Alors que plusieurs pays — alliés ou hostiles à la France — avaient déjà construit un arsenal de bombes H ou thermonucléaires, la

République française restait, elle, incapable de dépasser le stade des bombes nucléaires classiques ou bombes A. On m'appela pour prendre part au programme thermonucléaire et contribuer à faire cesser ces déroutes répétées. Les projets auxquels je participais furent couronnés de succès et, en 1968, la France testa pour la première fois avec une réussite complète des engins thermonucléaires.

Ce fut assurément une performance scientifique et technique. Mais le monde du nucléaire militaire laissa sur ma vie une empreinte profonde et parfois douloureuse : cet univers est âpre. Et il attire souvent sur ceux qui y participent une hostilité qui confine à la haine.

Légendes dorées et réalités collectives

En France, scientifiques et politiques, historiens et fonctionnaires se complaisent parfois dans la création de légendes dorées. Concernant la réalisation de la bombe H, deux d'entre elles sont d'autant plus fortement enracinées qu'elles sont régulièrement alimentées.

La première d'entre elles est que la France – et plus précisément les ingénieurs de l'armement nucléaire français – aurait « inventé » sa propre bombe H sans aucune aide extérieure. Il est de mon devoir de témoigner qu'il ne s'agit là que d'une fable. Pour élaborer des engins thermonucléaires, les scientifiques et les ingénieurs français – en l'occurrence ceux avec lesquels je travaillais – reçurent une aide appréciable de la part d'un ami étranger fidèle. Toutefois, cette coopération ne fut pas, loin de là, au déshonneur de la France. Comme on le verra, ce sont bien les scientifiques, les ingénieurs et les techniciens nationaux qui trouvèrent les moyens de doter leur pays d'un bouclier thermonucléaire.

La République fixa elle-même son cap et atteint, par ses propres efforts, sa destination. Mais la main du pilote qu'elle avait désigné pour diriger cette expédition scientifique et technologique fut affermie par celle de cet ami de la France. Sacrifier au chauvinisme en niant l'existence de cette aide ne sert absolument pas le patriotisme véritable. L'amour de la France se nourrit de vérité, pas de mensonges.

Je souhaiterais dissiper une autre légende. Certains se plaisent à assurer que la bombe H française a un père et un seul. Si certains s'arrogent cette paternité, il arrive qu'on m'attribue un crédit trop absolu de cette réussite. Il s'agit d'une approximation fort regrettable dictée par un culte très hexagonal des hommes providentiels.

J'ai, certes, apporté une contribution qui se révéla décisive au programme thermonucléaire français. Mais bien d'autres que moi ont pris part à cette réussite. En la matière, nous devrions acquérir la sagesse des Britanniques : ce genre de réalisation est nécessairement le fait de multiples équipes et de nombreux talents.

Maturité

La période de plusieurs décennies qui s'ouvrit, pour moi, sur ce succès ne se limita pas, loin de là, à des recherches militaires. Nombreux furent les événements professionnels, scientifiques et même culturels qui émaillèrent cette époque de ma vie.

Mon entrée à l'Académie des sciences, la rédaction d'un ouvrage de mathématique appliquée avec mon ami cher, Jacques-Louis Lions, ma modeste contribution à l'élaboration du programme spatial français et notamment du transfert radiatif dans l'opacité de l'atmosphère (dit effet de serre), mon rôle pour le développement des techniques numériques et informatiques en France, tout cela participe à mes yeux de ma maturité scientifique.

Durant cette longue période, j'eus la joie de récolter pour la France le fruit des efforts que j'avais consentis auparavant.

Patriotisme défensif et patriotisme créatif

Ces décennies furent fécondes en découvertes et en innovations. Mais elles ne changèrent pas la source de mon d'inspiration.

Elles me permirent de servir la France par la science. Pour la sécurité de mon pays, en pleine guerre froide, je contribuai à construire un rempart thermonucléaire. Et, pour son essor scientifique et économique, je participai à d'importants efforts de recherche civile.

Mon patriotisme se fit alors défensif et créatif.

Saynète 14

LES ÉCHECS ET L'APPEL

*La bombe A et le programme nucléaire
militaire français*

Au début des années 1960, la France avait officiellement acquis le statut de puissance nucléaire. Elle avait en effet fabriqué et testé avec succès un engin nucléaire en plutonium 239, du même type que celui que les États-Unis avaient fait exploser à Nagasaki[1]. Son combustible était du plutonium produit par le centre de Marcoule. La première difficulté qu'avaient dû résoudre les scientifiques et les ingénieurs en charge de ce projet était somme toute localisée : il s'agissait de savoir comment produire du plutonium. Il fallait ensuite le purifier, imaginer un alliage adapté à son usage et lui donner les formes nécessaires.

Un deuxième problème avait été de concevoir l'édifice explosif chimique, solide permettant d'imploser ce plutonium.

Un troisième avait été de créer une source de neutrons et de les injecter dans le plutonium à l'instant de sa criticité optimale.

Un quatrième était de décrire la physique du phénomène global, et notamment la croissance des réactions de fission en chaîne. Les ingénieurs concernés avaient surmonté les obstacles et étaient parvenus au succès en 1960.

Mais le programme nucléaire militaire français, lancé en 1956, était loin d'être achevé. À vrai dire, il en était à ses premiers pas. De l'explosion d'un engin expérimental à la constitution d'un arsenal nucléaire, il y a de très nombreuses étapes à franchir. Il faut en effet maîtriser toute une série de savoirs et de technologies. Il est nécessaire de plier les engins aux cahiers des charges d'une arme : cette dernière doit pouvoir être stockée, entretenue et manipulée sans danger. Elle doit surtout être suffisamment petite et adaptable pour être projetée à l'aide de missiles embarqués sur des avions, des sous-marins ou placés dans des silos, etc.

Une fois franchies toutes ces étapes pour la réalisation de l'arsenal de bombes A (A pour atomique, signifie que seules des fissions créent l'énergie dégagée par l'arme), encore fallait-il continuer à acquérir des armes comparables à celles que les adversaires potentiels développaient. Si la France se laissait distancer dans la course aux armements thermonucléaires, elle risquait de ne plus avoir de politique de dissuasion crédible.

Le gouvernement de la République résolut en conséquence de donner une impulsion nouvelle à sa politique de défense. Pour servir cette ambition, il avait créé, au sein du Commissariat à l'énergie atomique, une nouvelle structure : la Direction des applications militaires (DAM). C'est elle qui fut chargée de conduire toutes les études, d'effectuer toutes les recherches et de réaliser tous les tests nécessaires à l'édification d'un arsenal thermonucléaire national. Il incombait également à la DAM de contribuer de fabriquer et de maintenir en bon état ces armes placées dans les établissements de la Défense nationale.

C'est cette structure, jeune mais déjà fortement constituée, que je rejoignis très progressivement à partir du milieu des années 1960. Voici comment. Voici pourquoi.

Les écrits de Jacques Yvon

À l'été 1965, alors même que j'étais responsable de la conception et de la construction du réacteur à haut flux de neutrons de l'Institut Von Laue-Langevin, Jacques Yvon soumit à ma lecture plusieurs textes.

Je le connaissais bien et l'appréciais beaucoup pour avoir déjà travaillé avec lui : il m'avait associé au projet Q 244 de submersible à propulsion nucléaire. Durant mon travail sur le contrôle des chaudières nucléaires, nous étions restés en contact. Il était en effet particulièrement intéressé par l'application de mes travaux de commande des réacteurs nucléaires, pour les centrales électro-nucléaires. J'avais pour lui une grande admiration : c'était à mes yeux un homme bon et un scientifique de très grande qualité. Nos bureaux se faisaient presque face de sorte que nos échanges de vues étaient aisés et fréquents. De plus, ses goûts littéraires étaient semblables aux miens : il avait notamment une véritable vénération pour le Grand Siècle. Sa passion était telle que je me souviens encore de la missive qu'il adressa à un directeur financier qui lui avait refusé des crédits. Pour toute réponse à ce refus, il avait envoyé à ce responsable administratif une note de service contenant une citation des *Mémoires de Louis XIV*[2] : « Les souverains que le Ciel a fait dépositaires de la fortune publique font assurément contre leurs devoirs quand ils dissipent la substance de leurs sujets en des dépenses inutiles, mais ils font peut-être un plus grand mal encore, quand par un ménage hors de propos, ils refusent de débourser ce qui peut servir à la gloire de leur nation ou à la défense de leurs provinces. »

Les textes qu'il me donna à lire en 1965 portaient sur son sujet d'étude personnel : la physique statistique. Il s'apprêtait à publier un ouvrage important : *Les Corrélations et l'entropie en physique statistique*. Il avait également en chantier une autre étude, consacrée, elle, à la mécanique statistique quantique. Il me donna une copie de ces différents écrits afin que je les étudiasse. Il voulait examiner avec moi quels pouvaient en être les prolongements possibles.

Jacques Yvon me soumit bientôt d'autres textes afin que je lui donnasse mon avis. J'ignorais leurs auteurs. J'y relevai des imprécisions, des confusions ou des insuffisances et lui en fis part. Selon moi, ces documents avaient le défaut de ne pas donner d'indications sur les ordres de grandeur des quantités physiques dans les phénomènes qu'ils décrivaient.

Apparemment, mes remarques et mes commentaires satisfirent Jacques Yvon, car il me proposa, quelque temps plus tard, de l'assister dans les travaux qu'il réalisait au sein d'un comité destiné à évaluer les travaux scientifiques de la Direction des applications militaires. Ce comité était en fait chargé d'enquêter sur les raisons des échecs répétés de la DAM dans certains de ses travaux scientifiques. Il était avant tout chargé de comprendre pourquoi elle n'aboutissait pas dans ses recherches sur la bombe thermonucléaire. Mon rôle, précisa-t-il, serait d'étudier à fond des dossiers scientifiques qui lui étaient adressés et qui étaient analogues à ceux des notes informelles qu'il m'avait déjà données à lire. Cette proposition était, de la part de Jean Yvon, une marque d'estime. Mais j'hésitai à l'accepter : ma charge de travail était déjà considérable et je voyais mal comment l'augmenter encore. Je devais en effet chaque semaine faire le voyage de Grenoble pour superviser les travaux du réacteur à haut flux de neutrons. Je devais, de plus, me rendre fréquemment auprès de nos partenaires allemands au laboratoire de la Hochschule de Munich et au centre de recherches nucléaires de Karlsruhe.

Je souhaitais pourtant contribuer, autant que j'en étais capable, à l'effort consenti par mon pays pour assurer son indépendance et sa sécurité. Aussi, je résolus de consacrer une partie de mes nuits à certains des dossiers du réacteur à haut flux et une partie de mes jours au projet d'Yvon. Je pensais alors que cette mission serait temporaire et de faible ampleur. Je ne pus pas prendre mes nouvelles fonctions immédiatement. En effet, je devais encore être habilité au Secret Défense : les documents sur lesquels je devais travailler étaient classés et les réunions auxquelles je devais éventuellement assister porteraient sur des sujets confidentiels. Jacques Yvon prenait d'ailleurs bien soin de remiser tous les dossiers relatifs à ces matières dans le coffre-fort de son bureau.

Pour lever ce dernier obstacle, Jacques Yvon envoya au directeur de la DAM une demande d'habilitation au secret pour moi. Le directeur lui répondit favorablement et lui fit même part de sa satisfaction.

Dans l'antichambre de la DAM

Muni de ce viatique, je pus commencer un voyage au pays du nucléaire militaire français. Je pus prendre connaissance des documents que la Direction des applications militaires avait confiés à Jacques Yvon. Mais je pris bien soin d'y travailler uniquement dans son bureau, non loin du fameux coffre.

En examinant ces dossiers, je m'aperçus que certains des chantiers scientifiques piétinaient.

Il s'agissait tout d'abord des expériences servant à la construction d'un engin appelé « système exalté » — « exalté » traduisait la notion anglaise *boosted*. Le but de ces expériences était d'augmenter la puissance d'une bombe nucléaire classique en utilisant une très faible combustion thermonucléaire au centre de l'engin, mais qui produirait une intense source de neutrons et donc une énergie considérable par des fissions supplémentaires[3] dans la matière fissile de l'arme.

Quant aux travaux destinés à la réalisation d'un engin thermonucléaire, préalable à la construction d'une bombe H, ils me paraissaient en proie à la plus grande confusion. Je décelai que les rédacteurs de ces documents n'étaient pas même en mesure de préciser quels corps devaient être utilisés pour obtenir une fusion thermonucléaire. Ils hésitaient entre plusieurs combinaisons où entraient le deutérium, le tritium et le lithium 6. À chacune de ces combinaisons était dévolue une équipe de la DAM, de sorte que ses forces s'éparpillaient dans des directions très différentes, sans que les ordres de grandeur décisifs ne soient connus.

Au fil des lectures, des réunions et des entretiens, je m'aperçus également que ceux qui dirigeaient ces programmes n'avaient pas d'expérience préalable du nucléaire. La plupart d'entre eux étaient, comme le chef du service de physique mathématique de la DAM, installés dans le centre de Limeil : c'étaient des ingénieurs civils ou militaires, et non pas des scientifiques du métier nucléaire. Ils avaient d'excellentes connaissances concernant les poudres, la chimie, la métallurgie et, plus largement, la fabrication d'armements conventionnels. Mais, à de très rares exceptions, ils n'avaient aucune notion de physique nucléaire et de physique des écoulements à très haute température (celle du centre du Soleil), à haute densité massique (celle du centre du Soleil, également) et haute densité d'énergie (*idem*) ; ils raisonnaient sur les bombes atomiques en utilisant uniquement les notions de la mécanique et de la physique classiques. Or celles-ci sont insuffisantes.

Pour réaliser les missions dévolues à la DAM, il était pourtant indispensable d'être au fait des dernières découvertes et des nouvelles disciplines résultant du développement de la physique quantique. La Direction des applications militaires perdait en conséquence un temps précieux, car il était crucial, pour les hautes autorités du pays, de passer de la bombe A à la bombe H.

Les bombes A étaient en effet peu efficientes : il fallait d'importantes quantités de matière fissile pour produire relativement peu d'énergie – 200 kilotonnes au maximum. Le pourcentage de matière fissile fissionnée lors d'une explosion était de 10 % environ. Le reste du plutonium était dispersé.

Au contraire, dans le cas des bombes H, peu de matière fissile permettait d'atteindre des puissances bien supérieures, de l'ordre d'une mégatonne, pour ne prendre que cet exemple. Les réactions thermonucléaires dégagent de l'énergie sous forme d'énergie cinétique (celle de noyaux d'hélium immédiatement freinée qui échauffent le milieu) et surtout de neutrons rapides qui fissionnent une grande proportion de toutes les matières fissiles de l'engin. De plus, les engins thermonucléaires dispersent moins de plutonium. Enfin, le principal avantage des engins thermonucléaires est qu'ils pouvaient être modelés selon des géométries très variées et être réduits à de petites tailles. C'était le passage à franchir pour créer un armement français stratégique [4].

Les réactions thermonucléaires dégageaient bien plus d'énergie en valeur absolue parce que c'étaient les *neutrons* produits par les réactions de *fusion* qui créaient chacun plusieurs *fissions* successives.

Les compétences scientifiques dont bénéficiait alors la DAM n'étaient malheureusement pas toutes à la hauteur de sa tâche.

Synthèse, astrophysique et circonspection

J'entrepris immédiatement de chercher des remèdes à cette situation.

Comme j'avais découvert qu'aucune monographie n'avait été écrite sur le sujet, ma première réaction fut donc de dresser une liste détaillée de toutes les compétences et de toutes les spécialités scientifiques nécessaires à cette entreprise[5]. L'établissement de cette liste fut une étape importante et même obligatoire : c'était en effet la condition *sine qua non* pour approfondir systématiquement tous les domaines scientifiques concernés. Je constatais qu'aucun des dirigeants de la recherche à la DAM ne l'avait ni en tête ni écrite. Ma liste me servit de base au développement de ces sujets.

J'eus de surcroît à cœur de calculer les ordres de grandeur concernant les phénomènes de déclenchement et de commande d'une réaction thermonucléaire dans les divers milieux et conditions possibles. À mesure que j'acquis des notions précises et quantifiées sur tous ces phénomènes, je me trouvais dans ce domaine plus à mon aise : je pus établir entre eux des hiérarchies de durée, de vitesse, de densité, de pression et d'énergie, et donc d'ionisation des atomes, ce qui commandait les opacités et les équations d'état[6].

Une fois cette liste et ces ordres de grandeurs fixés, je pris conscience que l'une des tâches les plus urgentes à réaliser était de mettre au point les corps nécessaires au déclenchement d'une réaction thermonucléaire. Il fallait fixer leurs masses, leurs densités, leurs pressions et leurs températures, suivant la forme géométrique du milieu.

Grâce à tous ces éléments, il serait en effet possible de définir le niveau de température, de densité, d'inertie et d'énergie requis et de chercher comment l'atteindre.

Les réactions thermonucléaires n'étaient pas des phénomènes totalement nouveaux pour moi. Les travaux que j'avais jusqu'ici menés au Centre de Saclay ne portaient pas, il est vrai, sur des réactions thermonucléaires. Seulement, ma passion pour l'astrophysique m'avait fait entrer en contact avec ce type de réactions. Les phénomènes stellaires sont en effet en grande partie commandés par des phénomènes thermonucléaires, se produisant dans la boule des étoiles moyennes comme le Soleil (boule dont le rayon est, pour le Soleil, de l'ordre de 0,2 fois le rayon extérieur du Soleil).

Je partis d'une question que je m'étais posée jadis : pour quelle raison, dans le cas d'une étoile, l'énergie dégagée par la fusion thermonucléaire était-elle libérée durant environ douze milliards d'années ? Cette durée tenait au fait que la durée de vie des étoiles correspond au temps nécessaire à l'élaboration du combustible primordial des réactions nucléaires, le deutérium. Là était encore aujourd'hui la solution : la bombe thermonucléaire devait, comme les étoiles, produire elle-même son propre combustible, le tritium. Seulement elle devait le faire sur une durée extrêmement courte et avant que l'explosion initiale ne le disperse.

Je menai des recherches dans tous les domaines que j'avais recensés et sur toutes les idées que j'avais eues. Je fis tous mes calculs à la main. Le fruit de mes réflexions et de mes études, je le synthétisai dans une note[7] que je remis à Jacques Yvon. Ce texte fut déposé dans son coffre. Jacques Yvon voulait l'étudier soigneusement avant d'en parler à qui que ce fût.

La liste des spécialités requises par le programme thermonucléaire militaire constituait, en effet, à elle seule une remise en cause de l'organisation et de la composition de la Direction des applications militaires. Or Jacques Yvon était d'une extrême prudence pour tout ce qui touchait à ses rapports avec les personnels de la DAM, qu'ils fussent de hauts responsables ou des subordonnés. Lui-même scientifique, il était quelque peu désorienté au milieu des ingénieurs de l'armement. Universitaire, il était assez éloigné des polytechniciens qui peuplaient ces services.

Peu de temps après, l'un des meilleurs physiciens de la DAM, basé au centre de Limeil, le chef de l'unité « fusion », un jeune normalien physicien, rédigea une note analogue à la mienne. Elle fut classée et diffusée à l'intérieur des services concernés ainsi qu'à Yvon. Cela permit à ce dernier de rester fidèle à sa circonspection coutumière : il put laisser ma propre note reposer dans son coffre.

À la recherche de procédés et d'architectures
au lieu de la compréhension profonde de la physique
des écoulements à hautes températures
et à hautes densités d'énergie

Pour peser sur les travaux de la Direction des applications militaires, Jacques Yvon avait besoin d'un soutien institutionnel et d'un cadre juridique plus fermes. Il demanda donc au haut-commissaire à l'énergie atomique de le déléguer officiellement à cet effet auprès du directeur de la DAM. Le haut-commissaire lui accorda par note de service la délégation et Jacques Yvon prit une nouvelle place au sein de la Direction des applications militaires. Il avait en effet délégation totale de la part du haut-commissaire pour superviser les travaux portant sur la bombe H. Je fus mentionné comme assistant de Jacques Yvon sur une note qu'il envoya au directeur. Je passai ainsi de l'anti-chambre de la DAM à son seuil.

Au début de l'année 1966, cette dernière disposait donc d'un premier document préalable à l'élaboration d'un engin thermo-nucléaire. Cette note exposait quels corps devaient être utilisés et dans quelles conditions ils devaient être placés afin qu'une réaction thermonucléaire se déclenchât : les densités, les températures et les durées étaient calculées. Mais il restait encore à trouver les moyens de réunir ces conditions. L'idée générale était d'utiliser une bombe A classique pour obtenir les densités et les températures nécessaires. Seulement, on ignorait encore comment procéder pour transférer l'énergie de l'une à l'autre, sans briser la partie thermonucléaire.

La résolution de cette question était échue au service de physique mathématique du centre de Limeil. Malheureusement, il était dirigé par un cadre (compétent dans celui de ses domaines choisis, l'analyse numérique) qui n'avait pas le niveau en physique suffisant, ne serait-ce que pour suivre des explications dans le domaine. Je lui avais conseillé certains ouvrages de physique contenant notamment le transfert radiatif et les opacités, les écoulements à très hautes températures et densités d'énergie, mais il n'avait pas pu les lire, faute de compétence en physique quantique.

Les personnels de ce service étaient en quelque sorte livrés à eux-mêmes, sans direction scientifique ferme. Presque tous essayaient donc de trouver le « truc » qui permettrait de parvenir au déclenchement d'une bombe H.

Faute d'un cap scientifique solide et clair, les personnels de la Direction des applications militaires en étaient réduits à se faire « inventeurs » ou « bricoleurs » et à chercher une espèce de gadget. Il régnait une atmosphère digne d'un concours Lépine : chacun agissait comme s'il cherchait à gagner le premier prix. Certains chercheurs travaillaient séparément, sans communiquer leurs idées, leurs résultats ou leurs besoins aux autres.

L'anarchie scientifique conduisait à la paralysie.

Les politiques s'impatientent

Pendant que les recherches sur la bombe H en étaient à ce stade, celles qui portaient sur les engins exaltés – les *boosted bombs* – ne parvenaient toujours pas, elles non plus, à donner, lors des essais nucléaires, les résultats attendus.

La confusion et l'inquiétude étaient donc à leur comble dans le programme nucléaire militaire français. En pleine course aux armements et au cœur de la guerre froide, la France restait loin derrière, au stade de la simple bombe A (utilisée pour l'armement nucléaire tactique, donc sur le champ de bataille), alors que les États-Unis, le Royaume-Uni et l'Union soviétique avaient déjà un arsenal thermonucléaire.

Le gouvernement du général de Gaulle commença à douter de plus en plus de la capacité du CEA et en particulier de celle de la DAM à élaborer un arsenal thermonucléaire. Les ministres concernés firent part de leur impatience à ses responsables. Les services de la DAM devaient aboutir.

La seule réaction dont se montra capable un des membres de la DAM, qui dirigeait le centre de Limeil, fut d'adresser une lettre pleine d'insolence à l'administrateur général du Commissariat à l'énergie atomique. Ce dernier le fit immédiatement remplacer par un des responsables d'un des services d'un autre centre de la DAM sis à Vaujours. Ce dernier était un brillant polytechnicien, ingénieur des Poudres. Mais il ignorait tout des réactions thermo-nucléaires, de la physique des hautes températures stellaires et de la physique quantique. Comme il était à prévoir, le résultat de ce changement de direction fut nul : la campagne d'essais de l'été 1966, la première qui se tînt à Mururoa, se solda par un échec cuisant en ce qui concernait les engins « exaltés », mais un grand succès pour le champ de tir et pour l'armement purement A.

Apprenant ce nouveau *fiasco*, le général de Gaulle agit de façon vigoureuse : il ordonna au ministre chargé des questions atomiques, Alain Peyrefitte, de faire placer un scientifique de très haut niveau à la tête du programme thermonucléaire. De fait, aucun scientifique de renom, par conviction, politique ou morale, n'avait accepté de contribuer au programme nucléaire français. De sorte que la DAM ne comptait en son sein que des scientifiques peu entraînés dans les domaines du thermonucléaire.

On me rapporta plus tard que le chef de l'État avait tonné et exigé des résultats prompts et décisifs, quelles que fussent les démissions qu'il faudrait exiger. Le Général réclama un scientifique qui fût un homme nouveau, capable de considérer l'entreprise d'un œil neuf et capable de tenir ses promesses.

L'acceptation

Alain Peyrefitte relaya la colère du Général et fit souffler un vent frais sur la DAM : il voulait la sortir de ce qu'il considérait comme une léthargie bureaucratique. Mais certains de ses membres résistèrent et déclenchèrent un tir de barrage destiné à empêcher l'arrivée d'un scientifique nouveau. Ils répandirent, dans tous les cercles de pouvoir, la rumeur selon laquelle ils étaient en passe d'aboutir et n'avaient absolument pas besoin d'un changement de cap et surtout d'homme.

Alain Peyrefitte ne fléchit pas et continua à chercher. Il me fit alors sonder par un membre de son cabinet et l'administrateur du CEA me fit approcher par certains de ses collaborateurs qui me connaissaient bien (l'un avait travaillé avec Yvon, l'autre avait participé au projet de séparation isotopique). Ils prisaient, me dirent-ils, mes compétences scientifiques, ma neutralité politique, ma discrétion et mon patriotisme. Je savais qu'ils appréciaient aussi le fait que je n'appartinsse à aucune *camarilla*. Un homme scientifique relativement isolé était un *Homo novus* idéal à leurs yeux.

Ces émissaires me demandèrent de leur exposer quelles étaient, à mon sens, les initiatives susceptibles de remédier au blocage. Et ils me demandèrent ensuite si j'accepterais de prendre un poste à la Direction des applications militaires.

Avant de donner ma réponse, je demandai à réfléchir. Je consultai Jules Horowitz et Jacques Yvon. Ce dernier fut le plus ardent partisan de mon entrée complète à la DAM : selon lui, mes connaissances en astrophysique, en physique statistique quantique et classique et mes travaux sur les ordres de grandeur en matière de réactions thermonucléaires me conduiraient promptement à la solution. Aiguillonné par mon patriotisme et conscient de l'urgence, j'acceptai.

LES MÉFAITS DE L'OBSTINATION

Une nouvelle organisation pour les recherches scientifiques thermonucléaires de la DAM

Mon entrée à la Direction des applications militaires entraîna plusieurs changements, rapides et drastiques.

Le premier d'entre eux concernait bien entendu le réacteur franco-allemand à haut flux de neutrons. Toute la difficulté consistait en cela que j'étais encore – officiellement à plein-temps – chargé de ce projet. Le gouvernement français adressa donc au gouvernement de la République fédérale d'Allemagne une missive pour expliquer mon retrait du projet : j'étais officiellement requis pour une mission d'importance nationale.

De plus, les exigences du gouvernement placèrent l'administrateur général du Commissariat à l'énergie atomique devant une obligation : il devait réorganiser en profondeur la Direction des applications militaires. Le directeur de la DAM avait alors sous sa responsabilité trois sous-directeurs : le premier était chargé des essais, le deuxième des recherches et le troisième de la fabrication des armements. Le chef de la sous-direction des recherches fut remplacé par Jean Viard, un ingénieur des Poudres, qui occupait alors les fonctions de directeur des essais au centre d'expérimentation du Pacifique, à Mururoa. Ses compétences en physique quantique et dans le domaine des hautes températures, des hautes pressions et des hautes densités, au niveau thermonucléaire, étaient encore à créer. Mais c'était un admirable organisateur et un grand meneur d'hommes. Sa lucidité et sa finesse rendaient son jugement sûr. Chose précieuse dans une atmosphère chauffée à blanc par des échecs répétés, il savait adoucir les rapports humains.

L'idée de l'administrateur général du CEA était, selon ses propres termes, d'établir un contrat de « mariage » entre Jean Viard et moi : il serait directeur de la sous-direction des recherches et je serais son directeur scientifique. Jean Viard proposa à l'administrateur général que tous les travaux scientifiques de la sous-direction des recherches seraient divisés, par mes soins, en projets scientifiques, et que chacun serait attribué à un scientifique comptable de ses travaux et de son équipe devant moi. Ma fonction était donc cruciale car architectonique : je devais rédiger le libellé de chaque mission et nommer celui qui en serait chargé

Cette nouvelle organisation était extrêmement novatrice. En passant d'une logique de services à une logique de projets, elle me permettrait de donner à la DAM ce qui lui manquait : une politique scientifique cohérente, des modes de coopération internes efficaces et des pistes de recherche innovantes.

Hostilités

L'inconvénient de cette réorganisation était qu'elle bousculait les habitudes, modifiait les chaînes de commandement et court-circuitait les hiérarchies. Elle m'attira une certaine hostilité de la part de certains des directeurs de centre, des chefs de service et de quelques anciens de la DAM. On les avait frustrés de leurs anciennes prérogatives pour me les confier. Pour eux, les travaux de la DAM n'étaient pas des missions scientifiques au service du pays. C'étaient des enjeux de pouvoir ou de prestige.

Je le sentis immédiatement. Lorsque je pris mes fonctions, on me fit bien sentir que je n'étais pas le bienvenu : parmi les responsables de la DAM, personne ne me proposa son aide et personne ne me mit spontanément au courant de ses travaux. Aucun des directeurs de centre concernés par mes travaux sur le thermonucléaire ne voulut m'accueillir dans ses locaux[1], de sorte que j'installai mon bureau au siège de la DAM à Paris.

Je participais à des réunions dans les centres. Chacun cherchait à y briller devant les autres. Je restais obstinément muet, prenant des notes exhaustives et essayant de dresser un état des lieux le plus exact possible. Ce fut rapidement fait.

Mes relations avec les jeunes chercheurs et avec les subordonnés des dirigeants furent plus aisées et même assez chaleureuses. J'allai les voir dans leurs bureaux et entamai avec eux un dialogue fructueux, ce qui ne s'était jamais vu dans ce monde cloisonné et hiérarchisé à l'extrême. Je fus le premier à les identifier pour leur compétence et à leur montrer du respect. Plusieurs me le dirent.

Dans le monde du nucléaire militaire, tout était nouveau donc étrange pour moi : j'étais étonné par le mode de travail de ces hommes qui restaient à l'écart des sources d'information scientifiques internationales qui auraient pu leur être utiles. J'étais peiné de les voir soumis à un ensemble complexe de formalités administratives : ils n'avaient pas la possibilité, comme tous les scientifiques, de publier leurs travaux dans des revues internationales, ce qui aurait pu leur donner une certaine indépendance à l'égard de leurs chefs. Ils étaient en somme privés de ce qui fait la liberté du chercheur : la publication de ses études dans des revues scientifiques de distribution internationale.

Le procédé TAS

Lorsque je pris les rênes du programme scientifique thermonucléaire de la DAM, au printemps 1967, un projet d'engin thermonucléaire était déjà en cours de réalisation pour la campagne d'essais de l'été 1967.

L'équipe du physicien qui avait rédigé le document de synthèse parallèle au mien avait en effet imaginé un dispositif destiné à provoquer une réaction thermonucléaire. Il s'agissait d'obtenir les conditions initiales de cette réaction en usant d'une espèce de piston cylindrique. Dans une culasse constituée d'un cylindre creux, fait en corps très lourd, comme de l'uranium naturel, il était prévu qu'on plaçât les corps fusibles. Et l'on espérait déclencher une réaction thermonucléaire en le comprimant à l'aide d'un piston lancé par une explosion nucléaire classique. Comprimé très rapidement, en partant de la température la plus basse possible pour faciliter la compression et, échauffé par celle-ci à des températures très élevées, le corps connaîtrait une réaction thermonucléaire. Ce dispositif était appelé le « procédé TAS ». Il s'agissait tout bonnement de lancer un piston, mû par une explosion nucléaire.

On le voit, les ingénieurs de la DAM étaient encore tributaires de schémas mentaux hérités de la physique et de l'ingénierie classiques : culasses cylindriques, pistons cylindriques et explosifs jouaient un rôle de premier plan dans leur esprit, y compris à l'ère du thermonucléaire.

J'étais quant à moi sceptique concernant le TAS : il ne me paraissait pas susceptible de parvenir au déclenchement d'une réaction thermonucléaire. Je m'ouvris de mes doutes à Jean Viard : calculs à l'appui, je lui montrai comment se déroulent les réactions thermonucléaires dans la boule centrale du Soleil et soulignai les dissemblances radicales avec la physique du « procédé TAS ». Dans les procédés TAS, l'explosion de la bombe A ne produirait pas les hautes températures ni les hautes densités nécessaires car elle n'utiliserait qu'une partie de l'énergie dégagée par la bombe A, son énergie cinétique dans l'angle solide du piston, et disperserait tous les corps avant que la fusion ait commencé.

Comme les autres chercheurs, je pensais qu'il fallait que la réaction thermonucléaire fût déclenchée par l'explosion d'une bombe A. Il fallait évidemment protéger le combustible des éléments les plus rapides et les plus pénétrants, comme les neutrons (sans parler de l'effet des rayons gamma) de cette explosion en attendant qu'il fût porté aux températures et à la densité idoines pour que commence une fusion thermonucléaire. Toute la difficulté était à mes yeux de faire que la composante énergétique principale de l'explosion de la bombe A donne une compression, pas une explosion. Il convenait donc que la partie principale de l'énergie dégagée par la bombe conduise à la compression de l'objet thermonucléaire. Il fallait pour cela canaliser cette énergie, la faire passer uniformément autour du cœur thermonucléaire de la bombe pour que la densité, la pression et la température requises soient atteintes autour de l'objet thermonucléaire et que l'implosion de cet objet ait lieu.

À cette époque, mes arguments ne convainquirent pas Jean Viard. Il était de toute façon impossible de modifier le programme d'essais pour 1967. De plus, il aurait toute la DAM contre lui s'il voulait revoir la concentration de toutes les forces de la DAM sur les TAS pour la campagne de l'été 1968.

C'est alors que survint un événement qui, à terme, devait complètement modifier le programme thermonucléaire de la Direction des applications militaires.

Le général Thoulouze

C'était au début de l'été 1967. J'étais à mon bureau du siège de la Direction des applications militaires à Paris. Le directeur de la DAM me téléphona : « Peux-tu monter tout de suite ? J'ai besoin de toi. »

En entrant dans son bureau, qui m'était familier, je le trouvai en compagnie de Jean Viard et d'une personne qui m'était inconnue. On nous présenta : il s'agissait du général André Thoulouze, attaché de l'Air (à ce que j'ai cru comprendre) à l'ambassade de France au Royaume-Uni. D'une distinction toute britannique, il produisit sur moi une forte impression. Il m'apparut comme un véritable *gentleman* au visage très fin et à la diction très châtiée.

Il avait été stationné en République fédérale d'Allemagne sur une base aérienne américaine. C'est là qu'il avait entr'aperçu des bombes H chargées sur les avions américains. C'est aussi là qu'il prit conscience de la nécessité, pour la France, de se doter elle aussi de ce nouveau type d'arme. Il introduisit sur la base aérienne américaine un des agents de l'unité d'informations de la DAM. Celui-ci ne put que mesurer les parties extérieures de ces armes et les rayonnements émis. L'utilité en fut nulle.

Le directeur m'annonça que notre réunion inopinée aurait pour thème la réalisation de l'engin thermonucléaire. Je pouvais, m'assura-t-il, m'exprimer en toute liberté car le général de Gaulle lui-même avait approuvé la tenue de réunions avec le général Thoulouze.

Le général André Thoulouze prit alors la parole. Il avait noué des relations amicales avec William Cook qui était le *Chief Scientist* du ministère de la Défense britannique, le War Office. Ce dernier avait été, auparavant, un des hauts responsables du programme britannique qui avait débouché sur la construction d'une bombe H, au centre d'Aldermaston, où William Cook (*Deputy Director of Aldermaston*, 1954-1958) était le collaborateur du patron, William Penney (*Mathematical Physicist, Director of Aldermaston*, 1954-1959). La personnalité de Penney m'était connue, en particulier, pour son rôle pendant la guerre. Il avait été envoyé en 1944 au laboratoire de Los Alamos. La mission britannique au *Manhattan project* était dirigée au laboratoire de Los Alamos par James Chadwick (le découvreur du neutron, en 1932, au laboratoire Cavendish de Cambridge). Plus tard, les entretiens de Penney avec Oppenheimer au moment des débats américains sur le thermonucléaire faisaient partie de l'Histoire. Les échos du voyage récent à Paris de Penney m'avaient été rapportés de plusieurs sources de la DAM : il y avait eu un repas organisé par Bertrand Goldschmidt[2] dont le but était de le « cuisiner » sur ce qu'était la bombe H, pour parler le langage des dirigeants du CEA de l'époque. Horowitz notamment y avait été invité comme le seul physicien capable d'être à son niveau scientifique nucléaire. On m'avait informé ensuite, par plusieurs canaux de la DAM, des paroles de William Penney, réponses aux questions qu'on lui avait posées. À les méditer, je compris qu'il avait pu juger de la confusion qui régnait chez les dirigeants de la DAM et du CEA concernant les phénomènes thermonucléaires à mettre en œuvre dans une bombe H. Quelles suites y avait-il donné dans cette période de guerre froide aiguë entre l'Est et l'Ouest ? William Penney écrira la notice nécrologique de William Cook, pour la Royal Society en 1988.

C'était aussi l'époque d'une coupure totale entre les nucléaires militaires anglais et français et en même temps de collaboration étroite[3] entre l'équipe de nucléaire civil de Harwell et celle de Horowitz basée à Saclay (avec des antennes sur les autres centres nucléaires comme André Teste du Bailler à l'installation « Marius » de Marcoule, Lafore aux piles du Centre de Fontenay-aux-Roses, etc.), sur les réacteurs à gaz graphite.

Le général Thoulouze me dit que William Cook avait accepté de parler avec lui de la bombe H. Mais Cook avait soumis ces entretiens à des conditions très strictes. Il ne consentait qu'à s'entretenir exclusivement de phénomènes physiques. Des armes thermonucléaires elles-mêmes, de leur description, il ne devait pas être question. De plus, il ne s'entretiendrait que de la physique des armes thermonucléaires en général : il n'était pas question de parler de la bombe H britannique, ni de la bombe H française. Enfin, William Cook souhaitait uniquement répondre à des questions de physique *fondamentale*, fermées, qui n'exigeaient pour toute réponse que « oui » ou « non ».

On le voit, la source britannique du général Thoulouze était bien loin de vouloir nous livrer les plans détaillés de la bombe H britannique. Mais ses « oui » ou ses « non » pouvaient être précieux. Le général Thoulouze offrait donc d'en faire bénéficier la Direction des applications militaires, avec l'aval de l'Élysée, du ministère de la Défense (sous l'autorité de son chef d'état-major de l'armée de l'Air) et du ministre chargé des questions atomiques.

Huit phénomènes clés

Lorsque le général eut fini d'exposer sa proposition, Jean Viard me dit :

« Tu as émis des doutes sur ce que nous faisons avec les TAS et tu m'as soumis quelques idées physiques. Pourquoi ne les exposerais-tu pas au général Thoulouze ? Il pourrait ainsi soumettre ces phénomènes de physique à sa "source" anglaise. Cela accélérera tes recherches. »

J'avais tant travaillé durant les derniers mois que j'avais parfaitement en tête les phénomènes de physique nécessaires pour la résolution des questions thermonucléaires. Je les formulai immédiatement les unes à la suite des autres devant le général. Elles sortirent de moi comme l'eau jaillit d'une fontaine, tant j'avais mûri mes lectures, médité les phénomènes et examiné les difficultés. Quand j'eus achevé d'énoncer mes phénomènes, le général Thoulouze me répondit qu'il n'en avait évidemment pas compris un traître mot et qu'il n'avait donc rien retenu : « Écrivez-moi donc ces phrases et je les communiquerai à William Cook ! »

Je pris alors un crayon, saisis le carnet qui ne me quitte jamais et inscrivis sur une de ses feuilles les phénomènes qui couvraient, à mon sens, les phases clés du fonctionnement d'un engin thermonucléaire. Elles étaient au nombre de huit.

Le général Thoulouze sépara alors cette feuille de mon bloc et la remisa dans sa poche. La réunion était close.

Le demi-échec du « procédé TAS »

J'oubliai assez rapidement cette réunion et me remis à mes travaux. Comme un des essais de 1967 était consacré au « procédé TAS », j'étais bien obligé de suivre cette campagne et de participer à l'interprétation des mesures qui seraient effectuées.

Toutefois, je continuai à réfléchir sur mes propres phénomènes clés. J'approfondis plusieurs aspects de la recherche thermonucléaire : le transfert radiatif et les conséquences des opacités qui sont dans le transfert radiatif, l'élément physique principal, avec les conditions aux limites, elles aussi représentées par des opacités, les écoulements auxquels le rayonnement participe[4] ; les opacités et les modèles d'interactions de l'atome comprimé avec le rayonnement électromagnétique en équilibre avec le milieu (c'est-à-dire, plus simplement, des rayons X) ; les équations d'état à chaud des atomes ; les divers types d'instabilités ; et les groupes de transformations[5] des équations des écoulements dans les armes. Comme à mon habitude, je cherchai tous les ordres de grandeur de ces phénomènes et les comparais entre eux afin de les hiérarchiser.

La campagne de l'été arriva. L'engin conçu selon le « procédé TAS » fut tiré à Mururoa. Les résultats de ces tests ne furent pas concluants : aucune réaction thermonucléaire n'avait été déclenchée.

Toutefois, l'interprétation des mesures restant confuse, toute la direction de la DAM choisit de perfectionner les TAS – je n'étais pas de cet avis – et de préparer une nouvelle campagne d'essais, en 1968, qui leur fût dédiée.

La seule modification prévue pour la campagne de 1968 fut le test d'une roue de secours, qui était un engin H entièrement sphérique, où la matière fusible était sous forme d'une coquille.

Les codes de calcul et la physique des milieux à hautes températures et hautes densités d'énergie

L'équipe de mathématiques appliquées de la DAM avait, depuis plusieurs mois, mis au point des codes de calcul remarquables qui permettaient de simuler les phénomènes advenant dans les milieux à haute température. Ces outils mathématiques, numériques et logiciels, étaient si performants qu'ils servirent par la suite à de nombreuses études nucléaires et thermonucléaires. Ces modèles permettaient, dans le cas du thermonucléaire, de pallier l'absence d'intuition physique de certains chercheurs.

Lors d'un calcul, le bras droit du remarquable chef du service de mathématiques appliquées observa que, à ces très hautes températures et à de très hautes densités d'énergie, la pression due au rayonnement électromagnétique était très élevée. Comme cette pression était causée par l'émission des rayons X, il sut qu'il s'agissait de « pression radiative », dont l'existence est connue, expérimentalement et théoriquement et développée dans tous les manuels scientifiques de ces domaines.

Utilisant ces travaux, un autre chercheur de la DAM, qui avait jusqu'alors travaillé sur la propagation d'une onde de détonation thermonucléaire dans du deutérium pur, à haute densité, et qui avait conclu à son impossibilité pour les conditions de taille, de géométrie, de cryostat – il fallait du deutérium liquide – requises avec les moyens de la DAM, s'interrogea sur la façon dont la pression radiative pouvait contribuer au déclenchement d'une réaction thermonucléaire. Il étudia donc comment les rayons X issus de l'explosion d'une bombe A pouvaient être transportés par l'intermédiaire d'un « canal » d'opacité réduite ou quasi nulle. Dans le concept de ce polytechnicien, ingénieur de l'armement, au regard profond et grave, maîtriser les déplacements du rayonnement X émis par l'explosion A amènerait le rayonnement autour de l'objet thermonucléaire et la pression radiative pourrait permettre de comprimer l'objet thermonucléaire et donc de déclencher une réaction thermonucléaire.

Réunion au centre de Valduc

Pour lancer les travaux préparatoires à la campagne d'essais de l'été 1968, Jean Viard convoqua donc, en septembre 1967, une réunion avec les plus hauts responsables concernés de la Direction des applications militaires. Elle se tint au centre de Valduc, près de Dijon. Cette réunion revêtait une importance cruciale :

l'administrateur général du Commissariat à l'énergie atomique fit en effet le déplacement.

J'avais prévenu Jean Viard que les expériences menées sur le « procédé TAS » me paraissaient vaines. La réunion de Valduc déboucha néanmoins sur une conclusion contraire : quasiment toutes les forces de physique et les forces de calcul, les personnels et moyens matériels de la DAM devaient préparer une nouvelle campagne de plusieurs essais thermonucléaires consacrés au « procédé TAS ». Tous étaient persuadés que la fusion thermonucléaire, grâce au « procédé TAS », était à portée de main.

Seule précaution, Viard dit qu'on testerait l'engin utilisant la pression radiative. Mais, selon ses propres termes, il s'agissait d'une simple « roue de secours ». Toute la capacité scientifique de la DAM restait centrée sur les TAS.

L'obstination continuait à sévir, en dépit des échecs auxquels elle avait conduit.

Saynète 16

UN BOUCLIER POUR LA FRANCE

Coup de tonnerre

Quelques jours après la réunion de Valduc, le directeur de la DAM me convoqua de nouveau de façon impromptue. Jean Viard et André Thoulouze étaient déjà présents dans le bureau. Dès que nous fûmes assis, le général me tendit la feuille qu'il avait, quelques mois auparavant, ôtée de mon bloc. En face de chacun des phénomènes que j'avais écrits figurait un « oui » écrit par André Thoulouze. William Cook avait validé chacun de mes phénomènes. Nous étions enfin sûrs des phénomènes physiques fondamentaux nécessaires à l'élaboration d'un engin thermonucléaire.

Ces « oui » résonnèrent comme autant de coups de tonnerre dans le ciel de la DAM. Ils marquaient en effet une victoire éclatante pour ma liste et ma description des phénomènes clés, constituant les bases du H, mais ils représentaient une véritable déroute pour le choix du « procédé TAS ».

Pieux artifices

Nous étions tout à la joie de voir confirmés les principes de résolution que j'avais proposés pour sortir de nos difficultés. Mais nous étions également pris dans une situation délicate : la direction de la DAM du Commissariat à l'énergie atomique s'était fourvoyée. Elle avait même récemment affirmé à l'administrateur général du CEA et au ministre chargé des questions atomiques que les TAS étaient la bonne voie. Les efforts des scientifiques de la DAM devaient être immédiatement reportés des TAS sur un tout autre projet, dont les modalités devaient encore être définies.

Le directeur de la DAM était également placé dans un grand embarras vis-à-vis du chauvinisme de certains des chercheurs de sa direction. Comment expliquer que ce revirement était provoqué par des informations émanant de l'extérieur ?

Il opta pour un pieux artifice. Il s'entretint avec moi en tête à tête et m'expliqua pourquoi il ne pouvait pas dresser un rapport exact de ce qui s'était passé : il ne voulait à aucun prix froisser ou humilier qui que ce fût à la DAM. Et il me demanda d'observer le plus grand silence sur le sujet. Je devais rester ainsi dans l'ombre.

Quelques jours plus tard, il convoqua tous les cadres concernés pour une réunion. Il leur annonça alors une demi-vérité : « Nous avons obtenu un renseignement : le procédé thermonucléaire peut être atteint grâce à l'engin X. »

Sur le conseil d'un de ses collaborateurs, le directeur de la DAM avait en effet opté pour une solution qui préserverait les susceptibilités de chacun : il faisait passer notre nouveau programme pour un développement de l'engin X basé sur la pression radiative, alors même que les procédés que j'avais conçus comportaient des éléments distincts et supplémentaires. (Il me dit qu'il était aussi obligé de déformer les comptes rendus écrits qu'il faisait de l'entretien avec Thoulouze.)

Cela lui permit de ne pas entrer dans les détails et de faire accepter le changement total de cap par ses personnels.

Une course contre le temps

Les « oui » claquèrent également comme le signal d'une véritable course contre le temps.

Nous disposions, à travers mes idées, d'un concept. Mais de nombreuses étapes restaient à franchir. Il me faudrait faire une esquisse générale. Les scientifiques devraient ensuite réaliser un plan détaillé sous ma direction. Les techniciens des différents centres auraient ensuite à construire un prototype. Et la direction des essais devrait ensuite le tester. Nous étions à l'automne 1967. Il fallait qu'à l'été 1968 la DAM fût capable de procéder à des essais et de déclencher une réaction thermonucléaire à partir d'un procédé qui était encore à l'état d'ébauche. Difficulté supplémentaire, il fallait transporter les différentes parties constitutives de la bombe séparément. Et le phénomène thermonucléaire devait être déclenché à une échelle qui permît d'effectuer toutes les mesures nécessaires.

Nous nous mîmes immédiatement à l'ouvrage.

Notre première préoccupation fut de partir des phénomènes de physique qu'avait approuvés William Cook et d'en tirer un programme détaillé d'études, de recherches et de construction. Jean Viard me demanda donc de dresser une liste des travaux scientifiques à exécuter, sous forme de projets scientifiques avec pour chacun son libellé, et d'affecter à chacun d'eux un responsable de projet scientifique. L'urgence recommandait de bousculer encore plus les chaînes de commandement et les voies hiérarchiques habituelles.

Je m'exécutai rapidement et dressai la liste qui suit : pour chacun des chantiers, je trouvai à la DAM des talents et du dévouement. Je choisis des responsables dynamiques et compétents.

1. La conception de la boule thermonucléaire elle-même : il fallait fixer sa taille, sa composition et sa forme. Je confiai ce projet au normalien très compétent que j'ai déjà signalé qui maîtrisa le problème.

2. L'allumage de la boule thermonucléaire une fois la compression de la boule obtenue. Je confiai cet aspect à un collaborateur et ami proche du précédent, qui élabora une théorie physique ingénieuse permettant de bien régler l'allumeur, sans se confier seulement au calcul électronique.

3. La protection de la boule thermonucléaire contre les neutrons dégagés par l'explosion de la bombe A servant d'amorce. Je confiai ce projet au meilleur neutronicien de la DAM. Il y réussit.

4. L'implosion de la boule thermonucléaire.

5. L'élaboration de l'amorce, c'est-à-dire de la bombe A nécessaire pour déclencher la réaction thermonucléaire, fut confiée à un ingénieur de grand talent à qui j'allais confier plus tard la responsabilité de *toutes* les amorces des engins H.

6. La prévision des mesures à réaliser. J'en chargeai un polytechnicien très scrupuleux, ingénieur en chef de l'armement, timide, gauche, compétent et de bonne volonté, devant toujours défendre les mesures contre ceux qui craignaient leurs perturbations sur le fonctionnement de l'engin.

7. L'étude des opacités des matériaux des parois des canaux de propagation du rayonnement. Ce travail de physique quantique fut confié à deux physiciens travaillant depuis longtemps séparément, suivant des méthodes d'approximations différentes des équations de Schrodinger.

8. Le transfert du rayonnement depuis l'amorce dans le canal, jusqu'à la zone entourant l'objet thermonucléaire, que je confiai au polytechnicien, ingénieur de l'armement, qui avait déjà étudié ce phénomène à propos de la pression radiative.

Tout cela fut signé par notes de Jean Viard.

Je m'appuyai également sur mon ancien collaborateur de la régulation de l'usine de séparation isotopique, maintenant à la DAM après son stage de formation à Saclay, qui m'apportait des idées astucieuses et originales Enfin, l'un des deux spécialistes du calcul des opacités [1] m'apporta une aide précieuse que je conservai jusqu'à mon départ de la DAM.

Une fois le programme des activités établi, nous nous lançâmes dans un travail acharné de plusieurs mois. Chacun imagina, calcula, testa, dessina la partie des phénomènes du projet qui lui était échue. Chacun apporta sa brique à l'édifice global.

Les erreurs et les contretemps furent, naturellement, multiples. À cette difficulté classique s'ajouta celle de l'urgence. Il fallait absolument coordonner ces initiatives et faire en sorte que les différents travaux s'enchaînent parfaitement dans le temps.

En particulier, le travail de recherche devait être coordonné avec celui des chefs de projets « engins » chargés des essais. Ils avaient été désignés par Jean Viard pour faire construire les engins (et les faire tirer) à partir des dessins, des matériaux et des cotes que les scientifiques leur livreraient. Ces chefs de projets « engins » devaient, comme tous les architectes industriels, fixer un calendrier. Ils établirent donc un véritable compte à rebours. Ils nous communiquèrent les dates auxquelles ils auraient besoin des résultats de nos travaux pour procéder aux fabrications d'engins et à leurs tests préliminaires. Les yeux de tous étaient rivés sur l'échéance de l'été 1968.

Réunions et progression

Outre les recherches scientifiques qui m'incombaient, j'avais évidemment la charge de tenir de multiples réunions pour dresser un état des lieux périodique de nos travaux. Dans toutes ces réunions, le travail en commun se déroulait bien : chaque responsable de projet scientifique exprimait ses résultats mais aussi ses doutes. Comme à mon habitude, je me taisais autant que faire se peut et essayais de réaliser une synthèse des propos.

Je me souviens aussi des réunions officielles dites « H » qui se tenaient dans une belle salle du ministère chargé des questions atomiques donnant sur la place de la Concorde. Ces réunions périodiques étaient voulues par le ministre. Les plus hautes autorités y participaient : l'administrateur général du CEA, Francis Perrin, le haut-commissaire à l'énergie atomique, Jacques Yvon, le directeur de la DAM, et Jean Viard. Ces grands personnages engageaient d'abord les débats pour évoquer les grands problèmes. Puis ils se tournaient vers moi pour que je leur exposasse l'état d'avancement des travaux scientifiques et évaluasse nos chances de succès.

Tous les responsables de projets scientifiques, leurs assistants et moi-même nous réunissions souvent. Des débats très serrés, qui durèrent des mois entiers, se tinrent pour déterminer quelles étaient les formes géométriques et les masses nécessaires au déclenchement d'une réaction thermonucléaire. Des controverses nous divisaient également concernant les diverses températures dans les différentes régions de l'engin. Je dois bien avouer que plus d'une fois les vieux réflexes de quelques-uns des anciens de la DAM réapparurent : ils proposaient des idées farfelues qu'il fallait écarter de façon suffisamment ferme pour accélérer les travaux tout en ménageant les bonnes volontés.

Nous devions également fixer les paramètres de chacune des parties en nous conformant aux échéances fixées par les chefs de projets « engins » chargés de la fabrication proprement dite de ces derniers. Pendant ces réunions, les responsables de projets scientifiques leur fournissaient, en flux tendu, les indications nécessaires.

Ces réunions ne m'empêchaient pas de conduire des entretiens en tête à tête avec les chercheurs qui traitaient des sujets les plus sensibles pour le bon fonctionnement de l'engin. Quelques-uns me dirent qu'ils étaient tout étonnés qu'un directeur pût s'adresser à eux pour des problèmes purement scientifiques.

La ruche

Nos travaux se déroulèrent dans une ambiance extrêmement studieuse. Tous étaient pénétrés du sentiment de l'importance de notre tâche. Mais nous ne travaillâmes pas dans la plus parfaite harmonie.

Je fus en effet à maintes reprises l'objet de critiques et même d'attaques de la part de hauts ingénieurs de la DAM : tout au long de notre travail, certains ne se privèrent pas de critiquer ma conception de certaines parties de l'objet thermonucléaire, en particulier mon dessein concernant l'allumage thermonucléaire et bien d'autres points encore. Je sentais de leur part des résistances très fortes : ma façon de travailler et les disciplines scientifiques que nous touchions étaient trop nouvelles et rompaient trop avec leurs habitudes pour qu'ils ne se sentissent pas remis en cause.

Je dus vaincre ces résistances de multiples façons. Certaines fois, je fis valoir mon autorité scientifique personnelle, d'autres fois, je recourai au soutien – indéfectible – de Jean Viard. Mais, durant tout l'hiver, nous dûmes batailler ferme pour maintenir le cap et faire taire les idées saugrenues que continuaient à proposer certains « anciens » de la DAM.

En février 1968, nous avions atteint plusieurs résultats essentiels : nous étions fixés sur les formes géométriques de l'objet thermonucléaire et nous avions choisi les matériaux qui devaient le composer. Nous avions également résolu un problème épineux : j'avais réussi à imposer la composition et la géométrie d'un « bouclier neutronique » destiné à protéger le cœur thermonucléaire des radiations dégagées par la bombe A qui servait d'amorce. Il ne fallait pas en effet que l'objet thermonucléaire explosât avant que les conditions d'une réaction thermonucléaire fussent réunies.

Ultimes difficultés

À la mi-février 1968, l'administrateur général du CEA convoqua une réunion. Dès que les responsables invités se furent installés, il se tourna vers moi et me demanda :

« Maintenant que plusieurs des difficultés les plus importantes ont été surmontées, qu'est-ce qui, selon vous, pourrait encore entraîner un échec ? »

J'avais une idée très précise de l'état réel d'avancement des travaux, de sorte que je pus lui répondre presque immédiatement que le principal problème restant encore à résoudre était un manque de sphéricité dans l'objet de la partie thermonucléaire pendant l'implosion et à sa fin, lors du déclenchement de l'allumage thermonucléaire. Et je lui détaillai nos différentes sources d'incertitudes. Impressionné par la précision de ma réponse, l'administrateur général, quelques jours plus tard, me demanda de réitérer mon exposé devant le ministre.

Mon équipe et moi-même passâmes les mois de printemps à lever cette ultime difficulté et à régler tous les problèmes encore en suspens. Nous envisageâmes tous les scénarios et tous les risques de dysfonctionnement. Ce travail de vérification des calculs nous prit une énergie considérable.

Mais, quand mai 1968 arriva, nous avions réalisé l'essentiel de notre programme de travail. Nous avions remis tous les documents nécessaires à la fabrication de trois engins thermonucléaires aux chefs de projets chargés de leur fabrication et de leur expérimentation.

La campagne d'essais pouvait commencer.

La campagne d'essais de 1968

En quelques mois de travail intense, nous avions réussi à achever la phase proprement scientifique de conception des engins. La France s'était distinguée par sa rapidité d'action : élaborer un engin thermonucléaire avait demandé plusieurs années aux autres pays. La France, une fois en possession du concept, réalisa un dispositif expérimental bien plus rapidement.

Les essais se déroulèrent dans le Pacifique durant l'été : ils allèrent de succès en succès. Plusieurs dispositifs furent testés : deux engins de grande taille avaient été construits pour éviter un échec dû à des erreurs de calcul marginales. Une troisième bombe plus petite était, elle, destinée à tester des modalités alternatives et à viser des marges de sécurité plus serrées.

Dans mon souvenir, je n'éprouvai que le contentement de celui qui était parvenu à coordonner de nombreuses équipes pour faire franchir à son pays un pas important.

Dans les mois qui suivirent, chacun des acteurs reçut une promotion dans l'Ordre national de la Légion d'honneur.

Ceux qui accédèrent au grade de commandeur furent décorés par le général de Gaulle lui-même, dans la cour d'honneur des Invalides. Au cours de cette cérémonie, Jean Viard, qui était au nombre des nouveaux commandeurs, me glissa : « Tu sais bien, on ne l'aurait jamais eue sans toi. »

La France avait franchi la première étape vers la construction d'une bombe thermonucléaire. Nous avions accompli notre devoir : nous avions donné à notre pays un glaive si puissant qu'il pouvait lui tenir lieu de bouclier. Mais notre travail devait reprendre bientôt de plus belle. J'étais conscient de tout ce qui restait à faire.

Saynète 17

MINIATURISATION
DES ARMES NUCLÉAIRES

Engins expérimentaux et armes nucléaires

Quand on se penche sur les programmes nucléaires militaires, on oublie trop souvent que le test réussi d'un engin expérimental est bien loin de la construction d'une arme.

Les essais de l'été 1968 avaient débouché sur le déclenchement d'une fusion thermonucléaire, mais ils n'avaient pas encore doté la France d'une arme thermonucléaire. De nombreuses étapes restaient à franchir. Nous autres, scientifiques de la DAM, avions certes accompli un progrès appréciable. Mais il fallait encore concevoir d'autres engins, suffisamment petits pour être transportés en toute sécurité par des missiles ou d'autres vecteurs. Tout cela requérait de la DAM un travail de miniaturisation.

Le décalage entre l'euphorie des politiques et le pragmatisme des scientifiques se manifesta dans une conversation que j'eus avec le directeur de la Direction des applications militaires. Il m'affirma qu'il n'y avait plus rien à faire de difficile et se préparait déjà à aller vers une nouvelle grande entreprise pour la France, son équipement en centrales électronucléaires. Je lui rétorquai que si l'étape principale avait été franchie, il fallait encore miniaturiser l'engin et que cela requérait un travail considérable, tant les difficultés à vaincre étaient encore nombreuses.

Nous nous attelâmes donc à cette tâche dès le mois de septembre 1968. La DAM, sur les ordres du ministère de la Défense, décida de réaliser une arme thermonucléaire dégageant une puissance d'environ une mégatonne et susceptible d'être lancée par des missiles intercontinentaux, partant de sous-marins et de silos.

Le but était de doter la France d'une puissance nucléaire suffisamment dissuasive pour qu'aucune nation n'osât engager un conflit vital contre elle.

Nouvelle réorganisation de la DAM

Le directeur de la Direction des applications militaires, après le succès de l'été 1968, mit fin à ses fonctions et devint directeur d'une grande compagnie industrielle spécialisée dans l'électronucléaire civil.

Jean Viard fut alors nommé à ce poste. Soucieux d'améliorer encore l'efficacité des services placés sous sa responsabilité, il procéda à une nouvelle réorganisation. Il créa une direction scientifique pour remplacer la sous-direction de la recherche. Cela permettrait, selon ses desseins, de renforcer les liens entre le directeur scientifique et tous les chercheurs. Les directeurs des différents centres de recherche de Limeil, Vaujours et Valduc, seraient ainsi recentrés sur des fonctions d'administrateurs devenues très importantes du fait des difficultés budgétaires. Seul le directeur scientifique de la DAM déciderait des orientations scientifiques, de l'avancement des personnels et des moyens alloués aux projets.

Cette réorganisation n'entra pas en vigueur immédiatement. Prévoyant des résistances importantes de la part des personnels « historiques » et des directeurs de centre, Jean Viard m'exposa son projet au préalable. Je devais en effet, dans son esprit, remplir ces nouvelles fonctions de directeur scientifique. J'étais pour ma part extrêmement favorable à la suppression des derniers échelons hiérarchiques qui faisaient écran entre les responsables de la politique scientifique de la DAM et ceux qui étaient chargés de l'exécuter. Des réunions se tinrent chez l'administrateur général du CEA pour exposer ce projet de réorganisation. Et il entra en vigueur en 1970.

J'étais déjà maître des choix scientifiques, je devins chef unique des personnels scientifiques. Et je divisai ma direction en grands domaines : l'un d'entre eux était consacré à la fission, c'est-à-dire aux amorces, un autre à la fusion thermonucléaire, un troisième à la physique des laser et un autre encore aux mathématiques appliquées et aux ordinateurs.

Je me sentis alors comme l'aurige de Delphes, qui tient entre ses mains les rênes d'un véhicule délicat et complexe et reste pourtant serein.

De fait, je remaniai alors complètement la recherche de la DAM : je la dotai d'une culture scientifique et je commençai à réinscrire son personnel dans la communauté des chercheurs civils.

Le génie humain et organisationnel de Jean Viard faisait que les protocoles de travail de la DAM étaient enfin à la hauteur de sa tâche. Il décéda malheureusement quelques mois plus tard, en 1972.

Militarisation et physique des armes

Durant toutes les années 1970, j'engageai la Direction des applications militaires dans des études approfondies sur toutes les disciplines scientifiques que j'avais répertoriées comme nécessaires à la construction d'engins thermonucléaires.

Ma première mission fut de contribuer à la fabrication d'une arme de série dégageant l'énergie d'une mégatonne. Ma direction, celle des recherches, n'était concernée que par une partie de cette tâche. L'essentiel de la militarisation de la bombe revenait, bien entendu, à la direction de la fabrication des armes.

Mais l'essentiel de mes efforts porta sur les aspects proprement scientifiques de la physique des engins thermonucléaires. Nous développâmes ce que j'appelai la « physique des armes ». Nous fîmes en effet la synthèse des interactions de tous les savoirs de ma liste, nécessaires à la conception d'une arme thermonucléaire. Pour effectuer cette synthèse, il fallait intégrer constamment les nouvelles connaissances produites par les différents secteurs de la physique et les expérimentations.

Réaliser et actualiser de telles synthèses est un point capital pour la recherche scientifique. Un important problème des projets scientifiques et techniques d'envergure est qu'ils rassemblent des hommes qui ne sont pas toujours en mesure de dialoguer. Les hommes qui prennent part à ces projets sont en effet généralement soit trop spécialisés, soit pas assez. Rares sont ceux, comme Jules Horowitz ou Oppenheimer ou Hans Bethe ou Kurchatov, Zeldovich[1] ou Khariton et plus tard Sakharov[2], capables d'appréhender à la fois le général et le particulier, et de lancer des passerelles solides entre les hommes et les disciplines.

Pour réaliser cette synthèse, pour bâtir cette « physique des armes », je devais mener de constantes recherches dans tous les domaines. Je devais consulter chacun des spécialistes français.

Pour ce qui est des domaines scientifiques ouverts, je m'engageai également dans une coopération avec les laboratoires américains de Los Alamos et de Livermore que je créai d'abord personnellement, et, une fois la confiance scientifique établie, j'y introduisis mes collaborateurs. Je m'intégrai si bien dans leurs travaux que je devins même le premier *Fellow* étranger du laboratoire de Los Alamos et que nous construisîmes deux lasers, l'un à Livermore, l'autre à Limeil, de conceptions de base analogues et en regroupant certaines des commandes.

Miniaturisation, MIRV, *défense antimissiles :* *les problèmes de l'amorce*

Les principales difficultés qui faisaient obstacle à la militarisation de l'engin thermonucléaire concernaient l'amorce, c'est-à-dire la bombe A qui permettait d'atteindre les conditions d'une fusion.

Il fallait tout d'abord la miniaturiser : tant qu'elle n'avait pas été portée à des dimensions réduites, la construction d'une arme thermonucléaire débouchait sur un objet difficile à projeter.

Cette nécessité fut redoublée par l'apparition des MIRV – *Multiple Independant Reentry Vehicule* –, c'est-à-dire de missiles balistiques intercontinentaux contenant de multiples têtes nucléaires. Chacune des têtes nucléaires d'un MIRV peut être guidée de façon autonome et peut donc avoir une trajectoire différente de celle des autres têtes lâchées par le même missile. La possession de MIRV permet à un pays de démultiplier sa frappe nucléaire puisque chaque missile lâché peut atteindre plusieurs cibles. Elle lui donne aussi les moyens d'opérer des frappes ciblées pour les seuls besoins militaires. Mais elle exige une miniaturisation encore plus poussée des têtes et donc des amorces.

On le voit, de la miniaturisation des amorces dépendaient l'existence et l'efficacité dissuasive de notre armement thermonucléaire. Ce problème nous obséda donc tous. Mais, sur ce point, le début des années 1970 fut particulièrement ingrat : malgré nos efforts, nous ne parvînmes pas à donner à l'amorce la taille, la masse fissile (et donc une importante composante de la sécurité) convenables.

Au problème – prévisible mais redoublé – de la miniaturisation s'ajouta encore un autre problème d'amorce, qui, lui, était nouveau. À partir des années 1970, les Américains et les Soviétiques mirent en place autour de certaines de leurs villes des défenses antimissiles. Le dispositif qu'ils avaient conçu et réalisé était le suivant : à l'approche d'un missile muni de têtes nucléaires, on ferait exploser une bombe H au-dessus de l'atmosphère du site à protéger. Cette explosion aurait pour effet de noyer le missile de l'adversaire dans un nuage de neutrons. Ces neutrons créeraient dans la matière fissile de l'amorce de notre arme thermonucléaire des fissions et donc des produits de fission. Parmi ceux-ci, une proportion d'environ un millième émettrait des neutrons pendant une durée se prolongeant jusqu'à l'arrivée de notre arme sur sa cible. Quand nous mettrions le détonateur de l'explosif chimique en action, la masse de matière implosée recevrait des neutrons tout le temps et notamment à son passage à la criticité. Cela ferait démarrer immédiatement les réactions de fission en chaîne. L'énergie de l'amorce serait tellement réduite qu'elle ne pourrait allumer ni sa propre fusion ni celle de l'étage thermonucléaire.

Il fallait donc trouver un nouveau concept d'amorce qui résiste à ce phénomène. La nouvelle amorce devait être d'implosion tellement rapide que la montée de la réaction en chaîne aille plus vite que la dispersion des matières fissiles de l'engin. Ceci signifiait, pour une même énergie cinétique de l'explosif chimique, une masse fissile beaucoup plus petite[3].

Enfin, il fallait que la sécurité de l'engin thermonucléaire résiste à un incendie, à une chute d'avion, à un bombardement, etc. De plus, si on allumait les détonateurs autrement que prévu, l'amorce ne devait pas pouvoir fonctionner.

Voilà quelques-unes des conditions imposées aux nouvelles amorces qu'il nous fallait inventer.

On voit que la défense antimissile posait un problème redoutable aux puissances nucléaires et à la France en particulier.

Heureusement, une nouvelle coopération entre le général Thoulouze et moi nous permit, une fois de plus, de remédier à la situation.

Les craintes du général Thoulouze

Tout au long des années 1970, le général Thoulouze fit la navette entre William Cook et nous. Seulement, plus le général André Thoulouze aidait la DAM, plus il se dit en proie à des pressions et à des menaces.

Au début des années 1970, il exigea de la direction que notre coopération changeât du tout au tout. À sa demande, Jean Viard me dit d'aller rencontrer André Thoulouze quand celui-ci le souhaiterait. Peu après, ce dernier me téléphona et nous prîmes rendez-vous pour déjeuner. Au cours de cette rencontre rue de Bellechasse, non loin du ministère de la Défense, Thoulouze m'expliqua qu'il refuserait désormais de rencontrer les dirigeants de la DAM. Ceux-ci, m'expliqua-t-il, s'étaient montrés beaucoup trop diserts sur son rôle. Certains d'entre eux s'étaient même entretenus de la chose lors d'une réception dans un ministère, en public, devant lui. Par ailleurs, lors d'une réception au Quai d'Orsay, Maurice Schumann s'était adressé à lui, au milieu d'une conversation de groupe, en lui parlant de son activité londonienne au profit du nucléaire militaire. Thoulouze en était ulcéré. Et il ne voulut plus non plus se rendre au siège du Commissariat à l'énergie atomique : il disait se savoir suivi. Quant aux services d'informations de la DAM, il disait qu'ils lui avaient fait poser des questions qui le ridiculisaient devant William Cook.

Le général Thoulouze ne voulait plus avoir d'autre interlocuteur que moi. Et il exigeait du CEA que je le rencontrasse où et quand il le voudrait : moi seul pouvais à ses yeux lui permettre de continuer à coopérer avec William Cook en toute discrétion. Le général Thoulouze me précisa que le général[4] patron en exercice de son arme (mandaté par l'Élysée) avait rendu compte au président de son activité. « Continuez », avait-il dit. Ceci me fut répété plus tard par Thoulouze, avec le nouveau général, patron de son arme[5].

Je reçus de Jean Viard l'ordre de le voir désormais seul. Nous pûmes ainsi, le général et moi, nous livrer à une coopération fructueuse. Je lui soumis notamment des phénomènes nouveaux sur l'amorce après l'avoir fait sur le bouclier neutronique.

Nos conversations devinrent peu à peu amicales. Au cours d'une d'entre elles, il aborda une question qui avait intrigué le directeur de la DAM qui la lui avait posée devant moi : « Pourquoi William Cook nous aidait-il ? » Thoulouze lui expliqua que « les hauts fonctionnaires britanniques jouissaient d'une liberté de parole et de pensée très grande, qui n'avait rien à voir avec la discrétion des hauts commis de l'État français. William Cook souhaitait que la France jouât elle aussi un rôle dans la guerre froide : s'il restait seul en Europe à posséder des armes thermonucléaires, le Royaume-Uni risquait de concentrer sur lui toute attaque nucléaire soviétique. En multipliant les puissances nucléaires en Europe, on diminuait les chances de conflit touchant le Royaume-Uni. Il désirait aussi que la France et le Royaume-Uni constituent, à terme, un *targeting* commun, c'est-à-dire se répartissent les cibles potentielles ».

Au fil de nos rencontres, Le général Thoulouze s'ouvrit à moi de ses préoccupations qui allaient croissant. Comme il avait dépassé la cinquantaine et que l'heure de la retraite était précoce dans l'armée, il devait songer à une reconversion. Un des anciens généraux de son arme, ancien délégué ministériel à l'armement, qu'il me nomma et dont le nom était bien connu de tout mon milieu professionnel[6], qui rendait compte de ses activités à la présidence de la République, lui avait trouvé un poste de direction dans un grand groupe d'aéronautique français à Londres. Il pourrait ainsi continuer ses entretiens avec William Cook. Mais il me confia bientôt que, malgré son changement de poste, il sentait que la surveillance ne s'était pas relâchée autour de lui. Familier des services de renseignements, me disait-il, il avait noté qu'on le suivait, qu'on l'épiait et qu'on le surveillait constamment. Son domicile avait été l'objet d'un cambriolage qui portait la marque des « services spéciaux[7] » : rien n'avait été dérobé et toutes les cachettes possibles avaient été sondées. Les « visiteurs » avaient dû sans doute partir précipitamment.

Ses craintes augmentaient constamment. Mais il restait très maître de lui-même. Bientôt nous ne nous vîmes plus que très rapidement. Il ne me prévenait que quelques heures à l'avance. Et nos entretiens furent de plus en plus brefs. Nous ne nous rencontrions que dans des cafés qu'il connaissait, mais dont il n'était pas un habitué. Il veillait bien à ce que nous nous installassions en terrasse pour qu'aucun enregistrement ne fût possible.

La taille d'une pastèque !

Grâce à son sang-froid et à son courage, le général Thoulouze offrit une aide précieuse à l'effort de recherche français. Je me souviens encore très nettement du service le plus signalé qu'il rendit à la Direction des applications militaires durant les années 1970. Alors même qu'il se savait étroitement surveillé, il nous apporta un jour la réponse à d'importants problèmes concernant la physique de l'amorce. J'avais énuméré plusieurs phénomènes. William Cook n'apporta que des confirmations. Sur cette base, je pus orienter nos propres travaux qui aboutirent à un concept de l'amorce adapté aux contraintes que j'ai mentionnées.

J'adressai une note au responsable d'un des services qui concouraient aux travaux concernant les amorces. Je lui décrivis un nouveau dispositif d'amorce et lui demandai de l'étudier. Un tir de test fut tenté. Il rata. Mais, aidé de mes équipes, nous corrigeâmes ensuite chacun des défauts de ce dispositif, les uns après les autres. En dépit de multiples campagnes d'essais ratés, malgré l'opposition déclarée de certaines autorités de la DAM au procédé que j'avais proposé, et grâce au soutien constant, efficace, compétent du responsable de la fission et de tous ses collaborateurs, nous obtînmes finalement un succès considérable : nous réussîmes à faire des amorces légères de la taille d'une pastèque, satisfaisant à toutes les contraintes !

Toutes les amorces françaises furent dès lors élaborées sur ce modèle. Grâce à elles, la France réussit à construire des MIRV durant les années 1980. J'appris même quelques années plus tard, en voyant un dessin industriel américain d'amorce à propos de problèmes de sécurité contre les accidents, que les amorces américaines étaient elles aussi de ce type.

Mort d'un homme méconnu

Ce succès fut bien entendu le résultat des efforts considérables des personnels de la DAM. Mais il devait également beaucoup au dévouement d'un homme aujourd'hui méconnu : le général André Thoulouze. Celui-ci avait bravé tous les dangers et accepté l'obscurité pour mener à bien la mission qu'il s'était fixée.

Mon émotion fut grande lorsque j'appris, dans le journal, qu'il avait été victime d'un accident d'hélicoptère, lors d'une exposition internationale aéronautique à Marignane.

LE LASER PHÉBUS
OU LE THERMONUCLÉAIRE EN LABORATOIRE

Ce qu'est un laser

Le laser est aujourd'hui devenu une technologie universelle : que ce soit pour écouter de la musique, ou pour se faire soigner les yeux, que ce soit pour mesurer la dérive des continents ou pour expédier des missiles sur une cible précise[1], tous, grand public et spécialistes, civils et militaires, y ont recours. Tous en utilisent, mais bien peu savent ce que c'est.

Il est pourtant assez aisé de comprendre ce qu'est un laser, du moins si on s'en tient à l'exposé des principes. Le mot laser est l'acronyme d'une expression anglaise : *Light Amplification by Stimulated Emission of Radiation*, c'est-à-dire « amplification de la lumière par émission stimulée de radiations ». Une fois le mot expliqué, il faut dire ce qu'est la chose. Tout laser est la combinaison de trois phénomènes :

1. De la lumière est placée entre deux miroirs, séparés par un nombre entier de longueurs d'onde de cette lumière. La lumière

va et vient entre ces deux miroirs en restant en phase, comme l'onde acoustique sonore dans la boîte de résonance d'un instrument de musique. On appelle cet ensemble une cavité résonnante ou « cavité de Fresnel ».

2. Dans une des catégories d'atomes placés entre ces deux miroirs, on amène un des électrons de ces atomes à une position d'énergie telle que celle-ci soit plus haute que son énergie normale, et identique pour tous les atomes de cette catégorie. On dit alors qu'on a « pompé » optiquement ces électrons. Cette élévation d'énergie peut se faire avec une autre lumière issue de lampes placées autour de la cavité résonnante. D'où son nom qui lui fut donné par Kastler et Brossel, qui établirent ce phénomène en travaillant au laboratoire de l'École normale supérieure.

3. Une propriété des atomes est que, quand ils sont touchés par de la lumière de la cavité résonnante, et si l'énergie de cette lumière est égale à celle de l'électron pompé, celui-ci est *stimulé* pour revenir à son énergie de départ, en émettant un photon de lumière identique à celui qui l'a frappé. Cette propriété fut établie par Einstein.

Le laser est donc un dispositif qui amplifie la lumière et qui « met en ordre » ses éléments constitutifs : alors que dans la lumière naturelle les photons ont des différences de phases aléatoires et des longueurs d'onde distinctes, dans le laser, ils ont tous la même phase et donc la même longueur d'onde. Cela permet d'obtenir des pinceaux de rayons très précis qui se déplacent sans s'étaler du tout. On peut donc produire une tache focale de taille très réduite, à courte, moyenne ou longue distance (jusqu'à la Lune !). Celle-ci peut posséder une puissance considérable si on la lui fournit au départ, ou si une suite de lasers amplifie le pinceau initial On peut ainsi faire passer dans un centimètre carré un faisceau laser d'une puissance supérieure à celle de tout le réseau électrique nucléaire français, mais pendant une très courte durée (un milliardième de seconde).

Des lasers à la Direction des applications militaires du CEA

La Direction des applications militaires avait constamment développé des programmes de construction et d'utilisation des lasers. Elle comptait en effet sur cette technologie pour déclencher des réactions thermonucléaires à toute petite échelle et donc pour procéder à des tests en laboratoire.

En soumettant des microgrammes de matière fusible à un laser, on espérait les porter aux conditions de température propres à déclencher une réaction thermonucléaire. Au sein de la DAM, ces technologies avaient été développées par des pionniers du centre de Limeil avec les encouragements de Jacques Yvon. Durant les années 1960, ils procédèrent à des séries d'expériences qui furent couronnées de succès. Ces lasers de qualité exceptionnelle étaient conçus et fabriqués par le laboratoire de Marcoussis[2] de la Compagnie générale d'électricité, qui équipa aussi le laboratoire américain de Livermore[3].

À mon entrée à la DAM, j'avais déjà une bonne connaissance des principes physiques des lasers[4]. Je n'en avais pourtant pas fait l'une de mes spécialités : trop de projets différents avaient retenu mon attention durant mes années au Centre de Saclay et, à partir de 1967, mes travaux pour le développement des engins thermonucléaires avaient accaparé mon temps.

Pourtant, attiré par les possibilités expérimentales nouvelles ouvertes par les lasers, je m'efforçai d'en suivre le développement dès mon entrée à la DAM. Je me saisis pleinement du dossier des lasers dès que le développement des engins thermonucléaires me laissa un peu plus de temps. La recherche sur les lasers de haute puissance constituait, à mes yeux, un outil d'avenir pour les études sur le thermonucléaire. Parvenir à déclencher des réactions thermonucléaires grâce à un laser me paraissait extrêmement prometteur. Cela permettrait, à terme, de produire des sources puissantes[5] de rayons X et, avec ces rayons X, de procéder à des mesures d'opacité, de température et de densité en laboratoire.

Toute la question était donc de disposer de faisceaux laser suffisamment puissants pour déclencher ce type de réaction. Or ni le laboratoire de la DAM ni d'ailleurs les autres institutions dédiées à cette tâche n'étaient parvenus à mettre au point le laser idoine. Les laboratoires français, qu'ils relevassent de la DAM, du CNRS ou du Centre de Saclay, n'étaient absolument pas distancés en la matière. Ils étaient à peu près au même point d'avancement que les Américains du laboratoire de Livermore, que les Japonais de l'Université d'Osaka et que les Allemands de l'Université de Munich.

La Bay Area *de San Francisco*

Lors d'un de mes retours à Paris à partir de Mururoa, je fis escale à San Francisco pour étudier avec les spécialistes américains des lasers une coopération entre notre équipe de Limeil et celle du laboratoire de Livermore, qui était établie dans la région, la *Bay Area*.

J'y fis connaissance de leur chef, John Emmett, un descendant d'Irlandais, haut en couleur, en force de voix, et en audace technique. Ce fut le début d'une longue collaboration[6] en matière de réalisation de lasers à verre au néodyme, autrement dit, dans lesquels les atomes pompés sont ceux du néodyme[7]. Nous développâmes également des instruments de mesure[8] pour les lasers, et des recherches expérimentales délicates sur la production d'un laser en rayons X. Cette collaboration se transforma en amitié avec beaucoup de scientifiques locaux (John Emmett, Roger Batzel, John Holzrichter, Bob Godwin, Carl Haussmann,

Mike May et, plus distant, John Nuckells, etc.), comme ce fut le cas à Los Alamos.

Une stratégie scientifique pour les lasers de puissance

Mes conversations avec John Emmett et mes discussions avec l'excellente équipe du centre de Limeil sur les lasers me convainquirent de la nécessité d'adopter une stratégie scientifique énergique dans le domaine des lasers de puissance.

Nous avions réussi à réaliser des lasers qui produisaient des énergies de l'ordre de quelques centaines de joules avec des puissances considérables. Nous étions également parvenus à nous doter d'instruments pour mesurer les phénomènes durant la nanoseconde que durait le phénomène. Enfin, nous avions procédé à des expériences délicates sur l'interaction entre le faisceau laser et la matière.

Nous pouvions donc envisager désormais un nouvel objectif : faire imploser[9] une petite sphère contenant du deutérium et du tritium et, par ce procédé, obtenir la combustion thermonucléaire de ce mélange.

Seulement, il n'était pas possible de réaliser ce phénomène en une seule étape. Il fallait d'abord, avec un laser de puissance intermédiaire, amener les corps que nous voulions ensuite utiliser à des hautes densités massiques et des hautes températures, afin qu'ils émettent de puissants flux de rayons X. Et il fallait ensuite utiliser ces rayons X pour imploser et chauffer de minuscules objets emplis de gaz deutérium et tritium afin de déclencher des réactions thermonucléaires.

Phébus, un géant au pays des lasers européens

Le laser que nous réalisâmes, et que nous baptisâmes Phébus, était d'une taille considérable : il occupait une surface équivalente à celle d'une cathédrale. Pourquoi ce gigantisme alors même que notre but était de concentrer l'énergie lumineuse sur des objets de quelques micromètres ?

La grande taille de Phébus tenait à plusieurs facteurs. Premier facteur, il fallait accumuler l'électricité du secteur en la chargeant dans des capacités électriques. Deuxième facteur, il fallait utiliser cette énergie électrique en la déchargeant dans des lampes flash pour éclairer le verre au néodyme et ainsi pomper les électrons de chaque atome de néodyme. Troisième facteur, il nous fallait amplifier le rayon laser de petite puissance progressivement en le passant dans une chaîne de lasers. Quatrième facteur, il nous fallait assez de puissance du faisceau lumineux [10], afin que le rayonnement lumineux tombant sur une cible la porte à si haute température qu'elle devienne une puissante source de rayons X.

En un mot, cette cathédrale faisait passer des forces électromagnétiques de notre vie ordinaire aux forces nucléaires découvertes et mises en œuvre au XXᵉ siècle. La boîte de Pandore ?

Les enfants de Phébus

Le déroulement du projet Phébus fut exemplaire : les coopérations aboutirent à des résultats très importants. Le programme Phébus fut conduit en coordination avec la construction du laser Nova au laboratoire de Livermore, avec un chef de projet construisant le laser, un physicien préparant les expériences, un physico-chimiste réalisant les cibles du faisceau laser et du pinceau lumineux, et un ingénieur créant l'instrumentation, tous excellents…

Les expériences réalisées grâce à Phébus forment, encore aujourd'hui, la base sur laquelle les scientifiques préparent des expériences conduisant à des réactions thermonucléaires en laboratoire. Et elles permettront dans quelques années bien d'autres expériences.

Les enfants de Phébus n'ont pas encore tous vu le jour, mais ceux qui sont déjà nés sont robustes et prometteurs. Ils le doivent à tous les personnels de la DAM qui ont travaillé à cette œuvre de pionniers, dans une action orientée et coordonnée. Comme le dit Saint-Exupéry dans *Citadelle* (je cite de mémoire) : « Donnez-leur un mouton à se partager, ils se déchireront. Donnez-leur une cathédrale à construire ensemble, ils s'aimeront. »

Pourquoi le laser permet-il des applications si diverses ?

À la différence de la lumière émise naturellement ou par les sources humaines, la lumière du laser comporte une onde seule, sans mélange de lumières de phases différentes et aussi de longueurs d'onde différentes. *C'est l'ordre parfait.*

Sur ce *support ordonné,* on peut placer des signaux dont la réunion constitue de la musique, ou une conversation de voix humaines, ou de l'énergie comme dans cette saynète, ou un pinceau étroit de lumière qui restera étroit sans s'étaler, etc. Il conduit à écouter le *Requiem* de Mozart ou à diriger une bombe sur la fenêtre d'un bâtiment ou d'une voiture. Une fois de plus, des hommes créent et d'autres utilisent à leurs fins.

CALCULER POUR SAVOIR

Visionnaires et calculateurs

Jules Horowitz, parmi toutes les facettes de son génie, possédait assurément un don de visionnaire : il était capable d'identifier les spécialités scientifiques prometteuses et les techniques d'avenir, bien avant la plupart de ses collègues. J'en eus maintes fois la démonstration durant les années que je passai au Centre de Saclay. Mais je fus particulièrement frappé par son génie d'anticipation, lorsqu'il prévit le rôle considérable que les ordinateurs et l'informatique étaient appelés à jouer dans les recherches en physique des réacteurs nucléaires.

Dès la fin des années 1950, alors même que l'informatique en était encore à ses premiers balbutiements, il fit équiper son service de machines à calculer capables de réaliser automatiquement des calculs. Nous en avions un besoin pressant. Le développement de la physique des réacteurs nécessitait la réalisation de milliers d'opérations et les physiciens du Centre de Saclay, quel que fût leur domaine d'activité, étaient contraints de les faire avec des machines mécaniques « Frieden », actionnées par des calculatrices (généralement des jeunes femmes). Puis nous eûmes recours à des machines à cartes perforées : elles occupaient un espace considérable et nous contraignaient à manipuler des liasses de papier cartonné mais elles nous soulageaient d'une masse appréciable de calculs. Toutefois ce ne fut qu'un premier pas.

Dès qu'il en eut la possibilité, Jules Horowitz fit acheter au Centre d'études atomiques ses premiers ordinateurs. Pour développer l'utilisation de ces machines par les laboratoires de Saclay, il fut fortement épaulé par Albert Amouyal et Robert Lattès. Tous trois furent de véritables pionniers. Authentiques visionnaires, ils contribuèrent largement aux premiers essors de la puissance de calcul française, déployée ensuite par la SEMA[1] et sa filiale, la SIA.

Machines et savants

Développer les capacités de calcul nationales devint une priorité : les instituts de recherche et les entreprises industrielles prirent peu à peu conscience de la portée stratégique de ces outils. Il en allait de la vigueur de notre recherche et de la compétitivité de notre économie. Seulement, équiper les laboratoires – privés ou publics – de machines de calcul puissantes ne suffisait pas à disposer de personnes capables de les utiliser de façon pertinente et efficace.

Jules Horowitz se montra, sur ce point également, d'une lucidité exemplaire. Il fut l'un des premiers à comprendre que le développement de la puissance de calcul numérique française nécessitait, de façon urgente, une formation adéquate et performante pour ceux qui étaient amenés à l'utiliser. Il résolut donc de créer un petit institut de formation aux méthodes et aux techniques d'analyse numérique.

De concert avec Alexis Dejou, responsable des études et recherches chez EDF, il fonda une école relativement informelle au début des années 1960. Ils unirent leurs forces pour organiser une session annuelle de formation. Sa structure était, à l'époque, très originale : chaque année, au mois de juillet, durant deux à trois semaines, professeurs et étudiants se retrouveraient dans une propriété que possédait EDF près de Dourdan. La préoccupation de Jules Horowitz et d'Alexis Dejou était de faire en sorte que ces quelques semaines fussent intenses : le flux des connaissances et les discussions devaient être constant. C'est pour cela qu'ils avaient opté pour une structure où les élèves et les professeurs seraient perpétuellement en contact.

Il s'agissait en somme d'une des premières « écoles d'été » à présent si répandues. Comme pour l'école de physique quantique qu'il avait organisée au sein même de son service, Jules Horowitz se montra à l'avant-garde de la pédagogie en matière d'éducation supérieure, de formation continue et d'enseignement professionnel.

À l'avant-garde

Je ne fus certes pas au nombre des fondateurs de l'école d'analyse numérique. Mais Jules Horowitz m'y associa très rapidement et je la développai. Il souhaitait me voir succéder à Albert Amouyal, car ce dernier devait se consacrer à la création et au développement du centre d'informatique du CEA. Je devins ainsi le représentant du CEA dans cette petite académie et en pris, de fait, la direction scientifique. J'y restai plusieurs dizaines d'années, jusqu'en 1998. Notre première session se tint en 1963.

J'organisai les travaux de l'école d'été. Avec l'aide puissante d'Alexis Dejou, les travaux de l'école d'été furent organisés de la façon suivante. L'école invitait et rémunérait chaque année trois professeurs dont deux au moins étaient étrangers, si bien que nos travaux devaient se dérouler en anglais. Notre idée était de solliciter uniquement des personnalités scientifiques d'avant-garde et de niveau international. Ils étaient en conséquence choisis avec beaucoup de soin par un comité informel dont Alexis Dejou et moi faisions partie et que nous coprésidions. Les étudiants étaient également méticuleusement sélectionnés. Ils pouvaient provenir des horizons professionnels et géographiques les plus divers ; mais ils devaient être tout à la fois excellents dans leurs spécialités respectives, prêts à servir d'assistants à l'un des enseignants et enclins à explorer des savoirs inédits sous la houlette de savants de premier ordre. Leur participation était en outre subordonnée au versement de frais d'inscription, mais nous veillâmes, Dejou et moi, à ce que soit rapidement mis en place un système de bourses et de mécénat pour les scientifiques venant d'organismes impécunieux comme les universités de l'époque.

Nous fîmes venir tour à tour les meilleurs spécialistes mondiaux, quelle que fût leur nationalité. La République des scientifiques et des calculateurs devait être sans frontières. Nous invitâmes le grand mathématicien Peter Lax (qui s'est vu plus tard décerner une importante distinction, le prix Abel, qui se veut l'équivalent du prix Nobel, pour les mathématiciens, couronnant l'œuvre d'une vie). Nous nous liâmes d'une étroite amitié : issu d'une famille juive de Budapest, il avait fui le régime de l'amiral Horthy pendant la guerre et étudié puis professé toute sa vie à l'Institut de mathématiques de New York, devenu le Courant Institute, du nom d'un autre réfugié, lui allemand, chassé par les lois raciales. Profondément marqué par le massacre de sa famille durant la guerre, Peter Lax tint à se recueillir au monument aux martyrs juifs de la rue Geoffroy-Lasnier. Son lumineux génie et son doux sourire formaient un touchant contraste avec son âme meurtrie.

Quand nous visitâmes le château de Versailles, et déjeunâmes au restaurant Trianon où avait été signé le traité du même nom après la Grande Guerre, événement rappelé par une grande plaque dans la salle à manger, ce fut pour lui l'occasion de me dire que ce traité, démantelant la Hongrie, avait fait le malheur de ce pays [2].

À plusieurs reprises, je sollicitai pour l'école d'été d'analyse numérique le grand mathématicien français Jacques-Louis Lions avec lequel je devais nouer, quelque temps plus tard, des relations amicales et intellectuelles d'une grande intensité, pour toute la vie. Ses multiples et talentueux élèves (Ciarlet, Pironneau, Raviart, Temam, Glowinski, Bensoussan, Artola, Bardos, Bénilan – aidé par Cessenat –, Combes, Lanchon, Mercier, Scheurer, Murat, Tartar, Puel, Lascaux, Li Ta Tsien, Yamagoutchi, Maday, etc.) et son propre fils, Pierre-Louis, constituent le gisement d'esprits d'avant-garde dont avait besoin l'essor de cette école mathématique et donc du pays.

Liberté, liberté chérie !

Durant des années, ces sessions procurèrent à tous les participants d'immenses joies. Dejou fut remplacé par Magnien, puis par Paul Caseau, qui avait été l'assistant de Peter Lax à l'école d'été et continua d'y participer comme conseiller après sa retraite (Yves Bamberger, qui travaillait avec moi, comme son frère Alain, depuis des décennies, prit la suite). Elles formaient, il est vrai, pour moi, un contraste violent et salutaire avec ma vie professionnelle quotidienne. Alors que mes travaux à la Direction des applications militaires se déroulaient dans un contexte parfois assez tendu et dans une atmosphère relativement lourde, avec des calendriers à tenir et l'examen annuel impitoyable que constituait la campagne de tirs au Pacifique, les quelques semaines de l'école d'été d'analyse numérique offraient une liberté et une sérénité extraordinaires. J'étais euphorique comme un étudiant qui découvre une nouvelle matière : plongé toute la journée dans des discussions scientifiques de haut vol, immergé dans la compagnie de savants de premier plan et jouissant de la présence de jeunes scientifiques avides de savoir, je pouvais donner libre cours à mon appétit de comprendre et de découvrir de lumineuses analogies.

À la joie de la liberté s'ajoutait l'agrément de la variété. Pour organiser des sessions qui répondissent aux attentes des étudiants, je devais prendre en compte bien des domaines scientifiques qui ne me concernaient pas directement. Les techniques d'analyse numérique devaient en effet contribuer au traitement de questions de chimie, d'électricité, etc. Ma passion pour les instruments scientifiques se ranima à leur contact. J'avais toujours eu à cœur de développer des outils au service de la science fondamentale, comme Pégase, le réacteur à haut flux de neutrons et les lasers de haute puissance. Et voilà que les outils me rendaient ce que je leur avais donné. Les outils, en l'occurrence mathématiques, développés au sein de l'école d'été m'offrirent une ouverture exceptionnelle sur des disciplines que j'ignorais ou méconnaissais.

Graduellement, l'informatique m'apparut alors comme une des figures privilégiées de ce que je considérais déjà comme un outil universel : les mathématiques. Grâce à elle, un physicien spécialiste de neutronique pouvait avoir accès à certaines questions concernant le climat, l'aviation ou plus tard l'aventure de l'exploration spatiale. L'informatique m'apparut non seulement comme la langue universelle des savants, mais aussi comme une technique privilégiée devenue un outil universel ; tant pour exploiter des mesures, que pour animer des instruments, pour remplacer les sens[3], pour fabriquer les objets, etc. Le téléphone portable en est un exemple d'application grâce à des logiciels sophistiqués[4] et dont les supports matériels sont eux aussi miniaturisés.

Les travaux de l'école furent d'abord consacrés aux techniques d'analyse numérique. Mais l'informatique se développant, il devint à mes yeux indispensable de maîtriser les outils de communication avec les ordinateurs. Je convainquis alors nos partenaires d'EDF de modifier légèrement la ligne scientifique de l'école d'été et d'y inviter des professeurs de *Computer Science* autrement dit d'informatique. Le CEA et EDF nouèrent pour cela un partenariat avec l'Institut de recherche d'informatique et d'automatique (IRIA), créé en 1967, et qui allait, quelques années plus tard, devenir l'Institut national de recherche en informatique et en automatique (INRIA). La coopération de trois institutions aussi différentes par leurs statuts, leurs traditions et leurs spécialités que EDF, le CEA et l'IRIA fut à mes yeux un modèle en son genre.

Plus tard, je créai dans le cadre de cette école d'été des sessions pour les problèmes non linéaires. Je les confiai à Roger Témam, puis à Pierre-Louis Lions, qui firent un travail de pionnier et de maître.

La chaleur des écoles d'été
et les frilosités universitaires de l'époque

Cette école joua le rôle d'un incubateur particulièrement fécond. Elle permit à la France de se placer à l'avant-garde des techniques de calcul, forma de nombreuses personnes qui essaimèrent par la suite et fut le ferment d'une communauté scientifique internationale.

Cette école fut aussi la preuve que des partenariats fructueux pouvaient être noués entre des centres de recherches et des entreprises. La clairvoyance d'EDF en matière de formation m'apparaît, avec le recul[5], extrêmement avisée. L'entreprise montra également que le mécénat de grandes entreprises et de grandes institutions pouvait être extrêmement efficace, s'il était guidé par des personnalités exceptionnelles et indépendantes comme celles de Jules Horowitz et d'Alexis Dejou[6].

Toutefois, cette réussite est aujourd'hui à mes yeux la contrepartie d'une carence de l'Université française. Si cette école s'avéra aussi utile, c'est parce qu'elle comblait une lacune importante de notre système académique national : il était alors enserré dans des contraintes diverses, dont il ne pouvait se délivrer seul, contraintes qui l'empêchaient d'anticiper l'évolution de disciplines émergentes et de répondre ainsi aux besoins des chercheurs et des ingénieurs. Preuve que notre école d'été remplissait une mission normalement dévolue à l'Université, elle cessa progressivement ses activités lorsque des facultés d'informatique furent créées au sein des universités, précisément par certains anciens étudiants (puis par leurs élèves) de l'école d'été[7].

Cette timidité m'apparaît aujourd'hui comme regrettablement symptomatique : non seulement l'université française était suiviste en matière d'informatique, mais en outre elle ne réservait pas un bon accueil aux savants étrangers. Je ne pouvais qu'être frappé par notre décalage avec les universités anglo-saxonnes, toujours prêtes à accueillir et à retenir les meilleurs étudiants et les meilleurs chercheurs.

La chaleureuse coopération de notre école d'été n'était que la contrepartie de la frilosité des universités de l'époque. Libérées de leurs divers carcans, elles ont changé depuis : ce sont certaines d'entre elles qui mènent actuellement la marche en avant de ces méthodes mathématiques. J'ai la joie de le constater à chaque jury de thèse ou d'habilitation à diriger des recherches auquel je participe. Je me répète à chaque fois : « Quelle merveille que la jeunesse française ! Comment l'aider comme elle le mérite ? En contribuant à lui donner sa liberté ! »

DES MATHÉMATIQUES
POUR AUJOURD'HUI ET POUR DEMAIN

Mathématiques et sciences

J'aime les mathématiques. Je les aime intensément, profondément, passionnément. Aux yeux du profane, cet enthousiasme peut paraître banal : un homme de science a nécessairement un penchant prononcé pour les mathématiques. Mais il faut dissiper cette idée préconçue, car elle est inexacte. L'amour des mathématiques est en fait peu répandu parmi les ingénieurs et les physiciens. Calculs, équations, théorèmes et démonstrations leur apparaissent souvent comme des maux nécessaires. D'où la réticence de certains à étudier cette discipline.

Ma véritable passion pour les mathématiques est, elle, absolument insatiable. Les mathématiques, leurs ramifications multiples et leurs abondantes spécialités sont, à mes yeux, indispensables aux modèles de la science. Cela est encore conforté par le développement de la physique des hautes énergies, qui s'exprime tout naturellement dans des mathématiques, très profondes de sens, débouchant sur une simplicité d'expression lumineuse. Pour moi, Galilée a encore raison : beaucoup des innombrables chapitres du livre du monde inerte sont écrits en langage mathématique. L'homme n'a qu'à apprendre à lire ces idiomes d'abord abstrus pour assister, là aussi, à un véritable dévoilement du monde. Les crée-t-il avec son cerveau ou bien les découvre-t-il ? C'est un débat qui dure depuis longtemps sur l'incroyable capacité des mathématiques à exprimer la physique fondamentale, qu'Eugen Wigner[1], autre Hongrois juif émigré et ainsi sauvé, a soulignée. J'en ai souvent parlé avec Jacques-Louis Lions et avec Roland Omnès, un des grands esprits de notre époque, qui explore ce sujet dans une suite d'articles et de livres[2]. En un mot, dans les catégories de phénomènes que j'étudiais, les mathématiques permettaient de déceler des simplifications profondes, des harmonies cachées, des symétries expliquant les lois de la physique et de la mécanique des objets étudiés, des analogies lumineuses et fécondes, qui éclairaient le dévoilement de structures de la réalité qu'on pouvait atteindre par des expériences répétables[3], etc.

Dès mon entrée au Centre de Saclay, je commençai à dévorer tous les livres de mathématiques que je trouvai à la bibliothèque centrale. Je jetai bien évidemment mon dévolu sur les livres de mathématiques appliquées. J'ingurgitai avec plaisir les traités de *mathematical physics*. Mais mon favori était l'ouvrage intitulé *Methods of Mathematical Physics*. Il avait été rédigé par Courant et Hilbert en allemand et avait été traduit en anglais.

Mais je n'imposai aucune limite à mes explorations mathématiques : je lisais également des livres de mathématiques sans rapport avec ma spécialité comme les ouvrages fondamentaux du groupe Bourbaki[4] et ceux de Laurent Schwartz. Ces derniers me marquèrent par leur créativité et par leur rigueur. Si bien que j'allai assister aux cours particulièrement novateurs et élégants que Laurent Schwartz donnait à l'Université de Paris sur les « méthodes mathématiques de la physique ». C'est grâce à eux que je m'initiai à la théorie des distributions. Je revenais toujours de ces cours transporté et débordant d'idées que je communiquais à Jules Horowitz. Et lorsque Laurent Schwartz enseigna à l'École polytechnique, je me procurai son cours et le lus avec passion. Je m'en imprégnai tant que je le sus bientôt presque par cœur.

Je voulais apprendre toutes les subtilités de ce langage particulier du monde, si loin, en apparence, de celui du Vivant.

Maître de grammaire

Ma passion eut l'occasion de prendre un essor supplémentaire lorsque, à partir de 1957, Roger Brard, mon ancien professeur à l'École polytechnique et l'un des maîtres d'œuvre du projet de submersible à propulsion nucléaire, me proposa d'enseigner à l'X sous sa direction. Je devins ainsi l'un de ses maîtres de conférences rattachés à sa chaire de mathématiques appliquées et intégrai son équipe où figuraient, entre autres, Jaffard, Élie Roubine et Jean Vavasseur. De petites classes nous étaient confiées où nous pouvions initier les élèves à des notions toutes nouvelles pour eux. Comme mes collègues, j'étais d'abord chargé d'enseigner les probabilités, mais notre cours prit peu à peu une ampleur croissante et fut augmenté d'un enseignement de statistiques.

Je restai fidèle à cette charge d'enseignement[5] des années durant, même quand je dus diriger d'imposants projets. En effet, enseigner les mathématiques appliquées était un magistère d'une grande importance. C'était révéler à de jeunes esprits l'alphabet de l'Univers et la grammaire de la nature inerte.

Ébauche d'un opus

Au tout début des années 1970, alors même que j'étais encore occupé par la réalisation d'engins thermonucléaires, une idée qui m'avait habité des années durant s'imposa à moi avec une force nouvelle. L'ouvrage de Courant et Hilbert avait pour moi la valeur d'un modèle et les vertus d'un classique : il exposait les outils mathématiques nécessaires aux sciences physiques. Seulement, il avait été écrit quelques décennies plus tôt et ne rendait donc pas compte des bouleversements introduits dans les méthodes mathématiques de la physique par les développements de l'informatique. Il n'était de surcroît plus adapté aux avancées considérables que les physiciens avaient accomplies. Il me sembla alors absolument nécessaire de rédiger un nouveau « Courant et Hilbert », un traité de mathématiques adapté aux recherches physiques contemporaines et à l'art de l'ingénieur. C'était sans doute une bravade, comparable à l'exclamation du jeune Hugo : « Chateaubriand, sinon rien ! » Mais c'était également une nécessité scientifique : les physiciens de ce temps ne disposaient pas d'ouvrage de référence exposant de façon cohérente et unifiée les instruments mathématiques auxquels ils pouvaient avoir recours pour travailler avec les ordinateurs. Si les mathématiques étaient le langage de la physique contemporaine, il était indispensable d'en réactualiser le *Dictionnaire analytique* et d'en rédiger la *Grammaire raisonnée*.

Je sentais qu'il fallait qu'il fût écrit d'une seule main pour être doté d'une grande unité et d'une cohérence maximale. Mais écrire un tel traité était une entreprise titanesque. J'étais partagé entre les avantages que présentait le fait de l'écrire seul et les obstacles presque insurmontables auxquels se heurtait un travail solitaire. Ma rencontre avec Jacques-Louis Lions changea la situation du tout au tout.

Je fis véritablement sa connaissance lors de ma nomination, en 1970, au Conseil consultatif de la recherche scientifique et technique[6] sur la recommandation de Jules Horowitz et d'André Giraud. C'était un des premiers conseils consultatifs créés en France. Il était extrêmement propice aux intersections entre disciplines et aux rencontres scientifiques. Nous étions une douzaine de scientifiques de spécialités différentes nommés pour deux ans renouvelables une fois. Aucune rivalité ne pouvait naître entre nous du fait même de notre diversité. Nous nous réunissions toutes les deux semaines environ, durant l'après-midi, rue Saint-Dominique, au siège de la Délégation générale à la recherche scientifique et technique, sous les présidences successives de Pierre Aigrain puis d'Hubert Curien. L'ambiance était toute oxfordienne : elle conduisait à des échanges de vues apaisés, patients et amicaux.

Jacques-Louis Lions faisait lui aussi partie de ce comité. Il m'apparut immédiatement comme un homme délicieux et génial. Courtois et réservé, il avait conservé de son enfance passée à Grasse un doux accent méridional. D'une humeur toujours égale, il savait apaiser toutes les tensions d'un mot plaisant. Ancien élève de Laurent Schwartz, il avait créé une œuvre mathématique aussi exceptionnelle qu'abondante qui suscitait – et suscite toujours – mon admiration. Ouvert à toutes les idées et à toutes les disciplines, c'était un maître. Il savait s'entourer de véritables disciples et les faire communiquer entre eux. Il avait la capacité à la fois de les aiguiller, de leur fournir une panoplie d'outils conceptuels et de leur laisser une liberté complète dans leurs recherches.

Nous entretînmes rapidement des relations très chaleureuses et de plus en plus fréquentes. Bientôt, je m'ouvris à mon nouvel ami de mon dessein et lui proposai de réaliser avec moi le « Courant et Hilbert » de la physique contemporaine. Il trouva l'entreprise tout à la fois particulièrement nécessaire et extrêmement ambitieuse. Il me fit part de ses craintes : nous n'étions ni certains d'aboutir ni *a fortiori* sûrs de parvenir au niveau du Courant et

Hilbert. Il se laissa néanmoins convaincre : « Nous pouvons toujours essayer », lui avais-je dit alors.

Nous fîmes quelques ébauches de plan, mais ne pûmes pas nous mettre véritablement à l'ouvrage, car chacun de nous était extrêmement pris. Je consacrais à cette époque l'essentiel de mes forces au perfectionnement des engins thermonucléaires. Quant à Jacques-Louis Lions, outre qu'il exerçait de hautes responsabilités à l'IRIA (Institut de recherche informatique et automatique), il menait des recherches et donnait ses enseignements à travers le monde entier. Il était alors président de l'Union mondiale des mathématiques et formait aussi bien des Américains, des Allemands et des Italiens que des Chinois, des Russes et des Kazakhs.

Pendant de nombreux mois, notre d'ouvrage resta à l'état d'ébauche, mais il revint à Robert Lattès, un des leaders de la SEMA dirigée par Jacques Lesourne, de nous inciter à le réaliser.

« *Ah ! Ces physiciens !* »

Nous nous attelâmes véritablement à la tâche au tournant de l'année 1973-1974. Notre travail démarra par des entretiens exploratoires et acquit graduellement un rythme soutenu.

Je commençai par exposer à Jacques-Louis Lions les problèmes de physique auxquels ce livre devait à mon sens apporter des solutions. Il s'agissait de difficultés considérables, que je synthétisai par la suite dans le premier jet du texte qui constitua le premier chapitre du livre : j'y résumai toutes les questions de mécanique quantique, de neutronique, de résistance des matériaux, ou encore d'électromagnétisme qui nécessitaient l'usage d'outils mathématiques nouveaux. Cet exposé liminaire fut en quelque sorte le sceau personnel que j'imprimai sur ce travail. Je voulais en effet que notre *opus* mathématique s'ouvrît sous les auspices du concret. Je voulais qu'il s'enracinât, non dans des considérations générales, mais dans les problèmes précis qu'affrontaient les physiciens, les mécaniciens et les ingénieurs contemporains.

Jacques-Louis Lions se montra d'une ouverture d'esprit et d'une patience inégalables. Il n'hésitait jamais à m'avouer qu'il n'avait pas compris tel ou tel point de physique et faisait des efforts constants pour assimiler les difficultés des physiciens et répondre à leurs besoins. Lui-même profond et pénétrant mathématicien, il était à l'exact opposé de ceux de ses confrères du monde entier qui mettaient leur point d'honneur à ne rien connaître de leurs applications pratiques, comme le grand mathématicien anglo-saxon Hardy.

Grâce à ces séances d'intense dialogue, Jacques-Louis Lions fut en mesure d'élaborer l'architecture générale de l'ouvrage. C'est à lui que revient le mérite d'avoir conçu l'armature mathématique globale de notre œuvre commune. À mesure qu'il réalisait ce plan, j'ajoutais des précisions, sur l'équation du transport des neutrons et sur l'équation de Schrödinger notamment. Notre entente était parfaite, ce qui ne l'empêchait pas de s'exclamer plaisamment « Ah ! Ces physiciens ! » lorsque je proposais un ajout et le forçais ainsi à remanier des aspects du plan de l'ouvrage.

Un physicien au royaume des mathématiciens

Une fois fixée l'organisation générale du livre, vint le moment de procéder à sa réalisation : la rédaction commençait.

Notre dessein était d'un gigantisme écrasant. Nous ne pouvions en venir à bout à deux. Nous cherchâmes donc des rédacteurs parmi les élèves de Jacques-Louis. La plupart de ceux que nous sondâmes étaient des normaliens ou des polytechniciens, des universitaires docteurs ou des doctorants. Claude Bardos[7] de l'École normale supérieure nous aida particulièrement à trouver des contributeurs.

Dans la pratique, Jacques-Louis Lions assignait un travail à ses élèves. Il était convenu que le travail de supervision quotidienne de la rédaction m'incomberait. Je suivais et modifiais donc au jour le jour les contributions de nos dizaines de rédacteurs. Il me fallait en effet non seulement veiller à la qualité de leurs textes mais, en outre, introduire les outils mathématiques nécessaires aux exemples physiques dans leurs considérations mathématiques.

Je m'astreignis alors à un labeur presque quotidien dix ans durant. Quelles que fussent mes activités et quelle que fût la période de l'année, je me mettais au travail à deux heures du matin et travaillais à l'ouvrage jusqu'à sept heures. Je me rendais ensuite à la DAM. De la sorte, je pouvais réaliser deux journées de travail en une. Je travaillais sans repos, sans congé, même hebdomadaire, ou le jour de Noël, mais avec une joie sans mesure.

Ce travail n'occupa pas seulement une place considérable dans mon esprit et dans mon temps. Son poids se matérialisa dans l'espace : pour la réalisation de cet ouvrage, j'accumulai à mon domicile plusieurs mètres cubes de manuscrits et j'installai plusieurs armoires pour accueillir la documentation. Je fis alors des lectures immenses et pris des notes sur tout ce que cela suscitait en moi.

Réviser, compléter, corriger, modifier les sections et les chapitres occupèrent mes nuits et mon logis. Mais cela prit également une grande place dans mes jours : les rédacteurs venaient chez moi ou j'allais les voir au Département de mathématiques appliquées de la rue d'Ulm qui était perché dans un grenier, au dernier étage. Mon dialogue, dans son bureau du Collège de France, avec Jacques-Louis Lions se prolongeait par des entretiens avec ses élèves. Je m'immergeais alors avec délice dans une communauté cousine mais éloignée de la mienne : celle des mathématiciens. Dans ce royaume de mathématiciens, j'étais le seul physicien. Je me considérais comme le garant de la concrétude du propos et comme le dépositaire de son applicabilité.

Notre entreprise avança régulièrement et paisiblement. Par comparaison avec le secret et les précautions constantes qui présidaient à mes travaux à la Direction des applications militaires, l'ouverture et la sérénité de mes compagnons étaient, pour moi, source d'une quiétude inouïe. Tous les contributeurs ou presque s'acquittèrent de leur tâche avec une ponctualité et une compétence exemplaires. Nous dûmes néanmoins reprendre plusieurs fois certains chapitres.

L'éclosion du grand œuvre

Notre labeur incessant parvint à son terme plus de dix années après que j'en eus esquissé l'idée devant Jacques-Louis Lions. Pour le terminer, nous soumîmes chacune des parties de notre manuscrit à différents relecteurs, tous d'une excellence reconnue. Nous confiâmes par exemple le chapitre consacré à la physique des *quantas* aux soins de Claude Cohen-Tannoudji, futur lauréat du prix Nobel de physique. Je m'entretins avec Roger Balian [8], notamment pour le chapitre II sur l'opérateur de Laplace (ainsi que pour l'équation de Dirac), opérateur qui dans mon esprit représentait le bilan des fuites et des entrées de neutrons (ou de chaleur) hors d'un petit volume, et en mécanique quantique, à un facteur près, dans un espace de Hilbert convenable, l'énergie cinétique d'un système quantique. Pour moi, chaque objet mathématique était la représentation d'une réalité bien palpable.

Et nous demandâmes à Hélène Lanchon, qui était professeur de mécanique à Nancy, de récrire les passages touchant à la mécanique des milieux continus.

Pour parachever le livre, nous procédâmes tous les deux à une ultime relecture. Elle se fit dans la plus parfaite harmonie. Nous donnâmes alors à l'ouvrage son unité et sa forme définitive. Nous tenions à ce qu'il ne fût absolument pas composite et que la diversité des auteurs ne transparût pas. Nous voulions qu'il fût l'émanation d'une seule pensée, celle de Jacques-Louis Lions et la mienne, réunie par le dialogue à celle de nos éminents contributeurs.

C'était une véritable somme. En 1985, elle parut chez Masson, dans la collection CEA, sous le titre *Analyse mathématique et calcul numérique pour les sciences et les techniques*, sous la forme de trois énormes volumes[9]. Jacques-Louis Lions me confia alors qu'il avait douté du succès jusqu'au bout : « Jamais je n'aurais cru que tu y parviendrais », me confia-t-il. Cette remarque me récompensa grandement pour la peine que j'avais prise. Elle me fit également mesurer rétrospectivement son ampleur.

À notre grande joie, notre ouvrage s'imposa rapidement comme le nouvel outil de référence nécessaire aux sciences physiques contemporaines. Le mensuel renommé de l'American Physical Society, *Physics Today*, le signala à ses lecteurs comme le livre qui contenait les mathématiques de notre époque et du futur. Signe de son succès, il fut traduit en anglais – par Amson avec la collaboration de M. Artola et de M. Cessenat – et publié par les prestigieuses éditions Springer. Il acquit ainsi un renom international jusqu'à la City University de Hong Kong (grâce à Philippe Ciarlet). Je veillai avec Michel Cessenat à l'exactitude de la traduction et repris méticuleusement, avec l'aide des contributeurs concernés, chacune des erreurs que j'y décelai. Le « Dautray-Lions » devint une sorte de bible permettant aux physiciens et aux chimistes de disposer des fondements mathématiques pour leurs recherches actuelles et futures.

Pendant toutes ces années, mon langage avec Lions, resta celui d'un homme du concret, ingénieur des Arts et Métiers et physicien praticien, mécanicien. Je traduisais à haute voix, dans mon langage, tout ce que disait Lions, et réciproquement. Ce qui fit que le langage de notre collaboration scientifique devînt celui des ingénieurs, langage dont ils se servent pour réaliser (concevoir, dessiner, et fabriquer, passer au banc d'essai, maintenir, etc.) des objets du monde de la technique et de l'industrie. Il ne s'agissait plus d'utiliser des mathématiques pour résoudre des problèmes émanant de l'industrie, mais de penser en ingénieurs, avec les outils conceptuels dont ils ont besoin.

C'est notamment grâce à Jacques-Louis Lions et à cet ouvrage que j'ai réussi à ne pas me couper de la République des savants en mathématique, sauf pour la *géométrie différentielle* et son application à la *relativité générale* que je dus étudier avec d'autres équipes.

DES ÉTOILES AUX ARMES,
ET *VICE VERSA*

Petit traité des passions à demi satisfaites

Chacun d'entre nous connaît au moins une passion qu'il ne parvient pas à satisfaire. Cette passion le hante, l'habite parfois sa vie durant, mais toujours elle se dérobe : jamais il ne trouve le temps de s'y consacrer pleinement. Une passion de ce genre est bien plus qu'un *hobby*, car le *hobby* supporte qu'on ne s'occupe de lui qu'à l'occasion, en amateur. Mais elle est bien moins qu'une vocation, car la vocation est si impérieuse qu'elle plie toute notre destinée à son essor.

Ces passions qui se dérobent à nous restent à mi-chemin. Elles nous obsèdent, elles nous occupent, mais jamais elles ne prennent vraiment possession de notre existence. Nous réussissons souvent à leur dédier quelques jours. Nous parvenons même à voler pour elles quelques mois. Mais notre affairement habituel reprend le dessus et nous éloigne, inexorablement, de cette passion à demi assouvie. Ces passions sont de terribles vengeresses : nous leur donnons ce que nous pouvons mais nous ne leur offrons pas ce qu'elles méritent. Et elles se vengent de nous en imprimant dans notre âme un sentiment d'inachèvement, diffus mais persistant.

Par bonheur, la vie, si souvent cruelle, nous prodigue parfois ce que nous n'osons même pas lui demander : la possibilité de combler ces passions à moitié satisfaites. Nous ressentons alors une allégresse pleine de reconnaissance pour l'occasion providentielle qui place entre nos mains le trésor que nous avions presque renoncé à convoiter, trésor qui n'a de sens qu'au service de nos contemporains.

Je fus assez fortuné pour connaître cette joie. J'eus en effet la chance que ma passion pour l'astronomie et l'astrophysique, longtemps à demi rassasiée, connût une issue heureuse. Au milieu des années 1980, je devins président du Comité des programmes scientifiques du Centre national d'études spatiales (CNES), comité qui se réunissait une fois par an et me permettait donc de continuer l'intégralité de mes travaux au CEA au même rythme. Cette responsabilité m'alimentait en rapports et publications scientifiques que je lisais la nuit et en rencontres scientifiques que je faisais hors de mes heures de travail au CEA.

Sous les cieux de la jeunesse

Ma rencontre avec les étoiles remonte à ma jeunesse. Réfugiés à Marguerittes, ma mère et moi avions pris l'habitude, à l'exemple des habitants du village, de passer les soirées d'été sur le pas de notre porte. C'est là que je commençai à scruter les étoiles. Elles scintillaient si vivement dans le ciel limpide du Sud ! Elles se découpaient si nettement sur l'azur profond du Midi ! Elles attirèrent mon regard et l'hypnotisèrent. Le Soleil lui aussi me fascina. Partout, il faisait sentir sa puissance vitale : toute l'énergie qu'il déversait sur la campagne nourrissait les plantes[1], les bêtes et les hommes.

Mon engouement pour les corps célestes frappa tant le berger Louis Turc qu'il fit à Nîmes l'emplette d'un grand livre illustré intitulé *Le Ciel* et publié par les éditions Larousse. Il me l'offrit. Je fus émerveillé par ce présent : il ouvrit des perspectives nouvelles à mes observations. J'appris à m'orienter dans le labyrinthe des constellations, je rêvais aux « canaux » de la planète Mars, et méditais les mouvements du système solaire. Cette passion, encore toute neuve, s'enracina alors définitivement dans mon esprit. Elle ne me quitta plus.

Durant mes années à l'École des arts et métiers, je me procurai, chez les bouquinistes des quais, des revues et des livres de vulgarisation. Je restais un amateur averti, un profane informé, jusqu'à ma scolarité à l'École polytechnique. C'est là que je pus enfin suivre mes premiers cours d'astronomie scientifique : je découvris les spirales de la galaxie, les naines blanches et les géantes rouges. J'appris comment mesurer les distances entre les étoiles grâce à l'examen de leurs luminosités, de leurs pulsations et de leurs énergies respectives.

Je m'entretenais constamment de ces sujets avec certains de mes professeurs. Je communiquai même un peu de mon penchant à l'ingénieur général Lamothe, le directeur des études qui m'avait tant encouragé.

Quand j'étais invité à un repas chez les parents d'un condisciple de l'École polytechnique, les seules « paroles franchissant l'enclos de ma bouche » (pour paraphraser Homère) étaient la description de notre galaxie, la Voie lactée.

La langue des étoiles

Mon entrée au Centre d'études nucléaires de Saclay n'affaiblit pas le moins du monde mon intérêt pour les étoiles, les planètes et les galaxies. Nombre de mes expéditions à la bibliothèque du Centre me plongèrent dans les revues spécialisées d'astronomie et d'astrophysique. Même si la plupart de mes « condisciples[2] » de l'École de physique quantique restaient circonspects à l'égard de la cosmologie expérimentale et des travaux sur la relativité générale, je trouvai en Jacques Yvon un interlocuteur sensible à ces questions et parfaitement au fait des découvertes les plus récentes.

Aussi surprenant que cela puisse paraître, lorsque je rejoignis puis pris la direction scientifique du programme thermonucléaire de la Direction des applications militaires, je me rapprochai encore davantage des questions d'astrophysique. J'observai en effet de nombreux parallélismes et même des identités entre les caractéristiques stellaires et les phénomènes thermonucléaires : la combustion thermonucléaire, les transferts radiatifs, l'opacité et les instabilités d'écoulement entre fluides entraînant des turbulences. Tous ces phénomènes – que j'étudiais tous les jours pour concevoir un engin thermonucléaire – étaient en effet présents dans les étoiles. Le stellaire et le thermonucléaire se recoupaient très largement. Mes collaborateurs restaient indifférents à ces savoirs apparemment sans rapport avec la production d'armes. Mais je traduisais constamment pour moi-même mes travaux de physique thermonucléaire dans la langue des étoiles. J'effectuai d'innombrables allers-retours entre les étoiles et les armes[3].

Au cours de mes années à la DAM, j'acquis en conséquence quelque expertise sur plusieurs questions d'astrophysique. Cela m'incita à me joindre à certains groupes de travail de l'Institut d'astrophysique de Paris établi boulevard Arago. C'est là que je fis la connaissance de Jean Audouze, Michel Cassé, Jean-Claude

Pecker, etc. Ce dernier allait rester mon ami pour le restant de mes jours. Il s'entretenait avec moi des problèmes d'opacité dans le Soleil, si cruciaux pour la création d'un engin thermonucléaire, et aussi de l'atmosphère solaire et plus généralement stellaire. Ces savants, et d'autres encore, m'ouvrirent toutes grandes les portes d'un savoir plus approfondi et plus large sur l'Univers. Grâce à leurs conseils de lecture et aux communications qu'ils prononçaient, grâce aussi à l'excellent pionnier Jean-Pierre Chièze, j'étudiai les nuages interstellaires, la formation des étoiles et, en relation avec un collègue de Livermore spécialisé sur ce sujet, les *supernovae* et paradoxalement, la pression de leurs neutrinos. Je me familiarisai également avec les différentes hypothèses concernant les phases les plus lointaines dans le temps, observables, de ce que nous connaissons du cosmos (je n'ose pas prononcer le mot « Univers », si ambigu). Ce monde abondait en idées et en concepts. Je m'efforçais de les assimiler tous, mais restais toujours soucieux de les rattacher à des représentations concrètes. La langue des étoiles n'était pas, pour moi, un jargon métaphysique.

Je partageais tant les intérêts des membres de l'Institut d'astrophysique qu'ils me proposèrent de siéger à des jurys de thèse, pour les thèses que Jean-Pierre Chièze ouvrait et conduisait. Ma passion pour les étoiles fut si grande que j'ouvris – chose inouïe dans le monde des ingénieurs de l'armement – une unité d'astrophysique à la DAM. Les récriminations de mes collègues n'y firent rien : avec l'aide de Jean-Pierre Chièze, j'attirai dans nos laboratoires de jeunes astrophysiciens prometteurs.

Enfin, j'allais fréquemment au service d'astrophysique de Saclay où je suivais les travaux de Lydia Koch, qui plaçait des détecteurs de rayonnement stellaire sur les premiers satellites français, et de Michel Cassé sur les *supernovae* et la nucléosynthèse, ceux de Sylvaine Turcq-Chièze sur le Soleil et ceux de Catherine Césarsky sur les rayons cosmiques puis sur l'observation en rayonnement infrarouge.

Ce n'est donc pas seulement par un heureux hasard qu'on me proposa, au milieu des années 1980, de présider le Comité des programmes scientifiques du CNES.

Un arbitre pour le CNES

C'est en grande partie à Jacques-Louis Lions que je dus mon entrée au CNES. Il y exerçait en effet de hautes responsabilités : sous l'impulsion de Hubert Curien, qui avait vu Jacques-Louis Lions à l'œuvre à l'INRIA, le CNES avait fait appel à son expertise. La réalisation des programmes spatiaux nécessitait la création de logiciels capables de calculer les trajectoires, de mouvoir des robots, d'étudier les structures mécaniques des satellites munis de panneaux solaires, la combustion dans les propulseurs des fusées, ou encore de reconstituer des images à partir des détections faites par les instruments placés à bord des satellites. Jacques-Louis Lions n'avait pas de dilection particulière pour le monde des étoiles. Mais il contribua avec son excellence coutumière au développement des programmes du CNES.

Quand il me proposa de travailler pour le Centre national d'études spatiales, il me permit d'échapper un peu plus encore à l'univers de l'armement nucléaire et de prendre place dans la communauté des astrophysiciens, des planétologues et des observateurs de la Terre pour les servir comme physicien habitué aux très hautes températures, aux très hautes densités d'énergie, aux réactions thermonucléaires et au transfert radiatif dans les étoiles, dans leurs atmosphères et dans celle de la Terre (qu'on appelle « effet de serre »).

Contribuer aux travaux du CNES ne fit bien évidemment pas de moi un maître en astrophysique. À vrai dire, pour la première fois de ma vie professionnelle, je n'étais ni chercheur ni maître d'œuvre, mais remplissais des fonctions de consultant extérieur. Je devais apporter mon expertise pour comprendre et évaluer des projets auxquels je ne participais pas. Cette position était nouvelle pour moi, mais si elle me permit d'étancher un peu mieux ma soif de connaissance en la matière ; elle avait pour but d'aider de mon mieux les communautés scientifiques françaises concernées.

Le Comité des programmes scientifiques avait pour mission de doter le CNES d'un calendrier pluriannuel de recherches scientifiques. Il devait choisir entre les projets présentés par les différents laboratoires dits « spatiaux » au Centre. Les desseins de qualité abondaient de sorte que le Comité était souvent confronté à de véritables dilemmes. Il était en conséquence assez profondément divisé. Jacques-Louis Lions m'avertit de la situation : il estimait que le Conseil avait besoin d'un arbitre scientifique pour retrouver une certaine harmonie. Cet arbitre devait être non seulement neutre, mais également suffisamment au fait des différentes disciplines développées par le CNES pour trancher de façon avisée. Aux yeux de Jacques-Louis Lions, j'étais tout désigné pour remplir cet office de médiation et de décision. J'acceptai avec joie et m'efforçai de remplir cet office arbitral du mieux que je pus.

Comme à mon habitude, je me refusai à prendre des décisions au cours des réunions plénières annuelles du Comité des programmes scientifiques. Je préférais me faire une idée de chaque programme présenté en conversant avec chacun des membres du Comité et avec des directeurs de laboratoire et leurs collaborateurs. Grâce à la compétence de mes nouveaux collègues [4], je pus suivre avec une certaine précision les travaux respectifs des différents groupes de travail et les aider autant que faire se peut.

Plusieurs questions retinrent particulièrement mon attention : l'observation du Soleil (de ses pôles, de son atmosphère, de ses gigantesques éruptions, du vent solaire qui soufflait dans tout le système solaire, etc.) grâce à la sonde Soho et à Ulysse, l'étude des comètes, notamment grâce à la sonde Giotto lancée en 1985, l'étude des rayons X venant des étoiles grâce au satellite XMM, l'étude des positions d'étoiles grâce au satellite Hipparcos, l'étude de Saturne et de son satellite Titan grâce au satellite Huyghens et à la sonde Cassini, etc. Ces travaux, qui se déroulèrent de cette époque jusqu'à aujourd'hui, me passionnèrent. Mais la connaissance de la Terre excita également mon intérêt : le projet de satellite Topex Poséidon avait pour finalité de mesurer le niveau des océans, de retracer le parcours des courants et de déterminer la puissance des marées, le satellite Végétation mesurait le rayonnement de la biosphère, etc.

Les décisions, parfois délicates, que j'eus à prendre, furent toujours bien acceptées par les scientifiques des laboratoires spatiaux liés au CNES : je montrai un respect et un intérêt si profonds pour leurs travaux qu'un refus leur apparaissait comme le résultat d'une décision informée.

Même si je ne pouvais leur consacrer qu'une très faible partie de mon temps de la journée de travail, je tirais de mes fonctions au CNES d'immenses joies. J'assistais à l'exploration de l'Univers avec une base de connaissances scientifiques de la physique approfondie par des décennies de labeur joyeux et d'analogies fécondes ; je voyais avec plaisir que la France jouait un rôle prépondérant en Europe concernant l'espace ; enfin, je m'initiais aux fonctions d'expert et d'arbitre que je fus amené à exercer plus tard, quand je devins directeur scientifique du CEA, puis haut-commissaire à l'énergie atomique.

Ayant à ma disposition de nouveaux leviers d'action, je tentai alors de dissiper l'indifférence de certains responsables du CEA à l'égard de l'astrophysique. J'augmentai le nombre de chercheurs dédiés par le CEA aux études d'astrophysique. Et, plus tard, malgré le peu de temps que me laissait la charge de haut-commissaire, je soutins de mon mieux l'équipe d'astrophysique du Centre de Saclay : je lisais leurs travaux, m'entretenais avec tel ou tel membre du groupe et les présentais à des prix. Je suis encore aujourd'hui les travaux de Catherine Césarski, devenue présidente de l'Institut d'observation européen dont les télescopes sont situés au Chili (ESO : European Southern Observatory).

Je me fis ainsi un passeur entre le monde des armes et celui des étoiles[5].

Saynète 22

DANS L'AUGUSTE COMPAGNIE
DES SAVANTS

L'accomplissement et la renaissance

Mon élection à l'Académie des sciences, en 1977, fut pour moi à la fois un accomplissement et une renaissance.

Rejoindre la compagnie de certains des meilleurs savants de mon pays et de mon époque fut une consécration publique de mes travaux.

Me fondre dans une communauté exclusivement dévouée à la connaissance et devenir membre de la « société de la vérité », pour reprendre l'expression d'un historien des sciences, tout cela fut pour moi un véritable printemps intellectuel.

Les membres de l'Académie, en me reconnaissant comme un authentique savant, brisèrent le masque de fabricant d'armes thermonucléaires que certains tentaient de m'imposer.

Comment on entrait à l'Académie

On n'entre pas à l'Académie des sciences par hasard ou malgré soi. On n'y entre pas non plus par la force de son seul mérite : des esprits exceptionnels qui illustrèrent la science française au plan international n'en ont pas toujours été membres.

Dans les années 1970, on entrait à l'Académie après avoir franchi de nombreuses étapes et après s'être conformé à des rituels très particuliers. On ne se déclarait pas candidat, mais on était approché et éventuellement sollicité par un membre de l'Institut. On n'adressait pas de dossier de candidature, mais on rédigeait une notice de synthèse sur ses travaux. On ne faisait pas campagne, mais on rendait des visites. On ne défendait pas sa candidature soi-même, mais on laissait à d'autres, déjà membres, le soin de la suggérer et éventuellement de la soutenir.

C'est Roger Brard, lui-même membre de la section des sciences mécaniques de l'Académie des sciences, qui, le premier, me sonda sur mes intentions au cas où on me proposerait d'entrer à l'Institut de France. Lorsqu'il aborda le sujet avec moi, au milieu des années 1970, nous avions déjà noué, depuis longtemps, d'excellentes relations intellectuelles et personnelles : des cours de l'X que j'avais suivis puis donnés sous sa direction au projet de submersible à propulsion nucléaire Q 244, il m'avait toujours témoigné une confiance et une estime qui m'honoraient. Nous étions de surcroît en complète communion concernant les problèmes de mécanique : il était préoccupé de questions concrètes de conception et de construction.

À ses yeux, la section des sciences mécaniques de l'Académie était la plus indiquée pour moi. Plusieurs de mes travaux portaient en effet sur la mécanique classique (écoulements des fluides à hautes températures et hautes densités d'énergie, instabilités des interfaces, etc.), sur la mécanique quantique et son passage à la mécanique classique et sur la mécanique relativiste. De plus, ses membres avaient de l'estime et de l'amitié pour moi. Jean Leray – fervent patriote et créateur de méthodes mathématiques pour la mécanique des fluides – me trouvait le mérite d'avoir contribué à la défense des intérêts stratégiques de la France. Mais surtout Jacques-Louis Lions faisait lui aussi partie de cette section : ses travaux en informatique et en calcul numérique l'avaient en effet fait élire dans cette section.

Roger Brard me proposa donc de préparer une éventuelle élection à l'auguste assemblée. Sa proposition m'honora mais elle ne me surprit pas. Sans en être obnubilé, j'avais déjà songé à une candidature à l'Académie des sciences. Non pas que je fusse persuadé que mon élection serait aisée. Mais j'étais fasciné par cette brillante institution, héritage de la France du Grand Siècle. L'Institut rassemblait pour moi ce que la France avait de plus grand et de plus beau : des esprits profonds et d'authentiques savants.

Jacques-Louis Lions me conseilla lui aussi de suivre la procédure d'entrée à l'Académie. Il n'avait pas lui-même ma vénération pour l'institution. Il voyait, me disait-il, que sa composition était critiquable sur bien des points. Il n'avait pas nécessairement tort : un de mes anciens maîtres de l'école de physique quantique, Anatole Abragam, lui-même académicien, allait même jusqu'à déclarer : « Cette Académie sera critiquable tant qu'il sera possible de faire une autre Académie, tout aussi bonne, avec ceux qui n'y sont pas. » Mais tous m'assurèrent que c'était le bon moment pour se présenter : un vent nouveau soufflait quai Conti.

Une campagne électorale
au pays des académiciens

Roger Brard fut d'avis qu'on lancerait quelques ballons d'essai avant d'entrer véritablement en campagne. Il prit rendez-vous pour moi avec Maurice Fontaine, qui dirigeait alors l'Institut océanographique, et avec le célèbre pédiatre Robert Debré. « Vous verrez bien si votre candidature peut les intéresser », m'avait dit Roger Brard.

À mon sens, ces deux premiers entretiens exploratoires se déroulèrent convenablement. Peu familier de ce genre de cérémonie, je conversai avec mes interlocuteurs en cherchant une occasion de leur exposer mes travaux. Dès que je la trouvai, je me lançai dans un de mes « amphis ». Une fois ma conférence achevée, ils prirent tous deux congé de moi en usant de la formule de politesse traditionnelle : « J'espère que nous nous verrons régulièrement quai Conti. » Roger Brard m'indiqua quelque temps après que Maurice Fontaine et Robert Debré étaient tous deux très favorables à ma candidature.

Ma véritable « campagne » commença alors. Comme il était d'usage, je dressai une liste de mes travaux assortie d'une notice explicative. Ce travail m'embarrassa particulièrement : ma notice de présentation devait rester muette ou du moins très allusive sur le sujet de mes travaux dans le domaine militaire. Les membres de l'Académie étaient en effet souvent rétifs ou même hostiles à la lecture de ce genre d'activité. De plus, nombre de mes travaux étaient classés, de sorte que je ne pouvais même pas les mentionner. Je mis donc en avant des réalisations scientifiques civiles.

Je doutais fortement de mes chances d'élection. Je m'appliquai néanmoins à faire campagne dans les règles, par respect pour l'institution. Durant plusieurs mois, je rendis visite à chacun des membres de l'Académie. J'enchaînai ainsi des dizaines d'entretiens.

Ce qui, pour certains, était, disaient-ils, apparemment une corvée ou une source d'humiliation, fut, pour moi, une source constante de joie. À chaque fois, j'étais à la fête : je rencontrai un grand savant. Ces séries de conversations roulant sur des sujets aussi variés que profonds sont un des plus grands souvenirs de ma vie. Au début de plusieurs rendez-vous, je sentis que mes interlocuteurs doutaient de pouvoir s'entretenir avec moi : nos spécialités respectives étaient à leurs yeux trop éloignées l'une de l'autre. C'était sans compter avec mon inépuisable curiosité scientifique. Nous trouvâmes toujours des intérêts scientifiques communs.

« Le profit ! Le profit ! »

Certaines de ces visites sont encore très présentes dans mon souvenir. Celle que je rendis à Théodore Monod en particulier. Il me reçut au Muséum national d'histoire naturelle, au milieu de tout un ensemble de poissons séchés. Accoudé à une grande table établie au milieu d'une immense salle, il était juché sur un haut tabouret et tenait à la main une immense règle de bois. Nous étions loin du tour feutré que certains membres de l'Académie donnaient à nos conversations en me recevant chez eux. Très impressionné par sa réputation déjà très grande, par sa personnalité hors du commun et par sa stature toute professorale, je commençai à lui exposer mes différents travaux. Mais dès que j'évoquai un sujet technique ou une réalisation industrielle, il asséna un retentissant coup de règle sur la table et s'écria : « Le profit ! » Un peu interloqué, je continuai toutefois mon *laïus*. Il continua à le scander à coups de règle dès qu'un mot évoquant l'industrie était prononcé. Contrairement aux apparences, notre entretien s'était, à ses yeux, bien déroulé. Mais je le revois encore s'exclamer « le profit ! » en faisant résonner toute la salle de ses coups de règle.

Même si notre rencontre fut moins pittoresque, je me souviens encore nettement de ma conversation avec l'ornithologue Jean Dorst qui était alors directeur général du Muséum. Parmi les premiers, il attira mon attention sur les espèces en voie de disparition et sur la réduction de la biodiversité. Nous étions dans les années 1970 : il me sensibilisa à un sujet encore très neuf et qui devait me préoccuper par la suite.

Francis Perrin me reçut dans un bureau du Collège de France. Je lui rappelai mes travaux en détail. Il m'assura de son appui indéfectible.

André Lichnérowicz lia avec moi une relation sur la géométrie différentielle qui me permit de mieux éclairer ma vision intérieure de la *relativité générale,* d'être prêt pour les applications observationnelles[1] que les découvertes de couples d'étoiles de *très hautes densités massiques* (étoiles à neutrons, trous noirs, etc.) fourniraient plus tard.

C'est sans lassitude que je réalisai tous les entretiens prévus. Je trouvai dans l'esprit de chacun de mes interlocuteurs des trésors différents. Je n'hésitai d'ailleurs pas à évoquer avec eux certains des problèmes du nucléaire. Je me rappelle nettement avoir frappé plusieurs d'entre eux en leur déclarant : « La boîte de Pandore de l'armement nucléaire a été ouverte. Il s'agit maintenant de la contrôler en renforçant les moyens de détection scientifique et les pouvoirs d'inspection de l'AIEA. C'est à nous de faire que la science française y participe. »

Effets d'élection

Les élections à l'Académie des sciences se font bien évidemment en l'absence des candidats. Ce que je sais sur la mienne m'a donc été rapporté.

Roger Brard proposa en séance ma candidature. Robert Debré devait la défendre, mais, malade, il avait chargé Jean Hamburger de le faire à sa place. Comme il était de coutume, la section des sciences mécaniques avait dressé une liste des candidats et les académiciens délibérèrent. Mes travaux à la Direction des applications militaires furent un sérieux handicap. Je fus néanmoins élu. Ce fut la conception et la réalisation du réacteur à haut flux de neutrons de l'Institut Von Laue-Langevin qui servit le plus ma candidature. Il avait à l'époque plusieurs années d'expériences fructueuses à son actif.

De même qu'il fut au commencement, Roger Brard fut à la conclusion. C'est lui qui m'apprit mon élection. J'avais été élu du premier coup, ce qui était alors assez rare. De surcroît, selon les mots mêmes de Roger Brard, cela avait été une « élection de maréchal ». Cet honneur me laissa pantelant : même si j'avais passé de nombreux mois à faire campagne, je ne parvins pas, sur le moment, à croire à cette marque d'estime et de confiance.

L'incrédulité céda la place à une vive émotion. Et la cérémonie de réception me toucha profondément. Par la voix des membres de l'Académie, c'étaient tout à la fois ma patrie, la France, et ma communauté, celle des scientifiques, qui me distinguaient. Enfin j'étais reconnu comme un scientifique ! Enfin je recevais une consécration hors du monde de la recherche nucléaire militaire ! Enfin je disposais d'une liberté d'esprit complète ! Ce fut un bonheur sans mélange que de rejoindre la tradition française du Grand Siècle et des Lumières.

Patriotisme scientifique

Certes, mon élection à l'Académie ne changea pas immédiatement mon activité professionnelle. Mais elle modifia en profondeur mon état d'esprit.

Je commençai alors à m'intéresser de très près à l'histoire des sciences et aux livres qui en sont dépositaires. Les biographies des grands savants, Newton et Galilée par exemple, ainsi que les études d'histoire des sciences me passionnèrent. Ces lectures suscitèrent en moi le désir d'étudier les textes des grands scientifiques dans leurs premières versions (pas originales car celles-ci sont trop chères). Je me mis ainsi à acquérir des livres anciens, ceux de Lagrange, de Laplace, de d'Alembert, d'Euler, de Newton, de Lavoisier ou encore de Descartes. Chimistes, astronomes et physiciens se croisaient dans ma bibliothèque et sous mes yeux. Je ne pouvais évidemment pas rivaliser avec les bibliophiles fortunés que je croisais chez les libraires spécialisés et dans les salles des ventes. Un de mes amis, Pierre Faurre, avait la même passion, mais avait commencé bien avant moi. Nous nous téléphonions le dimanche matin de très bonne heure pour parler d'Isaac Newton, lu sur les traductions du latin des originaux[2], ou de la théorie des probabilités de Laplace, etc. Nous discutions alors du point actuel de ces connaissances, par exemple, pourquoi les lois de la physique ou de la mécanique peuvent s'exprimer par le minimum[3] de telle ou telle quantité. Pour ma part, je lui expliquais l'origine en physique quantique et par un passage de la mécanique quantique à la mécanique classique (par exemple en utilisant ce que les mécaniciens appellent l'*action*) qui m'a toujours fasciné, ce qui est évoqué dans le Dautray-Lions *et al.*

Mais je réussis néanmoins à constituer une petite collection. Le génie lumineux et universel de Newton me confondit d'admiration. L'effacement volontaire de Lucrèce derrière la théorie des atomes me parut exemplaire.

Plus tard, s'ajoutèrent à la collection les livres de savants du XXe siècle, lire les autobiographies, les biographies et comparer les vues. Lions à qui j'en parlais me répondait toujours : « Rashomon », titre du film[4] de Kurozawa où la même scène est décrite d'une manière totalement différente par les divers témoins.

Les séances à l'Académie, les conversations avec ses membres et mes lectures modifièrent peu à peu le regard que je portais sur moi-même. Je me sentais désormais plus libre de me consacrer à mes différentes passions scientifiques.

Cette élection redoubla mon amour pour la France : au travers de ses écoles et de ses professeurs, elle avait fait qu'un enfant dans le dénuement fût en mesure de faire partie d'une auguste compagnie de savants dont la seule mission était la recherche de la *vérité* dans la description de ce monde inanimé et vivant.

Saynète 23

INCOGNITO VOLONTAIRE
ET ANONYMAT FORCÉ

Le savant et la politique

Mon amour de la France est immodéré. Ma sympathie pour mes compatriotes est si profonde qu'elle en est parfois irrationnelle. Mais il est un goût que mes concitoyens semblent cultiver et que je n'ai absolument pas : la passion de la politique. Les discussions sans fin sur les valeurs respectives de la droite et de la gauche, sur les subtilités d'appareil et sur la composition des gouvernements m'ont toujours dépassé.

Peut-être la passion impuissante de mon père pour la politique m'a-t-elle rendu circonspect. Peut-être les catastrophes engendrées par les idéologies du XXe siècle m'ont-elles rendu réticent. Peut-être encore mon patriotisme a-t-il accru ma méfiance à l'égard de tout ce qui pouvait diviser mon pays. Plutôt que de pester contre l'obscurité, j'ai toujours préféré tenter d'allumer une petite chandelle.

Quoi qu'il en soit, je me suis toujours tenu bien à l'écart des luttes politiques, dans une neutralité toute scientifique. Cette position ne m'a pas éloigné des sphères du pouvoir. Elle m'en a au contraire rapproché, de temps à autre, et d'une façon assez particulière.

Le patriotisme scientifique

Quelque temps après l'entrée à l'Académie, je reçus, à mon bureau du CEA, un appel téléphonique émanant du palais de l'Élysée : l'un des conseillers du président Giscard d'Estaing, François Polge de Combret, voulait prendre rendez-vous avec moi. Pétri d'un respect infini pour le gouvernement de la France, j'acceptai et me rendis à l'Élysée pour converser avec lui.

Dans un des superbes bureaux de l'Élysée, François Polge de Combret m'expliqua que le président souhaitait ne pas rester prisonnier des idées d'une personne ou d'une coterie en matière scientifique. Il ne voulait pas en conséquence constituer une équipe fixe de conseillers scientifiques mais faisait ponctuellement appel à des personnalités indépendantes sur leurs domaines de spécialités respectives. Il venait par exemple de commander un rapport sur les problèmes de santé publique à trois grands médecins[1]. Il souhaitait également prendre des initiatives en matière de sciences physiques et je lui semblais tout désigné pour fournir une expertise discrète, non partisane et informée sur ces questions.

J'acceptai volontiers de contribuer à une initiative qui me paraissait sage : si les hommes de savoir pouvaient éclairer l'action des hommes de pouvoir, je serais particulièrement heureux d'apporter ma contribution. Le conseiller du président prit donc rendez-vous pour moi avec le président Giscard d'Estaing.

Je l'avais déjà croisé à l'École polytechnique lors d'une conférence sur l'ENA, puis ce grand jeune homme distingué était venu chercher la sœur d'un ami de l'École polytechnique, chez qui nous étions en train de travailler ensemble et enfin pour parler d'économie scientifique quand il était au cabinet d'Edgar Faure. Un soir de novembre 1978, je le retrouvai égal à lui-même dans son bureau de l'Élysée. Il fut d'une parfaite courtoisie et d'une grande cordialité. La haute idée qu'il se faisait de sa mission et de ses devoirs envers le peuple français ne l'empêchait pas de veiller à ne pas froisser ses interlocuteurs. Il me déclara qu'il voulait se rendre utile à son pays en matière scientifique et me demanda de lui proposer plusieurs pistes de réflexion et d'action. Comme il parlait la langue du patriotisme scientifique et du dévouement concret au pays, nous trouvâmes facilement un terrain d'entente. Je lui promis de lui soumettre bientôt des suggestions.

Mécaniques élyséennes

Je n'étais bien évidemment pas expert en matière politique et économique. Le destin de la France et la prospérité de ses habitants étaient placés entre de meilleures mains que les miennes. Je me mis pourtant à réfléchir à plusieurs propositions. Comme à mon habitude, je dressai des listes de thèmes que j'essayai ensuite d'ordonner par ordre de priorité.

Ma réflexion me conduisit à donner la première place aux sciences mécaniques. Mon idée était assez simple : la majorité des machines-outils qu'utilisaient alors les industries françaises étaient manufacturées en Allemagne. Les moteurs de l'avion Caravelle dont nous nous enorgueillissions tant étaient fabriqués par des compagnies anglo-saxonnes ; nos chantiers navals rivalisaient mal avec ceux du Japon et notre production automobile était alors trop médiocre : les succès de la Renault 5 masquaient mal la qualité très moyenne de nos produits. Toutes ces faiblesses procédaient à mes yeux d'un même handicap : les sciences et les techniques mécaniques françaises n'étaient ni organisées de façon optimale ni entourées de l'attention qu'elles méritaient. Une coopération étroite entre recherche, enseignement et industrie faisait défaut.

Lorsque le président me reçut pour recueillir mes propositions, je lui exposai les idées qui m'étaient venues. Mais j'insistai tout particulièrement sur la question de la mécanique. L'École des arts et métiers et la section des sciences mécaniques de l'Académie des sciences inspiraient bien évidemment mon propos. Je brossai pour le président un tableau détaillé de l'état des sciences et des techniques dans notre pays. Je soulignai le fait que nous pouvions, en matière de construction mécanique, non seulement rattraper notre retard, mais également prendre certaines initiatives d'avant-garde. Pour illustrer mon propos, je pris l'exemple du projet de train à grande vitesse. Un de mes camarades de l'École polytechnique, puis des Mines, Jean Dupuy, était en effet chargé de le développer et m'avait fait visiter les équipements expérimentaux que la SNCF avait installés à Strasbourg. En conclusion, je proposai au président Giscard d'Estaing plusieurs pistes et je lui recommandai de prendre une initiative vigoureuse en matière de génie mécanique.

Manifestement intéressé par mes propositions, le président me questionna longuement sur notre appareil industriel en mécanique. Lorsque nous nous quittâmes, il me promit de réfléchir à mes suggestions.

Il tint parole et me fit proposer bientôt un nouveau rendez-vous. Lorsqu'il me reçut, il m'annonça immédiatement qu'il avait pris sa décision : il adopterait un programme énergique en matière de génie mécanique. Et il me consulta alors sur la démarche qu'il fallait à mon sens suivre.

Le rapport Germain

Mon conseil fut de demander à l'Académie des sciences de dresser un bilan complet des activités mécaniques en France, en partant des écoles nationales professionnelles, des écoles des arts et métiers, des « grandes écoles » d'ingénieurs et en arrivant aux différentes industries. L'Académie des sciences, institution indépendante, était toute désignée pour dresser un bilan impartial des forces et des faiblesses de notre génie mécanique ainsi que pour avancer des propositions d'amélioration. Le président me demanda de rédiger une ébauche de lettre. Quelque temps après, je la lui portai. Il la retoucha légèrement et l'adressa à l'Académie.

Lorsque l'Académie des sciences reçut cette missive, elle ne savait évidemment pas que je l'avais fortement inspirée. Elle fit bon accueil à l'idée et confia à Paul Germain – qui était alors secrétaire perpétuel de la première division, consacrée aux sciences exactes, et faisait partie de la section des sciences mécaniques – le soin de diriger la rédaction de l'étude demandée. Un groupe de travail commença alors à collaborer sur ce qui fut par la suite appelé le « rapport Germain ». J'en fis naturellement partie.

Je pus notamment associer à nos travaux certains ingénieurs des Arts et Métiers de ma connaissance. Pierre Chaffiotte, qui fut président de la Société des anciens élèves des Arts et Métiers, nous ouvrit des portes du monde industriel et en particulier automobile. Jean-Pierre Dordain nous fit entrer dans le domaine de l'aéronautique et de la défense. Lucien Malavard nous donna accès à l'Université et à la recherche militaire en mécanique classique comme ancien de la DRME[2], Jean Salençon dans celui des méthodes modernes de la mécanique des milieux continus, des bases scientifiques des Ponts et Chaussées et du génie civil, fleurons de l'industrie française.

Nous passâmes en revue tous les domaines de la production mécanique : les moteurs, les machines textiles, les industries du plastique, etc. Nous consultâmes nombre d'organisations professionnelles, du syndicat des avionneurs au comité des industries minières et métallurgiques. Ce travail de plusieurs mois ouvrit aux académiciens spécialistes des sciences mécaniques des perspectives qu'ils ne soupçonnaient pas. Il déboucha surtout sur des diagnostics détaillés et sur des propositions multiples.

Pour les synthétiser et achever ainsi l'écriture du rapport, le groupe de travail se réunit durant une dizaine de jours dans une des propriétés possédées par l'Académie. C'était un château proche de Bayonne qu'un particulier avait, par testament, mis à la disposition de l'Institut à la condition qu'il serait habité, en permanence, par un ecclésiastique qui s'occuperait d'astronomie. En compagnie de l'abbé qui y résidait, nous y vécûmes des journées d'intense dialogue et de travail opiniâtre. Nos séances étaient seulement ponctuées par les promenades qui nous emmenaient devisant, jusqu'à l'océan. C'est là que nous mîmes la dernière main au « rapport Germain ». Jean-Pierre Dordain, grand ingénieur, grand organisateur, excellent collègue de travail, jouait aussi avec les enfants de la maison, ce qui mettait une excellente ambiance.

Le texte fut remis au président de la République en 1980 sous le titre *Les Sciences mécaniques et l'avenir industriel de la France*. Le président Giscard d'Estaing nous déclara qu'il serait très attentif aux recommandations du rapport et qu'il s'inspirerait à coup sûr de certaines d'entre elles. Mais avant qu'il ait eu le temps de prendre quelque initiative que ce fût, il fut battu aux élections par François Mitterrand. Le rapport resta donc lettre morte.

« Monsieur Dautray,
pourquoi ne m'aime-t-on pas ? »

Du milieu des années 1970 à la fin de son mandat, les rencontres avec le président Giscard d'Estaing se répétèrent, si ce n'est fréquemment, du moins assez régulièrement. Il souhaitait en effet bénéficier de mes compétences en matière nucléaire et me recevait en tête à tête pour s'entretenir du parc des centrales électronucléaires ou des nouvelles formes d'armement nucléaire[3]. Lors d'un de nos rendez-vous, il me posa une question qui ne concernait pas les sciences et les techniques et qui me laissa interdit.

Nous venions d'achever notre conversation et de quitter son bureau. Fidèle à ses habitudes d'extrême politesse, le président me raccompagnait vers la sortie le long du mur donnant sur le jardin élyséen. Au rétrécissement d'une porte, je lui dis que je rentrais cultiver mon jardin, il s'arrêta alors, se tourna vers moi et, plantant ses yeux dans les miens, me demanda :

« Monsieur Dautray, vous qui dites de manière simple et lumineuse tant de choses profondes, expliquez-moi pourquoi les Français ne m'aiment pas ? Je parcours la planète et je vois que nombre de journalistes, d'hommes politiques ou d'industriels me témoignent de l'estime. Tenez, je reviens d'Asie du Sud-Est où on m'a réservé un excellent accueil. Là-bas, tous les hommes publics, les journalistes et la population semblent s'entendre fort bien. À mon retour, je ne trouve ici que critiques et acrimonie. Pourquoi ? »

J'étais bien évidemment incapable de répondre à une question aussi délicate. Comme d'habitude, je laissai le silence répondre à ma place.

Entrée dans la clandestinité

Un de ces entretiens eut sur ma vie quotidienne une influence profonde que le président fut loin de soupçonner.

C'était à l'époque où il était question, dans la presse, de la construction de la bombe à neutrons. C'était aussi le moment où des attentats extrémistes ensanglantaient l'Italie, la France et l'Allemagne. Comme il savait que je maniais constamment des informations sensibles, le président me demanda un jour quel moyen de transport j'utilisais à Paris. Lorsque je lui répondis que je me déplaçais en métro, il se récria :

« Comment ! Vous qui êtes un scientifique qui possède dans sa tête les informations confidentielles parmi les plus précieuses de la République, vous vous déplacez ainsi, sans protection ? »

Il est vrai que je prenais fréquemment le métro, avec quelquefois, des notes personnelles dans ma serviette.

Sa surprise fut presque immédiatement suivie d'effet. Quelques jours après notre entretien, je fus appelé par le directeur de la Direction de la sûreté du territoire. De façon fort affable, il m'expliqua que le directeur de cabinet du ministre de l'Intérieur lui avait demandé de me rencontrer pour qu'il prît toutes les dispositions nécessaires à ma protection. Il me proposa de venir me voir chez moi en fin de semaine. J'étais harassé de travail, de sorte que je demandai un délai et proposai un rendez-vous à son bureau.

Lorsque je me rendis rue des Saussaies, au siège de la DST, il me reçut très cordialement. Il fut également d'une complète franchise. À ses yeux, mes fonctions faisaient de moi une proie idéale pour un enlèvement par des services étrangers. Seulement une protection permanente n'était pas adaptée : « Si je vous attribue deux gardes, ils passeront la journée au bistrot, bavarderont nécessairement un peu et vous feront remarquer. Le mieux est pour vous d'essayer de passer inaperçu. C'est ce que je fais pour moi », m'expliqua-t-il.

Il me donna donc plusieurs recommandations. Tout d'abord, je devais veiller à ne laisser aucune photographie de moi circuler, ni dans l'annuaire de l'Académie des sciences, ni dans les journaux, ni dans aucun autre document. Ensuite, je devais faire en sorte que mon adresse personnelle fût absolument introuvable. Je devais même, selon lui, ne pas la donner à mes collègues ou à mes connaissances. Seuls mes proches et l'administration des impôts devaient la connaître.

J'acceptai sans regimber ces instructions et engageai toutes les procédures nécessaires. Cela fut particulièrement éprouvant : je dus faire disparaître mon adresse des annuaires et des fichiers des entreprises, rester évasif quand on me demandait mon adresse ou encore éviter d'apparaître aux séances de photographie des congrès et des réunions. Cette obligation de discrétion me permit de rester à l'écart des dirigeants de la comédie sociale, avec « une renommée paisible parmi mes pairs savants, au-dessous de l'éclat, dédaigné de l'envie et ainsi laissé au bonheur[4] » d'apercevoir, modestement, le dévoilement de ce monde magnifique. Cela me permit aussi de m'atteler au labeur, de contribuer de préparer, avec humilité, la France à un futur douloureux et tragique dans ce changement climatique et global. Je continuais ainsi à servir mon pays. La méditation, l'exploration scientifique ont besoin du silence du soir pour percevoir la charpente des idées essentielles de bases scientifiques sous la complication des faits observés.

Pour plus de sûreté, la DST me donna des papiers avec une autre adresse que la mienne, celle d'une entrée annexe du CEA, pour les livraisons. Cet anonymat forcé fut une espèce de retour à la clandestinité au cœur même de Paris.

Une moustache de circonstance

Parmi les précautions, certaines furent moins douloureuses.

Au lieu de m'attribuer une voiture officielle qui me ferait repérer à coup sûr, la DST me fit allouer par le CEA une petite automobile d'apparence banale toutefois munie d'un moteur puissant, mais de série, et mit à mon service un chauffeur qui fut ensuite spécialement et périodiquement entraîné à la conduite automobile des personnalités.

Comme je devais faire en sorte que personne ne fût en mesure de me reconnaître s'il me suivait ou me guettait, en utilisant des portraits antérieurs, le directeur de la DST me conseilla fermement de me laisser pousser la moustache. Pour l'annuaire de l'Institut, une photographie délibérément floue et sur laquelle j'étais glabre fut utilisée et je laissai ensuite une moustache abondante couvrir une partie de mon visage.

Mon épouse, d'un patriotisme à toute épreuve, laissa faire : certains secrets de la République méritaient qu'on les défendît, y compris à l'aide d'une moustache !

Elle écrivit sur son carnet de notes, que je retrouvai après sa mort, des décennies plus tard : « L'incognito exigé par sa situation, qui a été bien souvent une géhenne, a eu pour avantage majeur, de nous permettre de conserver un tête-à-tête un peu protégé de toute *social life* encombrante.

Nous nous sommes appartenus mutuellement et c'est infiniment rare à ce degré, avec le bonheur que cela nous a octroyé, à nous, qui chacun de notre côté, avions vécu des épreuves dramatiques, des deuils [5] si atroces et des déceptions si cuisantes. »

Saynète 24

HOMMES DE SAVOIR
ET ENJEUX DE POUVOIR

Une éminence grise

C'était l'été 1981. Les Français découvraient le socialisme de gouvernement, François Mitterrand, le pouvoir présidentiel et ses collaborateurs, les pompes de l'Élysée. Un jour que je travaillais à mon bureau du CEA, je reçus un appel téléphonique d'un conseiller technique du président de la République, un mathématicien de renom avec lequel j'entretenais depuis longtemps d'excellentes relations : « Nous devons nous voir au plus vite, me dit-il. Une affaire d'État, importante à l'extrême et particulièrement urgente, requiert vos compétences. »

Peu enthousiaste à l'idée d'abandonner mes travaux scientifiques pour me consacrer à un dossier comportant des aspects politiques, tout présidentiel fût-il, je me rendis dès le lendemain à l'Élysée. Il s'agissait, m'expliqua le conseiller technique, d'un ambitieux projet thermonucléaire destiné à produire immédiatement de grandes quantités d'énergie grâce à un nouveau dispositif de contrôle de la fusion thermonucléaire. La France n'était pas à l'initiative du programme scientifique, mais les hautes autorités françaises avaient reçu une proposition de participer à une entreprise existant déjà, dont un (ou des ?) laboratoire(s ?) était établi aux États-Unis.

Pour des raisons géopolitiques dans lesquelles je n'avais pas à entrer, la présidence de la République s'intéressait à cette affaire et souhaitait vivement la conclusion d'un accord. Mais le déblocage des crédits exigeait qu'on procédât à un examen scientifique préalable. Et c'était à moi qu'il incombait de porter une appréciation sur la viabilité de ce projet. Je cherchai immédiatement à décliner l'offre car je pressentais qu'on attendrait de moi un acquiescement servile et non un avis critique. À toutes mes protestations d'incompétence et à tous les prétextes que j'invoquai pour me dérober à ce travail, le conseiller technique du président me répondit inlassablement que mon expertise, ma discrétion et ma neutralité politique me désignaient entre tous pour évaluer ce programme. Il ajouta qu'il ne ferait jamais pression sur mon opinion scientifique.

Pour vaincre mes dernières réticences, il me conduisit chez un autre conseiller très proche du président, que je connaissais également comme ancien disciple en économie mathématique de mon professeur Jean Ullmo.

Dans un monologue brillant, au milieu de mille amabilités et de propos montrant l'importance attachée à cette affaire élyséenne, ce conseiller me précisa qu'il attendait de moi une garantie scientifique *indépendante*.

Les pires de mes pressentiments se confirmèrent lorsqu'on me communiqua le dossier scientifique du programme. Ce n'était que généralités vagues et informations parcellaires. Si bien que formuler un avis sur sa fécondité scientifique m'était impossible. C'est ce que j'indiquai immédiatement au conseilleur technique du président Mitterrand. Mais il ne me laissa pas en paix pour autant : il tint à me faire rencontrer les responsables américains du projet, qui devaient venir à Paris pour s'entretenir avec lui et l'autre conseiller. Ils me fourniraient, pensait-il, toutes les précisions nécessaires à la rédaction d'un rapport détaillé. La réunion devait se tenir dans une banlieue résidentielle de Paris.

C'est ainsi que, quelques jours plus tard, je franchis le haut portail en fer forgé d'une propriété de l'État en région parisienne. Un domestique parfaitement stylé, aux gestes mécaniques et au regard étrangement fixe, me conduisit à la villa où devait se tenir la réunion. Le conseiller technique du président, suivi d'une cohorte d'Américains et de Jules Horowitz, arriva peu de temps après moi et nous nous installâmes, pour la journée, dans une vaste salle de réunion.

La matinée se passa en exposés aussi alléchants que vides de contenu. Autour d'une immense table, des scientifiques américains s'efforcèrent tour à tour d'emporter mon adhésion sans pour autant me livrer quelque détail positif que ce fût. Seule l'apparition régulière d'un buffet raffiné venait rompre la monotonie de ces inutiles comptes rendus et de ces discussions vaines. Tout dans cette maison semblait obéir à des rouages parfaitement ajustés : les mets et les domestiques apparaissaient dès que nous esquissions un souhait et ils disparaissaient dès que nos conversations reprenaient. Cette réunion s'acheminait, je le sentais bien, vers le même résultat que mes premiers entretiens à l'Élysée : un flou peu propice à la formulation d'une recommandation positive.

Mes questions commençaient à se tarir et mes interlocuteurs à se lasser, lorsque, sans se faire annoncer, vers la fin de l'après-midi, le conseiller très proche du président François Mitterrand fit son entrée et gagna sans hésiter la place d'honneur qu'on lui céda immédiatement. De moi, de mes préoccupations scientifiques et de mes requêtes techniques, il ne fut plus question. Je disparus littéralement aux yeux de mes interlocuteurs et gagnai progressivement le bas bout de la table, englouti avec bonheur dans l'indifférence générale.

Le conseiller du président se lança dans une tirade éblouissante, truffée de distinguos subtils et débitée sur un ton qui n'admettait aucune réplique. Puis il se jeta à corps perdu dans une discussion sur le montant de la contribution financière de la France au projet dont nous nous entretenions depuis le matin. J'appris alors que les sommes en jeu étaient très élevées : il s'agissait tout uniment de centaine de millions de dollars, à ce que je crus comprendre.

Pendant ce temps, Jules Horowitz garda un air sévère et ne dit pas un mot.

Accaparés par leurs âpres négociations, tous, heureusement, m'oublièrent, aussi bien les hommes du président venus recueillir mon avis scientifique que les hommes de Washington venus obtenir mon soutien. À la faveur de cette amnésie collective, je pus regagner mon obscurité familière et attendre, réfugié en moi-même, la fin de ce mémorable symposium.

« C'est un ordre du président ! »

Quelque temps plus tard, à la demande du conseiller technique du président, je me rendis à l'Élysée pour lui rendre compte de l'avis que je n'avais pas eu l'occasion de lui donner lors de la séance à la villa. Il ne voulut l'entendre qu'en présence de l'homme de confiance de François Mitterrand. Sans céder à leurs instances, je m'en tins à ma position : ni les documents que j'avais examinés ni les explications que j'avais reçues ne me permettaient de donner une approbation à l'aspect scientifique de ce projet. Et je confirmai à l'envie ce diagnostic dans un rapport écrit. J'oubliai aussi vite que possible ces rendez-vous sans résultats et ces réunions sans fruits et retournai à mes travaux au CEA. J'espérais être définitivement débarrassé de cette délicate affaire : mon abstention réitérée devait, croyais-je alors, faire comprendre aux hommes du président qu'ils n'obtiendraient pas de moi de blanc-seing scientifique.

C'était sans compter sur leur opiniâtreté.

Je reçus en effet, quelques jours après, un nouvel appel de l'Élysée. Les laboratoires affectés à ce projet m'attendaient à La Jolla, au nord de San Diego, en Californie. Là, je pourrais recevoir toutes les réponses que j'avais demandées en vain jusqu'ici. Il était en effet convenu que j'aurais accès à toutes les installations, à tous les personnels et à tous les documents du centre. Derechef, mais sans grand espoir, j'essayai d'échapper à ce que je commençais à considérer comme mon rocher de Sisyphe : j'arguai de mon incompétence, invoquai l'impérieuse urgence de mes travaux au CEA, et proposai qu'on me remplaçât par un physicien spécialiste de la fusion contrôlée que je nommai et recommandai. En un mot, j'essayai de m'abriter derrière tous les prétextes possibles pour n'être pas contraint à rendre un troisième avis négatif. Je répugnais en effet à rompre en visière avec l'Élysée, non par pusillanimité mais par souci d'éviter d'inutiles conflits entre le CEA et la présidence. Voyant que je cherchais à me dérober, le conseiller technique du président se fit alors comminatoire : « Considérez cela comme un ordre du président ! », me dit-il pour couper court à tout faux-fuyant.

Je gagnai La Jolla, une contrée de soleil et de mer où le Paradis terrestre renaissait avec chaque jour. Des milliardaires à la retraite y avaient bâti, de leur vivant, leurs Champs-Élysées. Ils peuplaient d'immenses demeures au luxe inouï, se promenaient nonchalamment le long de plages magnifiques, se distrayaient et se rencontraient dans de superbes golfs.

Dès mon arrivée, je dînai avec le responsable scientifique du centre de recherche dans la villa fastueuse que ses larges émoluments lui avaient permis de se procurer. Il avait longtemps travaillé au Naval Research Laboratory. C'était un scientifique de grande valeur et un compagnon fort agréable, de sorte que nous nous liâmes d'amitié immédiatement. Il guida mes premiers pas dans le centre de recherche et me laissa ensuite toute latitude pour me forger une opinion sur les recherches qu'il conduisait.

Tout, dans ce centre, manifestait la richesse des dotations qui lui avaient été octroyées : les installations étaient idéales et les technologies employées, extrêmement avancées ; les chercheurs étaient tous réputés, les techniciens, tous excellents. Un pays de cocagne se dévoilait à mes yeux, en un mot : la Californie !

Comme j'établis avec eux des relations amicales, ils s'empressèrent de répondre à mes questions et de me fournir les documents que je demandai. Que de surprises me réservaient ces entretiens et cette enquête ! Ils me révélèrent que j'étais tombé au centre d'un imbroglio scientifique (et peut-être politique ?).

Je saisis d'abord que ma présence avait, aux yeux de mes hôtes américains, valeur d'inauguration. Tous pensaient qu'un accord financier avec la France était en bonne voie et que j'étais venu poser les premières pierres d'un partenariat. Je compris aussi qu'ils étaient persuadés de contribuer à la construction d'un dispositif dont le plan était détenu par un autre laboratoire. Ils élaboraient avec enthousiasme des joyaux technologiques dont ils ignoraient la finalité, c'est-à-dire la conception scientifique d'ensemble.

Au fil de mes conversations avec les responsables du programme, j'appris également que le siège de la société qui finançait le projet était basé dans une île en dehors des États-Unis, que son chef était en voyage et que l'un des actionnaires n'était autre que le propriétaire du journal *Penthouse*. De sorte que les scientifiques du laboratoire de Livermore avaient officieusement baptisé leur projet *Pornotron*.

Un de mes interlocuteurs scientifiques du laboratoire me laissa entendre que ce projet de réalisation d'énergie thermo-nucléaire civile avait pour un des principaux actionnaires un des financiers prépondérants d'un troisième pays. Ce financier n'aurait consenti à soutenir un parti politique de son pays, que si celui-ci obtenait de la France qu'elle participe à ce projet.

Je menai une enquête technique et scientifique extrêmement minutieuse sur les travaux de ce laboratoire afin de couper court à toute demande ultérieure de la part de l'Élysée. Et, de retour en France, je rédigeai un rapport qui concluait à la faiblesse du projet : il reposait sur des bases scientifiques nettement insuffisantes. Je conseillai donc à l'Élysée de ne pas lui apporter son soutien, du moins tant qu'un avant-projet scientifique, plus solide et plus complet, avec des bases expérimentales, détaillées, ne lui aurait pas été soumis. Je remis ce rapport aux hommes du président et je ne fus plus jamais consulté sur ce programme.

Un si petit monde

Je n'en continuais pourtant pas moins à entretenir de bonnes relations aussi bien avec le conseiller technique de la présidence qu'avec le conseiller proche du président qui n'était pas parvenu à me soutirer l'*exeat* scientifique dont il avait peut-être besoin.

Mais l'obtinrent-ils aisément d'un autre ? Au détour d'un entretien, un collègue physicien, professeur à l'université d'Orsay que je connaissais fort bien et que je voyais fréquemment[1], pour nos travaux communs, m'apprit spontanément en souriant qu'on lui avait remis le dossier scientifique que j'avais élaboré et qu'il était en charge de la suite de cette réflexion scientifique. Comme à mon habitude, je ne répondis rien.

La réception du sphynx

Je rencontrai à quelques occasions le président Mitterrand. L'une d'entre elles frappa mon esprit et reste encore vive dans ma mémoire.

C'était au milieu des années 1980. L'expression – fort maladroite – d'« effet de serre » commençait alors à se répandre dans les journaux. Certains hommes politiques commençaient eux aussi à évoquer le sujet, de sorte que l'Élysée demanda à l'Académie des sciences d'expliquer au président Mitterrand de quoi il s'agissait.

Comme j'avais dirigé la rédaction du rapport de l'Académie sur la question, j'étais tout désigné pour cette mission. Le bureau de l'Académie me proposa de m'accompagner chez le président. J'acceptai et nous nous rendîmes en délégation à l'Élysée sous la conduite de Jean Hamburger, alors président de l'Académie des sciences.

Nous fûmes reçus par François Mitterrand dans un des salons qui jouxtaient son bureau. À ma grande surprise, il se montra froid et sec. Il ne nous accorda aucun regard et resta presque muet et avec un visage sévère, sur son canapé. Il avait sans doute ses raisons : dès que j'eus fini mon exposé sur l'effet de serre, Jean Hamburger prit la parole et lui demanda son appui. Son dessein était de construire une grande salle de conférences dans les sous-sols de l'Institut. Il demanda au président d'inclure ce chantier dans le programme de grands travaux qu'il exécutait alors. Redoublant de méfiance, le président Mitterrand demanda des précisions, puis resta évasif. Je compris alors que la présidence était sur ses gardes, même quand elle recevait une délégation de l'Académie des sciences de l'Institut de France. La « posture de sphinx » était un moyen de défense assez naturel.

PARTIE 4

Éclairer et protéger

DE LA CONSTRUCTION À L'EXPERTISE

L'adieu aux armes ?

Après des décennies de bons et loyaux services, je quittai la Direction des applications militaires en début 1991, à la suite de ma nomination au poste de directeur scientifique du Commissariat à l'énergie atomique.

Pour autant, je ne rompis pas complètement avec le monde du nucléaire militaire : mon adieu aux armes ne fut que provisoire. La charge de haut-commissaire à l'énergie atomique, qui me fut confiée quelque temps plus tard, en 1993, comportait en effet la mission de veiller à la sûreté et la radioprotection des activités nucléaires concourant à la Défense nationale française. Mais mes nouvelles fonctions me permirent, dans les secteurs de la recherche fondamentale et de la recherche appliquée à objectifs civils, de déployer mes activités dans un cadre beaucoup plus large et bien plus souple et, en même temps, au plus proche des chercheurs.

Une perspective d'ensemble

En dépit de leurs différences, les deux charges, directeur scientifique du CEA, puis haut-commissaire à l'énergie atomique, qui me furent confiées durant les années 1990 ont, à mes yeux, les mêmes caractéristiques. Dans un cas comme dans l'autre, il s'agissait d'offrir l'expertise que j'avais acquise dans les domaines du nucléaire où j'avais œuvré et me servir des analogies que j'y avais trouvées avec le reste de la recherche scientifique et technique.

Les travaux et les missions que j'avais menés, celles qu'on m'avait confiées, les fonctions que j'avais remplies et les amis comme Horowitz, Yvon, Étienne Roth[1], John Emmett, Herbert Agnew[2], etc. m'avaient donné un point de vue unique sur le nucléaire. Je connaissais au niveau le plus détaillé aussi bien de nombreux domaines du nucléaire militaire que du nucléaire civil, du nucléaire français que de celui des puissances occidentales. Mais, surtout, je maîtrisais à la fois les questions de recherche fondamentale touchant le nucléaire et les aspects techniques et de fabrication de ces activités.

En un mot, j'avais sur le nucléaire une perspective à la fois détaillée et générale, précise et englobante, et surtout, enraciné dans les diverses durées pertinentes. Chaque mot réveillait en moi une expérience concrète, sur le terrain du laboratoire, de l'atelier, de l'usine pilote et de l'industrie.

L'honneur qu'on me fit en me confiant ces charges durant les années 1990 m'incita à penser que je devais à mon pays et à mes compatriotes de les éclairer sur leur situation présente.

Fidèle en cela à la tradition de l'Académie des sciences, j'étais persuadé que l'ignorance était le plus grand des périls qui guettaient la France. Éclairer la population – savante ou profane – sur le nucléaire, c'était déjà commencer à la protéger.

Petites désillusions

Durant les années où j'exerçai les responsabilités de directeur scientifique, puis de haut-commissaire, je perdis plusieurs de mes illusions.

À mon grand regret, je me rendis progressivement compte que les gouvernants, leurs administrations et autres hautes autorités sont bien souvent pusillanimes : en matière de nucléaire, ils se résignent rarement à prendre des décisions et privilégient la plupart du temps la temporisation. Cela peut durer de nombreuses années et rendre impossibles des orientations importantes lorsqu'elles sont assorties d'un délai trop élevé.

La défaveur et l'absence de diffusion auxquelles certains de mes rapports et de mes notes se heurtèrent m'apprirent également que certains des chefs de file du monde du nucléaire et de la science, devant se défendre contre des accusations issues de fantasmes, qu'ils considéraient comme non fondées, se sentaient devenus des victimes et donc privilégiaient leur défense plutôt que celle du public. Certains organismes en arrivaient ainsi à défendre sciemment leurs intérêts particuliers au détriment de l'intérêt général.

Je l'expérimentai personnellement. Un homme politique régional de haute stature vint me voir à propos d'une installation nucléaire dans son fief. Il voulait publier un communiqué commun pour en souligner l'importance nationale et scientifique. Je lui représentai les problèmes de radioprotection qui devaient être plus approfondis avant de se prononcer. Quand la réunion fut terminée et que chacun se dispersa, se trouvant un instant en tête à tête avec moi, il me dit : « Vous, mon petit bonhomme (et c'était vrai qu'il était de très haute taille), je vous ferai sauter. » Le lendemain, le communiqué souhaité parut dans la presse.

Rencontrant un vieil ami sénateur, il me parla d'une réunion parlementaire préparée pour critiquer telle position d'autres hautes autorités du pays sur Superphénix et avancer des arguments. Je lui dis que ce n'était pas si simple, et qu'il fallait examiner tous les divers aspects, ce qui avait été fait très à fond par le rapport de la commission présidée par le professeur Raimond Castaing, excellent rapport commandé par des ministres d'un gouvernement du passé en 1994, daté du 20 juin 1996, que les ministres concernés de l'époque n'avaient pas rendu public, quoique ce soit la meilleure étude sur le sujet. Peut-être, pour cette raison, le nom du haut-commissaire à l'énergie atomique, seul parmi les experts envisagés pour ce débat à connaître l'histoire scientifique exhaustive, détaillée, au niveau scientifique le plus fondamental, depuis avant le lancement du projet, disparut de la liste des participants.

UN DIRECTEUR SCIENTIFIQUE
POUR LE CEA

Un nouveau poste au CEA :
directeur scientifique

Au début des années 1990, alors que j'étais directeur scientifique de la Direction des applications miliaires, je fus contacté par un proche collaborateur de l'administrateur général du Commissariat à l'énergie atomique.

L'administrateur général, me confia son collaborateur, déplorait que les hauts responsables du CEA fussent trop souvent des gestionnaires[1]. Il regrettait que peu de scientifiques de haut niveau, reconnus internationalement par leurs pairs et ayant passé leur vie professionnelle dans les divers domaines du CEA, figurassent parmi eux. En conséquence, l'administrateur général du CEA avait formé le projet de créer un poste de directeur scientifique. Celui-ci aurait pour charge de veiller à la politique scientifique du CEA.

Le collaborateur[2] de l'administrateur général me précisa, très honnêtement, qu'on avait déjà proposé ces nouvelles fonctions à de nombreuses personnes du plus haut calibre scientifique. Toutes avaient décliné, car le poste n'était doté que de moyens réduits.

Le collaborateur de l'administrateur général me proposa néanmoins d'occuper ce poste. Je considérai comme de mon devoir d'accepter. Personnellement, j'aurais préféré me consacrer aux intérêts scientifiques propres à mes activités à l'Académie des sciences. Mais j'étais hautement conscient des risques que courait un nucléaire français dépourvu d'un pilote scientifique, au sens où j'avais exercé cette mission à la DAM. J'avais une vision claire des drames qui pouvaient devenir la réalité du futur, pour ce qui était des déchets, des isotopes du plutonium et de leurs descendants, de l'optimisme des délais de réalisation des applications industrielles de la fusion thermonucléaire que forgeaient les passionnés de la fusion, de la généralisation de la prolifération, de la pénurie de carburants, des conséquences climatiques de l'effet de serre, des besoins de la radiobiologie et de l'épidémiologie, etc. Pour tout cela, il fallait créer des outils, dont une science active des matériaux et donc des réacteurs d'essai et des laboratoires d'examen, avec leur instrumentation. J'avais d'ailleurs écrit tout cela dans divers textes. Horowitz me disait qu'il fallait remettre à plat le nucléaire de fission et ramener la fusion thermonucléaire par confinement magnétique en France aux réalités scientifiques et techniques.

Pour affronter les défis du nucléaire, il fallait prendre de courageuses et vigoureuses initiatives et rassembler toutes les compétences disponibles.

Nécessaires bilans

À peine nommé, je fis de nécessité vertu. J'entrepris en effet, comme je l'avais fait pour la Direction des applications militaires, de doter le Commissariat à l'énergie atomique d'une politique scientifique dynamique et cohérente.

Ma première préoccupation fut de synthétiser la culture scientifique du CEA. Après des décennies d'activité, celui-ci se devait de faire le bilan de ses connaissances, de ses spécialités et de ses savoir-faire. Je commandai donc de multiples rapports de synthèse, dont certains étaient à mes yeux capitaux pour donner au CEA un nouvel élan scientifique.

Le CEA ne pouvait développer ses activités de recherche de façon harmonieuse sans s'appuyer sur une synthèse des connaissances concernant les noyaux atomiques, ce qu'on appelait l'*évaluation des constantes nucléaires*. Je fis donc réaliser une récapitulation de toutes les mesures et de toutes les études du CEA sur les noyaux atomiques et ceci dans les diverses instances internationales auxquelles le CEA participait.

Il fallait également établir un inventaire des activités du CEA en matière de *chimie* : ce point était particulièrement important dans la mesure où le traitement des déchets nécessitait le recours à des procédés de *séparations chimiques* et d'incorporation dans des matrices. De plus, la tenue des *matériaux* en irradiation dans un réacteur nucléaire faisait appel à une physico-chimie complexe.

Je tentai enfin de faire réaliser un bilan sur le *plutonium* et les *actinides*. Cette initiative bouscula tant les habitudes de certains hauts responsables du CEA que je dus procéder à une atténuation du nom du rapport de bilan.

Nouveaux caps

Je ne me contentai pourtant pas de commander des études de synthèse. Je fixai également plusieurs nouveaux caps aux travaux du CEA.

Je créai tout d'abord une mission sur l'*environnement*, afin de voir quel rôle pouvait jouer le CEA concernant l'accroissement de l'*effet de serre* et le réchauffement climatique. Les travaux remarquables de Jean Jouzel sur les carottes glacières extraites de la glace du Groenland et d'un forage dans le continent antarctique m'avaient en effet passionné et alerté. Grâce aux bulles d'air piégées dans les glaces bien des centaines de millénaires[3] auparavant, nous pouvions connaître la composition et la température de l'atmosphère avant que les activités humaines ne les transformassent. L'analyse des carottes glacières nous indiquait que des réchauffements d'ampleur aussi élevée que le réchauffement en cours avaient eu lieu dans le passé, mais que la nouveauté était sa rapidité. Les effets climatiques pouvaient devenir plus fréquents, plus intenses, plus longs, se déplacer vers de nouvelles zones géographiques, avec leurs conséquences sur les divers aspects de la biosphère et donc des sociétés humaines.

Parallèlement à l'étude de l'environnement, je ranimai très vivement les études de *santé* et *radioprotection*, en *radiobiologie* et en *épidémiologie* du nucléaire. Il était en effet capital de comprendre l'impact de la radioactivité sur les organismes vivants et sur les populations humaines. Avec l'aide précieuse de collègues du Vivant[4], je fis en sorte que le CEA se préoccupât désormais beaucoup plus de la radiobiologie, non seulement au niveau des tissus et des organes, mais aussi à celui de la cellule et des lésions de l'ADN[5], de l'épidémiologie des maladies, et des éventuels effets héréditaires que le nucléaire pouvait causer parmi les hommes.

Je m'attelai avec fermeté, rigueur et exigence à la recherche de solutions définitives pour la *gestion des déchets nucléaires* et des *isotopes du plutonium* et *autres actinides*. Une des composantes de la garantie de la sécurité des Français, tant des travailleurs que des populations concernées, serait la conception, la fabrication, les essais, la fermeture de conteneurs qui resteraient étanches aussi longtemps que nécessaire (je visais 10 000 ans au minimum, comme le recommandait la National Academy of Sciences des États-Unis et les autorités de Suède, pour leurs éléments combustibles usés).

J'essayais, avec l'aide constante et infiniment compétente de Horowitz, alors en retraite mais conseiller auprès du haut-commissaire, d'orienter les travaux de *fusion thermonucléaire par confinement magnétique*, comme le JET et ITER (*Joint European Torus* et *International Thermonuclear Experimental Reactor*) vers une vision palpable et concrète des travaux futurs et des difficultés réelles pour arriver, par une collaboration internationale, à un réacteur capable de production industrielle d'énergie. Dans tous ces projets, la France était représentée par l'Union européenne ou à travers le traité d'Euratom. Je me heurtais à tous les intérêts en course. Aucun problème scientifique ne put arriver jusqu'à un texte signé par un responsable. J'appris à connaître certaines des coteries de Bruxelles dans le pire de leurs rôles, la rétention de l'information scientifique.

Une politique scientifique pour le CEA

En raison de la petite étendue de mes pouvoirs, je fus contraint de mener ces initiatives[6] sans en demander l'autorisation. Mais j'en informais immédiatement Guy Paillotin, l'administrateur général adjoint sur lequel je pouvais compter à tout moment. Je bénéficiais du privilège d'avoir Guy Paillotin comme interlocuteur quotidien, toujours disponible pour moi, avec son talent éminent de voir instantanément le point scientifique le plus important, les obstacles pour faire avancer nos travaux le concernant, le moyen de contourner ces obstacles et de se mettre immédiatement au travail. J'étais également en contact permanent avec toutes les équipes scientifiques et techniques du CEA depuis toujours, comme un poisson dans l'eau. Bien auparavant, lors d'un déjeuner avec des représentants de toutes les directions du CEA, l'administrateur général de l'époque, Pecqueur, avait constaté à haute voix : « Dautray est le seul totalement miscible avec le reste du CEA. »

Je pus élaborer un projet scientifique au service de la population française. Dresser des bilans exhaustifs et fixer des caps scientifiques clairs, voilà qui pouvait contribuer à doter le CEA de perspectives de travail dynamiques, efficaces et cohérentes.

Guy Paillotin disait à un de ses interlocuteurs devant moi : « J'observe avec curiosité ce que Dautray a fait et continue d'ouvrir comme chantiers nouveaux. Je vois qu'il se saisit avant tout des dossiers de l'électronucléaire de puissance et de tout ce qui lui est lié. »

Mais je n'étais pas invité aux réunions du CEA avec ses partenaires, comme EDF ou Cogéma, etc., ni même informé de leur existence par les directeurs concernés : ma seule information officielle était le conseil de direction hebdomadaire où les directeurs de secteurs opérationnels ne parlaient pas des problèmes scientifiques importants. Je ne recevais pas non plus les rapports des directions. Néanmoins, je savais que l'administrateur général, Philippe Rouvillois, homme juste et intègre, faisait ce qu'il pouvait pour m'appuyer auprès des baronnies qui, elles, cadenassaient tout accès aux réunions importantes et plus généralement à l'information écrite.

Mais cette situation était finalement une bénédiction. Je n'avais aucune contrainte de temps ou de fonction. J'allais m'entretenir avec les chercheurs, dans leurs laboratoires[7]. En un mot, je ne m'occupais que du travail des techniciens et étais bien loin des discussions des chefs et de leurs enjeux de pouvoir.

Saynète 26

RESPONSABILITÉS LARGES
ET MOYENS LIMITÉS

Un scientifique du CEA,
haut-commissaire à l'énergie atomique

En 1993, le mandat du haut-commissaire parvint à son terme. Compte tenu des désirs de ce dernier, le gouvernement, dirigé à ce moment-là par un nouveau Premier ministre, commença à lui chercher un successeur. On envisagea de confier ce poste à un ancien scientifique ayant quitté la recherche depuis longtemps pour exercer de hautes fonctions de gestion de la science. Néanmoins, aux yeux de tous les scientifiques, qu'ils fussent de l'Académie des sciences ou du Commissariat à l'énergie atomique, il était absolument nécessaire de nommer un scientifique actif. Nombre de mes collègues estimaient que j'étais tout désigné pour remplir ces fonctions.

Cette année-là, au printemps, j'atteignis moi-même soixante-cinq ans, âge de la retraite pour un fonctionnaire français. Je terminai donc mon enseignement à l'École polytechnique, comme le plus ancien du corps enseignant. On me remit une deuxième épée d'élève. Plus que jamais je souhaitais m'adonner uniquement à mes travaux scientifiques. Pourtant, je fus sondé à l'automne par des conseillers techniques de Matignon comme de l'Élysée. Comme à l'accoutumée, on m'interrogea sur le mode hypothétique : « Si on vous le proposait… accepteriez-vous ? »

Encore une fois, je me sentis obligé d'accepter. J'étais conscient que cette place serait à la fois particulièrement exposée et singulièrement limitée dans sa force d'action. Mais j'avais la conviction que je pourrais encore rendre service à mon pays, en contribuant à la protection de l'avenir de ses citoyens. En outre, je savais que j'étais bien préparé pour remplir cette fonction puisque les bases scientifiques des travaux du CEA avaient déjà été maniées par moi, tout le long de ma vie professionnelle.

Grandeur et décadence d'une charge

Je reçus la charge de haut-commissaire à l'énergie atomique par devoir. Je la reçus surtout en peau de chagrin.

Contrairement à ce que pourrait laisser penser sa relative absence de notoriété institutionnelle, la charge de haut-commissaire avait, un temps, été très importante dans l'organigramme de la République.

Elle avait été créée par le général de Gaulle, en parallèle avec celle d'administrateur général du CEA. Le gouvernement du général avait imaginé, pour cette toute nouvelle administration, une direction bicéphale : l'administrateur général était en charge de la gestion du CEA et le haut-commissaire était, lui, originellement, le garant de la science et de la sécurité nucléaire de la France. Le premier haut-commissaire avait été Frédéric Joliot-Curie : celui-ci avait, dès les années 1940, lancé des recherches fondamentales non seulement en physique nucléaire, mais aussi en matière d'action des rayonnements sur les organismes. Son but, pour ce dernier objectif, était d'utiliser le nucléaire pour mieux connaître les êtres vivants et pour mieux soigner les hommes, en somme de développer ce qui devint une médecine nucléaire, mais aussi de protéger les hommes, travailleurs et populations contre les effets néfastes des irradiations, volontaires (radiothérapies par exemple) ou involontaires.

La charge de haut-commissaire à l'énergie atomique avait connu un grand affaiblissement durant les années 1970. André Giraud, un des administrateurs généraux les plus actifs et les plus influents de l'histoire du CEA, estima alors que ce dernier devait adopter le fonctionnement d'un groupe industriel. Les rênes devaient, selon lui, être fortement tenues par une seule personne : l'administrateur général. Il fit donc en sorte que la direction du CEA ne fût plus collégiale : il fut à l'origine d'une loi qui marginalisa considérablement le haut-commissaire. D'après les nouvelles dispositions législatives, celui-ci n'était plus que le conseiller de l'administrateur général. Il avait toujours pour domaine de compétence le nucléaire civil et le nucléaire militaire. Mais il ne disposait en fait plus que d'une magistrature d'influence, pas de prérogatives réelles. En l'absence de délégation ministérielle, il était réduit, pour une large part des activités du CEA, à une fonction consultative. Ceci est beaucoup si le haut-commissaire dit le vrai en sciences, en sécurité et en radioprotection, avec force preuves expérimentales. Mais les directeurs de grands secteurs scientifiques et techniques ne perdirent pas leur temps à l'informer ni à s'entretenir avec lui des travaux de leur direction.

De plus, le CEA perdit peu à peu nombre de ses fonctions historiques : il délégua à des filiales ou à des entreprises – publiques puis privées – la conception du parc de centrales électronucléaires, la fabrication des éléments combustibles, la séparation chimique des éléments combustibles irradiés, la fabrication, la vente et l'entretien des radio-isotopes, les recherches minières ou encore l'exploitation des mines d'uranium, etc.

Pour toutes ces raisons – et sans aucun doute pour d'autres encore –, la charge de haut-commissaire cessa peu à peu d'occuper une place centrale dans le paysage mental des hommes politiques et des simples citoyens français. En raison de l'importance du nucléaire en France, il aurait pourtant dû avoir un rôle important et visible.

Les devoirs sans les moyens d'action

Quels étaient les missions et les pouvoirs du haut-commissaire lorsque j'accédai à cette responsabilité ?

Membre de beaucoup des conseils supérieurs du Commissariat à l'énergie atomique, le haut-commissaire était en particulier président du conseil scientifique du CEA et président[1] du conseil scientifique de l'Institut de protection et de sûreté nucléaires, mais, dans les deux cas, il s'avéra impossible d'y discuter des grandes orientations scientifiques du CEA, faute de documentation bien faite disponible.

La loi donnait au haut-commissaire la charge de se saisir de tous les problèmes scientifiques concernant la protection des Français contre les radiations et, pour cela, de participer aux comités qui en traitaient. Mais s'il avait des devoirs, le haut-commissaire n'avait pourtant que de faibles moyens d'action.

Le haut-commissaire voyait en effet l'essentiel du nucléaire français lui échapper, puisque les activités nucléaires principales étaient sorties du CEA et passées à diverses entreprises qui n'avaient aucun lien légal avec le haut-commissaire : celui-ci était dans la situation paradoxale de répondre de la sécurité du nucléaire militaire, d'avoir la responsabilité de se saisir des problèmes de sécurité civils, mais de ne pas recevoir les informations spontanément. Pire, quand il les demandait, il ne les recevait pas toujours. Ainsi ai-je réclamé pendant toute la durée de mon mandat le cahier des charges, la description et les essais subis par les conteneurs des déchets de haute radioactivité vitrifiés, demandes faites dans les réunions les plus officielles, en présence de parlementaires, sans jamais obtenir que des réponses dilatoires ou des mots vagues de la part de l'organisme concerné.

À peine entré en fonction, et grâce aux excellents conseils de Christian Michaud que je pris pour diriger l'équipe de contrôle de la sûreté nucléaire à objectifs de Défense nationale, je demandai que le haut-commissaire ait une délégation émanant du ministre de la Défense dans le domaine de la sûreté et de la radioprotection. Au bout de plusieurs années, j'obtins que le texte de cette délégation soit entériné, mais pas à temps pour moi-même. Toutefois, mais, dans le texte, le législateur enleva le mot de haut-commissaire et le remplaça par une personne que les hautes autorités pouvaient désigner elles-mêmes.

Pour que le haut-commissaire puisse exercer ses fonctions, il eût fallu en outre qu'il devînt, dans les textes définissant ses missions, conseiller scientifique du Premier ministre. Espérons que ceci sera fait dans le futur. Pendant mon mandat, je le fus de fait dans tous les cas, sauf un, avec en l'occurrence des conséquences malheureuses pour le pays, aujourd'hui encore.

Une nouvelle politique de protection

Les prérogatives juridiques d'une charge ne sont pas tout ; l'activité de celui qui l'occupe peut modifier en profondeur sa puissance réelle.

Dans cet esprit, j'entrepris d'accroître les compétences à ma disposition sans attendre les modifications juridiques que j'avais demandées. Je m'engageai dans une politique scientifique très active, dans la lignée des initiatives que j'avais prises comme directeur scientifique du CEA. Je voulus mettre le nucléaire français en phase avec les développements les plus récents de toutes les sciences concernées, avec les nouvelles phases du développement du nucléaire civil (gestion des déchets, isotopes du plutonium et leurs descendants, etc.), en tenant compte des préoccupations légitimes de la société.

Certains groupes sociétaux et des responsables politiques étaient réticents à l'égard du nucléaire pour des questions de sûreté et de sécurité, ou de doute sur l'avenir de corps radioactifs. Pour réconcilier tous les Français avec le nucléaire, il fallait donc montrer que des dispositifs de protection efficaces étaient en place ou à l'étude.

À mes yeux, le nucléaire français pouvait encore très largement améliorer ses dispositifs de protection s'il déclinait ses actions selon plusieurs dimensions. Il fallait protéger les générations présentes et les générations futures ; il fallait protéger non seulement les personnes mais aussi leurs sources de subsistance et donc leur environnement : le nucléaire français se devait d'avoir une approche élargie dans l'espace géographique français. Il fallait enfin mettre à la disposition de la population française et des décideurs publics tous les instruments techniques de connaissance. Les citoyens devaient disposer des moyens de vérification des propos qu'on leur tenait, dans le cadre démocratique existant.

J'espérais qu'ainsi on pourrait renouer un dialogue serein, si nécessaire pour des choix qui, bien qu'apparemment scientifiques et techniques, contiennent toujours des composantes extérieures à ces domaines.

Des bristols comme capteurs

Lorsque je pris mes fonctions, je rassemblai autour de moi une équipe soudée et la complétai par un réseau de chercheurs restés dans leurs laboratoires. Pendant toute la durée de mon mandat, je les bombardais quotidiennement de questions : j'écrivais mes interrogations sur des bristols que je faisais transmettre à tous les membres du CEA. J'en écrivais parfois jusqu'à plusieurs dizaines par jour : j'inondais littéralement de bristols tous les services et tous les laboratoires.

Comme ils recevaient souvent des réponses précises, ces bristols constituèrent autant de capteurs disposés à travers tout le nucléaire français. Les fonctions de haut-commissaire exigeaient en effet d'avoir toujours en tête non seulement des principes généraux et des objectifs globaux, mais aussi des faits particuliers et des données très précises.

L'activité de mon réseau de correspondants me permettait d'être bien informé des questions scientifiques. La réciproque se déclenchait. Des scientifiques me demandaient de les voir pour s'entretenir de tel ou tel de leurs problèmes, attirer l'attention des décideurs sur certaines orientations scientifiques, prodiguer des encouragements ou même simplement manifester de l'intérêt soutenu. À juste titre, dans toutes les équipes du CEA, les chercheurs voulaient être identifiés et reconnus.

Physicien et scientifique, toujours

Comme la tradition l'exigeait, mon équipe et moi-même nous installâmes au siège du CEA. Je fis immédiatement remplacer l'ameublement Louis XV de ces immenses bureaux par un mobilier plus modeste. Je tenais en effet à ne pas modifier d'un pouce mon mode de vie : scientifique j'étais, scientifique je resterai, même si j'avais été élevé à une dignité en apparence éminente. Je me tins à ma routine quotidienne, redoublai d'effort au travail et évitai soigneusement toutes les réceptions auxquelles était traditionnellement convié le haut-commissaire, que ce fût les dîners, les réceptions pour des motifs divers, dont celles des ministères et des ambassades, la *garden-party* de l'Élysée, le 14 juillet, etc.

Je me refusai également à nouer quelque alliance politique que ce fût : plusieurs de mes collègues s'étaient constitué un réseau d'amitiés et de soutiens grâce à l'accès que leurs charges leur donnaient aux plus hautes sphères du pouvoir. Pour ma part, je limitai les contacts avec les responsables politiques à ce que ma mission exigeait. Adresser des notes, prodiguer des conseils quand ils étaient demandés, éclairer les décisions, voilà ce qui, pour moi, était le plus important. C'est sans doute ce qui me valut, de la part des responsables de l'État des marques implicites de respect.

Je pris également bien soin de ne pas utiliser mes fonctions pour briller dans le débat public et pour me prononcer sur tous les sujets. Certes, la charge de haut-commissaire m'obligeait à adopter une certaine hauteur de vue. Mais je n'adoptai jamais la posture des nouveaux prophètes qui, s'autorisant d'un savoir scientifique passé, se permettent de donner leurs avis sur tout et n'importe quoi. J'étais physicien et je refusais de céder aux facilités du bavardage de généralités sur la science, bavardage que j'appelais « métaphysique ».

Le contrôle des experts

Concernant la sûreté et la sécurité, j'eus affaire à forte partie de la part des experts. Pour ne prendre qu'un exemple, le haut-commissaire à l'énergie atomique présidait, de droit, le conseil scientifique de la branche du CEA chargé des recherches sur la sûreté nucléaire, organisme composé de nombreux experts. Certains des précédents hauts-commissaires avaient quelquefois laissé en paix les spécialistes de cette administration. Je voulus, moi, exercer ma mission de contrôle et d'orientation par ce conseil scientifique à la lettre. De plus, je fis aussi de ce conseil scientifique le contrôleur des connaissances et des méthodes scientifiques des experts. Or nombre d'entre eux se montrèrent assez réticents à l'idée qu'on examinât la qualité, les limites et les bases de leur expertise. Je cherchais alors à les « enfermer » dans leurs vertus.

Lors des premières réunions, ils voulaient imposer leur ordre du jour et peut-être éviter ainsi les sujets sur lesquels ils pouvaient être pris en défaut. Je résistai et inversai le rapport de forces : je réclamai que l'ordre du jour fût fixé par le conseil scientifique. Fallait-il encore que le conseil scientifique fût au courant des activités détaillées de l'Institut, donc qu'il reçût la liste exhaustive de ses rapports afin de lire ceux qu'il souhaitait. En cinq ans de mandat, jamais je ne réussis à obtenir cette liste et à ce que le conseil scientifique, tout seul, puisse ainsi diriger en toute liberté ses ordres du jour et ses questions.

De plus, les membres de l'organisme, le plus souvent des chefs de projets ou d'études qui faisaient un exposé, venaient avec tous leurs chefs encore supérieurs dans la hiérarchie et tous restaient pendant toute la durée du conseil scientifique. Les membres de ce conseil n'osaient pas critiquer quoi que ce soit devant eux. J'obtins finalement que les orateurs et leurs hiérarchies sortent un peu avant la fin du conseil, ce qui se fit en maugréant et en ironisant.

Quant aux ministères concernés, je ne prendrai aussi qu'un seul exemple : je demandai au ministère la nomination au Conseil scientifique d'un chimiste suédois fort renommé, parlant parfaitement le français. Je partis de mon poste sans avoir de réponse.

L'un des membres du Conseil scientifique, le responsable allemand des études de sûreté nucléaire, travaillant dans une université, voyant nos difficultés à obtenir de choisir nous-mêmes les sujets sur lesquels faire travailler notre conseil, me suggéra de créer un petit groupe de membres du comité pour m'appuyer dans mes demandes auprès de l'organisme que nous étions censés contrôler du point de vue scientifique. Cela nous permit de faire des progrès substantiels.

De nombreuses expériences de ce type m'incitèrent à penser que les lieux de discussion scientifique idoines pour établir des éléments de vérité sont aujourd'hui les sociétés savantes professionnelles et aussi les académies. Le renforcement de leur action me paraît indispensable : il permettrait d'informer, de discuter, d'évaluer en permanence les problèmes scientifiques et techniques. La France en compte d'excellentes.

Mais ce n'est pas aux réunions et aux exposés officiels que je m'intéressais principalement. Je cherchais les faits. Et là, quelques surprises m'attendaient. Je fis chaque fois prendre des mesures. Je bénéficiais pour cela, de l'appui indéfectible des deux administrateurs généraux exceptionnels du CEA qui se succédèrent pendant cette période, Philippe Rouvillois et Yannick d'Escatha.

Saynète 27

PROTÉGER CONTRE L'INVISIBLE

La radioprotection

Le premier axe de mon programme de haut-commissaire fut de développer les connaissances et toutes les techniques nécessaires à la radioprotection. C'était – et c'est toujours – la clé de voûte de la défense contre les dangers potentiels du nucléaire. Une politique active de radioprotection est la condition *sine qua non* de l'existence même de programmes nucléaires.

Seulement, pour protéger contre les radiations, il faut avant tout les connaître[1] et examiner leurs effets réels. Rien n'est plus néfaste pour les populations et les travailleurs concernés ainsi que pour les décisions concernant le nucléaire que le halo de polémiques qui entoure certains événements comme les conséquences sanitaires des accidents de Three Mile Island, de Tchernobyl[2], des bombardements d'Hiroshima et de Nagasaki, des retombées des essais nucléaires aériens au Kazakhstan, des poubelles de certains centres nucléaires militaires soviétiques. Certes, les peurs paniques que crée le nucléaire sont compréhensibles : d'autant plus que la radioactivité, même si ses dégâts sont parfois patents, est, elle, invisible. Protéger contre l'invisible exige de rendre les menaces visibles. Rendre palpables les effets des radiations, séparer les réalités et les mythes, voilà ce à quoi je m'employais avant tout. Dans cet examen, je me plaçais toujours du côté des victimes, n'allant vers les experts qu'après coup et en recoupant leurs opinions.

Un nouvel essor pour la radiobiologie

Pour atteindre ce but, je lançai de grands programmes de recherche : il fallait comprendre les raisons, les modalités et les conséquences des rayonnements sur les organismes. En un mot, dans la lignée de ce qu'avaient fait Frédéric Joliot-Curie et tous les radiobiologistes français pendant des décennies[3], je relançai la radiobiologie comme science fondamentale au CEA.

Je voulus d'abord qu'on déterminât de quelle façon exacte la radioactivité agit sur les organes, les tissus et les cellules des êtres vivants. En particulier, j'incitai les chercheurs concernés à développer les études pour découvrir les *phénomènes détaillés et exhaustifs* des *lésions et des mécanismes de réparation* de l'ADN des êtres vivants, constamment brisé par les radicaux chimiques, les oxydants, et la radioactivité naturelle. Ces études sont si importantes que le numéro de fin 1994 du journal américain généraliste le plus important, *Science,* en avait fait sa couverture de bilan et avait élu molécule de l'année les enzymes de réparation de l'ADN[4]. Les phénomènes à plus grande échelle (instabilités chromosomiques, etc.) méritent aussi l'attention.

En compagnie de mon confrère de l'Académie des sciences, le biologiste Pierre Douzou, j'allai consulter, dans leurs laboratoires respectifs, tous les scientifiques[5] qui nous semblaient concernés.

Grâce à ces consultations, Pierre Douzou et moi-même parvînmes à un constat alarmant : la France dépensait des sommes considérables pour le développement de son parc électronucléaire et des équipements qui l'accompagnaient, mais consentait un effort financier dérisoire pour les recherches fondamentales en radiobiologie. Pour les lésions de l'ADN et leurs réparations, nous étions loin, très loin, du niveau des Anglo-Saxons. Pour les études cliniques des personnes irradiées par l'accident de Tchernobyl ou celui de Mayak (environ 160 km^2 dans l'Oural, près de Tchéliabinsk[6]), les médecins allemands que j'allais rencontrer dans leurs laboratoires étaient plus présents que nous. J'examinai les détails du diagnostic de la situation en France avec Raymond Latarjet, spécialiste du domaine à l'Institut Curie, avec Maurice Tubiana et avec Constant Burg, président de l'Institut Curie. Burg adressa un rapport directement au Premier ministre. Ce rapport resta lettre morte malgré les relances de Constant Burg.

Je résolus d'alerter les ministres concernés sur ce point. Mais ma démarche resta sans suite.

Je trouvai aussi une aide puissante en Simone Veil lorsqu'elle devint ministre de la Santé. Elle me reçut en tête à tête, régulièrement pour faire avancer ces études. Elle en chargea son directeur général et Roland Masse, excellent scientifique, spécialiste des effets des radiations ionisantes sur le Vivant. Mais les autres ministères concernés et les groupes de pression firent en sorte que tout cela n'eut pas la suite nécessaire de hausse du niveau scientifique.

Il fallut des années, ce qui entraîna des changements d'hommes dans des postes clés, la persévérance, alliée à la haute stature scientifique d'André Syrota, directeur des sciences du vivant au CEA, pour que la radiobiologie prenne de nouveau son essor en France.

Fortifier l'épidémiologie

Évaluer la nocivité des radiations nécessite non seulement de développer la radiobiologie, mais également de disposer de statistiques sur les malades et leurs catégories de troubles de santé : c'est cela qui permet de déterminer avec exactitude l'impact réel de la radioactivité d'origine humaine sur la santé des populations. Lorsque je devins directeur scientifique du CEA, il me sembla en particulier capital de déterminer très précisément quelles étaient les raisons pour lesquelles et les proportions dans lesquelles la radioactivité – et ses différents types – provoque des cancers, parmi les travailleurs et les populations exposés (comme par exemple dans le seul centre soviétique du complexe nucléaire militaire, partiellement accessible actuellement, celui de la séparation chimique du plutonium, à Mayak). Sans ces études précises, il restait en effet parfaitement illusoire de déterminer l'impact d'accidents nucléaires comme Tchernobyl et d'expositions longues comme les populations civiles vivant le long de la rivière Techa qui relie un bassin à un lac, à Mayak. Il était également impossible de savoir qui avait droit à une indemnisation. En un mot, la protection des populations exigeait à mon sens le développement accéléré d'une spécialité créée en médecine par Daniel Schwartz en France, utilisée en particulier pour étudier les effets du tabac, initiative qui, appuyée par Maurice Tubiana, avait créé une forte école française d'épidémiologie. Ce fut une des recommandations du rapport pour le franchissement de l'an 2000, demandé par le président de la République à l'Académie des sciences, rapport rédigé sous la direction de Jacques-Louis Lions.

Il fallait augmenter les ressources consacrées à l'épidémiologie de la radioactivité, en appuyant également toutes les initiatives existantes comme l'étude mondiale des travailleurs du nucléaire, lancée par l'Organisation mondiale de la santé (OMS), les études d'épidémiologie et de radiobiologie développées par l'AIEA, etc.

Je bénéficiais de l'appui constant, complet et très efficace, du ministère de la Défense, tant du centre d'expérimentation du Pacifique que celui du service de santé des Armées, avec ses centres expérimentaux comme celui de Grenoble déjà cité. Les équipes concernées de la Défense et du CEA purent faire le compte de toutes les personnes ayant travaillé dans le centre d'expérimentations du Pacifique et de ce qu'elles pouvaient savoir sur leurs histoires personnelles en matière d'exposition aux rayonnements lors des expériences, en particulier aériennes. Nous pûmes alors lancer des études épidémiologiques sur leur état de santé.

La plus importante fut celle que réalisa un épidémiologiste de l'Inserm, Florent de Vathaire. Il séjourna plusieurs mois à Papeete et passa en revue chacun des dossiers médicaux des personnes ayant travaillé sur le site des essais nucléaires, ainsi que les données sur les populations locales. Ce travail fut rendu extrêmement difficile par le caractère lacunaire des documents de données des établissements hospitaliers locaux, à Tahiti, auxquels il eut accès. Mais, grâce à un travail minutieux, le médecin établit que les personnes ayant travaillé sur les sites nucléaires n'étaient pas affectées de cancers ou d'autres maladies dans une proportion supérieure au reste de la population. Restera à suivre dans le temps ces populations.

L'Académie des sciences et l'Académie de médecine

Pour relancer la radiobiologie et l'épidémiologie en France, je m'appuyai sur les ressources de l'Académie des sciences. J'étais très lié à Maurice Tubiana et Raymond Latarjet ; nous fîmes ensemble le point des connaissances scientifiques existantes concernant l'action des rayonnements sur les organismes animaux et humains.

Grâce à leur autorité dans le monde médical, nous réussîmes à créer un vaste programme d'études sur les incidences sanitaires de la radioactivité. L'Académie des sciences et l'Académie de médecine y travaillèrent en collaboration. Les travaux conduisirent à d'excellents rapports, qui servirent de socle solide aux recherches ultérieures. En particulier, une épidémiologiste de grand talent, Catherine Hill, effectua pour le compte de l'Académie des sciences, l'étude épidémiologique des santés des populations vivant autour des centres nucléaires français et les médecins Alain Sarasin, Jacques Estève, Élisabeth Cardis, celles des travailleurs du nucléaire dans le cadre de l'étude mondiale de l'OMS.

La douloureuse affaire du Cotentin

Le ciel radieux des recherches scientifiques fut néanmoins obscurci par les controverses entre les « antinucléaires » et les organismes nucléaires locaux. Alors que mes initiatives en matière de radiobiologie et d'épidémiologie commençaient à porter leurs fruits de connaissances, et donc de possibilité d'un dialogue serein, mes actions en faveur d'un accroissement de la radioprotection furent traversées par des querelles bâties sur les souffrances, bien réelles, elles, des enfants atteints de leucémie dans une partie du Cotentin.

Un médecin franc-comtois avait écrit un article dans une revue scientifique sur les statistiques des leucémies d'enfants dans une région englobant la zone de l'usine de retraitement de La Hague et de ses points de rejets dans la mer : selon lui, les rejets de cette usine en mer induisaient un taux anormal de leucémie chez les enfants de la région. Cet article souleva des attaques contre les industriels du nucléaire, désignés comme responsables, et une émotion compréhensible des parents.

Une commission fut nommée pour évaluer la réalité de ces effets. Après un premier temps, où la commission fut présidée par un grand pharmacien, qui avait rendu un texte aux autorités ministérielles qui avaient diligenté l'étude, la conduite des travaux de cette commission fut confiée au docteur Alfred Spira, de l'Inserm, brillant spécialiste d'épidémiologie de la reproduction humaine (ce qui comprend les maladies sexuellement transmissibles). L'étude du comité qu'il présidait aboutit à la conclusion que les leucémies n'étaient pas plus fréquentes dans le Cotentin qu'ailleurs et qu'il n'y avait pas de corrélation significative avec l'activité nucléaire du centre de La Hague.

Il vint me voir et me fit part de sa surprise, n'ayant jamais côtoyé le nucléaire, d'avoir constaté le faible niveau des fonds alloués à la recherche médicale dans les budgets des organismes du nucléaire.

Une autre expertise, sur les déchets de faible activité, au centre de la Manche, fut confiée à une commission pour savoir s'il était possible, le centre étant maintenant plein de déchets, de passer à une étape de fermeture du centre et de surveillance, telle que le prévoyait la réglementation. Sa réponse fut basée sur un rapport minutieux, rédigé par son président Michel Turpin[7]. Il rencontra, me dit-il, beaucoup de difficultés à remplir sa mission, c'est-à-dire avoir accès à des informations autres que les documents du CEA, qui, eux, lui furent intégralement donnés.

Pour nombre des personnes participant à ces débats, il s'agissait de discussions sur un fond d'enjeux de pouvoir. Pour moi, il s'agit toujours et uniquement de drames humains.

La radioactivité. Un bilan

Depuis sa découverte par Henri Becquerel et Pierre et Marie Curie, les études scientifiques qu'a entraînées la radioactivité peuvent être classées de la manière suivante :

1. La radioactivité a conduit à la *connaissance* des atomes, de leur noyau[8], des molécules, des solides, du Soleil, des étoiles et *de toutes matières*, y compris, les matières du Vivant, non seulement *leurs structures, mais leurs fonctionnements et leurs lois naturelles.* Bref de *l'Univers* et de *son histoire*. Les deux grandes théories auxquelles cela a notamment conduit sont la *physique quantique*[9] et la *relativité générale*.

2. La radioactivité, avec les durées de vie des *noyaux* d'atomes, *radioactifs*, a fourni des *horloges pour tous les événements de l'Univers*, en partant de l'âge de la Terre, à toutes les étapes de son histoire, de celles du monde cosmique et du Vivant.

3. Les variations de proportions d'isotopes stables ont servi de *traceurs pour connaître tous les mécanismes*, tant des phénomènes de la Terre, que du Vivant. En effet, le moindre changement de phase (par exemple de la vapeur d'eau à la pluie, de l'eau à la glace) dépend de la loi d'action de masse, laquelle joue différemment pour les deux isotopes de l'oxygène ou de l'hydrogène, etc. C'est l'outil fondamental qui a permis la *reconstitution du climat des dernières glaciations* (près de 840 000 ans) et aussi des *anciens climats* (depuis 600 millions d'années). Il en est de même dans le Vivant pour toutes les réactions biochimiques. On peut ainsi reconnaître deux gousses de vanille issues de régions différentes l'une de l'autre.

4. La radioactivité a eu des *applications* :

• la médecine nucléaire (radiothérapie, *pacemaker*, etc.) ;

• l'imagerie médicale (citons un seul exemple : la résonance magnétique nucléaire, dite IRM) ;

- l'énergie électronucléaire ;
- l'armement nucléaire.

C'est à nous qu'il revient de maîtriser tout cela. C'est possible si nous acceptons de revenir à des débats informés et sereins. J'ai fait tout ce qui était en mon pouvoir pour donner des bases solides à cette sérénité en écrivant les faits et en indiquant les inconnues. Nos successeurs en voudront-ils ?

NOS DÉCHETS AUSSI MÉRITENT
NOTRE ATTENTION

Polémiques françaises

Rares étaient pendant les années 1980 les scientifiques, les industriels, les politiques[1] ou les administrateurs français qui admettaient l'existence de problèmes scientifiques et techniques laborieux, malaisés, inextricables, confus, concernant les résidus[2] des activités du nucléaire. Combien de fois me suis-je heurté à l'indignation de mes interlocuteurs quand j'abordais cette question ! Les responsables de certains grands groupes que je rencontrais considéraient même ce sujet comme indécent : « Les industriels ne parlent pas de leurs déchets ! », me rétorquait-on d'un ton peu amène, ou encore : « Pourquoi monter en épingle ce sujet ? » Lorsque j'osais protester, on me faisait sentir que j'étais « obsédé » par un sujet indigne d'un scientifique respectable.

Tout se passait comme si ceux qui concevaient, construisaient et exploitaient les centrales électronucléaires avec tant de talent n'avaient pas à se préoccuper du futur lointain des combustibles qu'ils utilisaient. Les ingénieurs préféreraient-ils inventer du nouveau que de s'occuper des résidus de l'ancien ? Mais les responsables publics doivent, eux, les obliger à prendre en compte cet aspect de leurs activités.

Cet impératif est d'autant plus pressant que les déchets constituent un des talons d'Achille du nucléaire en France. Nos capacités de stockage ultime sont limitées et, si nos installations industrielles modernes d'entreposage sont aujourd'hui excellentes, le destin ultérieur des résidus radioactifs est flou, précisément parce que citoyens et gouvernants refusent de prendre la résolution de stocker convenablement et durablement toutes les catégories de déchets.

Les déchets du nucléaire constituent de véritables pommes de discorde, tant pour certains des partenaires du nucléaire que pour les antinucléaires, et que pour les scientifiques entre eux… Comment amener la sérénité dans ces discussions sur les avantages et les inconvénients de chacune des solutions envisageables, dans le cas particulier de l'espace géographique et géologique de la France et avec les inconnues des temps futurs ?

De l'inutilité des notes et des rapports

Dès avant 1991, ma conviction était faite : j'étais persuadé que les problèmes de déchets allaient devenir prépondérants dans le paysage du nucléaire français. Nous arrivions à un point de production de résidus pour lesquels il fallait un ou des exutoires ultimes.

Pénétré de cette conviction, j'adressai, en tant que directeur scientifique de la DAM, une note à l'administrateur général et au haut-commissaire pour recommander que, pour mieux connaître les possibilités de la solution d'enfouissement des résidus dans une roche profonde, on procédât à toute une série d'études de géophysique. Si on voulait confier à des terrains confinant la garde de déchets actifs sur des durées très longues, il fallait en effet connaître les réactions des roches à de telles perturbations mécaniques, thermiques, chimiques, physico-chimiques. Il fallait de surcroît trouver des terrains stables vis-à-vis des éventuelles secousses sismiques.

Ma note ne fut suivie d'aucun effet, mais, une fois nommé directeur scientifique du CEA, puis haut-commissaire, je revins à la charge. En 1993, je demandai une audience au Premier ministre d'alors. Il me reçut promptement et se fit assister, durant notre entretien, par l'un des conseillers techniques de son cabinet. Je lui exposai en détail mes préoccupations. Le Premier ministre me prêta toute son attention et sembla convaincu de leur pertinence. Il me commanda en conséquence un rapport : je devais dresser un diagnostic de la situation en France, donner une appréciation des mesures en cours et de leur adéquation à une solution *exhaustive* du problème général des corps radioactifs pouvant faire problème pour la santé des travailleurs et des populations présentes et futures en France.

Ce rapport me demanda un travail considérable. Je lui consacrai plusieurs mois d'intense labeur. Quand j'eus achevé mon travail et l'eus adressé au conseiller technique du Premier ministre, je sollicitai un nouveau rendez-vous avec ce dernier. Je voulais en effet savoir quelle politique scientifique le gouvernement comptait mettre en œuvre et faire appliquer en tenant compte de la loi du 30 décembre 1991 qui ne traitait, à mon avis, et comme je l'ai précisé par écrit, que d'une partie des problèmes[3]. À nouveau escorté par son conseiller technique, le Premier ministre m'accorda un moment. Mais je constatai rapidement qu'il n'avait pas l'intention de se ranger aux conclusions de mon rapport : à chaque fois que j'entrepris de lui montrer une difficulté, il lut un texte dactylographié, qu'il avait entre les mains, et me répondit très aimablement : « Monsieur Dautray, cette question est déjà réglée ou en passe de l'être. » À l'écouter, le nucléaire français n'avait aucun problème de déchets nucléaires, de résidus, ni d'isotopes du plutonium, ni de leurs descendants, ni de produits fortement radioactifs, ni de quoi que ce fût : il avait déjà les solutions et on était en train de les mettre en œuvre.

Ayant balayé ainsi d'un revers de main toutes mes remarques, le Premier ministre mit fin à notre conversation. Mon travail avait été vain. Les notes et les rapports, principaux outils du haut-commissaire s'étaient, en l'espèce, avérés totalement inefficaces.

Périple au pays des mines

J'avais à ma disposition d'autres instruments que les rapports et les notes : les voyages d'étude et les tournées d'inspection permettant de donner des exemples concrets et de suggérer un bouquet de solutions.

Pour élaborer des propositions concrètes et réalistes en matière de déchets, je mis à contribution le réseau scientifique international auquel j'appartenais. J'étais persuadé que les comparaisons internationales seraient très utiles : je me rendis donc en Suède, au Japon et aux États-Unis pour étudier les politiques de gestion des déchets adoptées par ces pays.

Mon premier geste, en tant que directeur scientifique du CEA, fut d'effectuer une tournée en Allemagne pour voir de mes propres yeux les solutions qu'ils étudiaient et leurs outils de travail.

Durant tout mon périple germanique, je fus guidé par l'attaché nucléaire de l'ambassade de France à Bonn, particulièrement heureux de voyager en ma compagnie : la torpeur rhénane de Bonn l'ennuyait prodigieusement. À ma grande satisfaction, je vis que les pouvoirs publics allemands avaient, eux, à l'époque, pris des décisions et des initiatives vigoureuses, sur le plan scientifique et technique, pour affronter le problème des déchets.

En Allemagne, je trouvai en effet quatre sites souterrains dédiés à l'étude de l'évolution des stocks de déchets. Il s'agissait à chaque fois d'anciennes mines. Je fus également soulagé de voir que ceux qui étaient en charge de la gestion des déchets étaient des ingénieurs et des techniciens miniers. Il m'était en effet arrivé de rencontrer, en France, des administrateurs chargés de la gestion des déchets dont le seul mérite était d'être polytechniciens et d'avoir fait des carrières administratives. Mes interlocuteurs allemands me semblaient, eux, d'une grande compétence en technique minière, en métallurgie ou en mécanique des roches. À la différence des Français, les Allemands avaient alors compris que le stockage des déchets nucléaires n'était pas une affaire de gestionnaires ou de savants, mais une mission pour des techniciens.

Les ingénieurs miniers que je rencontrai au cours de ce voyage furent d'autant plus accueillants qu'ils reconnurent vite à mes questions que j'étais du métier. Quelle ne fut pas leur surprise quand ils virent des envoyés de l'ambassade de France commencer à parler avec eux de stratigraphie et de minéralogie, de soutènement, de failles, de fluage des terrains, etc. ! Ils me fournirent toutes les explications et toutes les informations que je demandai. En gage d'amitié, ils me donnèrent même des fragments de minerai pour ma collection.

Dans certaines de ces mines, je vis que les Allemands avaient choisi une solution que l'administration française réprouvait : le stockage dans le sel. Il est, en France, prohibé de stocker des déchets radioactifs dans des matières considérées comme utiles. Pourtant, le sel a cet avantage d'absorber l'humidité et donc d'éviter tout écoulement de matière radioactive. Il a également la particularité d'être plastique et donc de stabiliser les terrains dans lesquels on entrepose les déchets. Le sel permet ainsi d'éviter toute ouverture ou faille conduisant à des fuites radioactives.

Dès cette époque, la solution de ce qui constitue une pomme de discorde récurrente en France m'apparut comme à portée de main : il faudrait, tôt ou tard, enfouir les déchets ultimes. Pour ce faire, il faudrait étudier dans un laboratoire souterrain les propriétés des roches confinant. Entreposer, comme le fait la France, des éléments combustibles irradiés dans les piscines d'EDF, à La Hague, pendant trois à quatre décennies convient, si on prépare l'exutoire définitif, quand ces combustibles seront refroidis.

Les Américains ont étudié et réalisé un stockage des déchets radioactifs provenant d'activités militaires, dans le sel, à Carlsbad, au Nouveau-Mexique, que j'avais visité et étudié. Mais la France n'a pas de désert, ni de zones sans population. Notre situation vis-à-vis des résidus radioactifs est objectivement difficile à traiter.

Tournée domestique

Je multipliai ainsi les voyages d'étude : les excavations dans le granit de Suède et les déserts américains me convainquirent que l'enfouissement des déchets du nucléaire était la meilleure des solutions pour les déchets moyennement radioactifs, ne dégageant pas de chaleur, et après leur refroidissement (environ quatre décennies) pour les déchets dégageant de la chaleur.

Je pris l'initiative de faire une tournée d'inspection en France. Je choisis alors pour guide Henri Wallard, le responsable de l'Agence nationale de gestion des déchets radioactifs (Andra), pour ce qui relevait de sa compétence. Il connaissait à fond son métier et en avait repéré toutes les solutions ultimes possibles. Je rencontrai les responsables locaux des centres nucléaires et les autres organismes contenant de la radioactivité. J'eus le privilège d'entretiens libres et répétés avec le député Christian Bataille.

De La Hague à Soulaine et de Pierrelatte à Marcoule, etc., je voulus tout voir, les pieds dans les sites peu accueillants s'il le fallait : les résidus du nucléaire civil comme ceux du nucléaire militaire. Je fis face à des situations très contrastées. Si le site de La Hague me sembla soigneusement équipé, géré et entretenu, certains des déchets du centre de Marcoule, qui regroupait à l'époque des déchets radioactifs issus du tritium, et d'anciens résidus de son activité de production de plutonium, m'apparurent dans un état beaucoup moins satisfaisant car ce site n'était pourvu que d'installations de stockage faites à la hâte quand les hautes autorités du pays avaient d'autres priorités.

Vivement préoccupé par la situation du centre de Marcoule, je demandai qu'on réalisât une étude et qu'on dressât un devis pour des travaux de nettoyage et de réhabilitation du site, la reprise de tous les déchets radioactifs au sens exhaustif. Je bénéficiai de toute l'aide de Jean Syrota, patron de la Cogéma, un des grands serviteurs de l'État, rigoureux et exigeant pour la défense du public. Le devis fut toutefois d'un montant si important que les hautes autorités, concernées par la gestion du centre de Marcoule, ne purent engager les travaux qu'en les étalant sur une longue durée. On ne pouvait les réaliser qu'au rythme des crédits qui étaient versés aux ministères concernés[4]. Les travaux de réhabilitation sont maintenant bien engagés et, à ma connaissance, d'excellente qualité.

Pour en revenir au titre de ce paragraphe, et compte tenu de la géographie et de la géologie de la France, une première étape de toute solution ultime pour les déchets radioactifs est de les placer dans des conteneurs, capables de les isoler des hommes pendant au moins dix mille ans. *Le conteneur sera longtemps, et pour toute durée humainement prévisible, la seule barrière entre les hommes et la dissémination de la radioactivité.*

Une deuxième serait d'évaluer pour chaque solution, les avantages et les inconvénients, mais de prendre également conscience qu'il existe aussi des idées, des plans, baptisés « projets », qui ne sont que des rêves. Donner avec précision les solutions accessibles avec les connaissances actuelles ou dont la qualification industrielle puisse être atteinte en dix ans permettrait au citoyen de contribuer au choix dans le cadre des institutions démocratiques.

Compte tenu de mon passé dans le nucléaire, j'ai essayé en 2001 et en 2004, dans deux tomes publiés par l'Académie des sciences, de décrire quels étaient, à mon avis, aujourd'hui, le point des connaissances et des inconnues, les choix possibles et leurs conséquences, en distinguant les contraintes liées à la science et à la technique de ce qui relève uniquement de la sélection effectuée par les citoyens.

Saynète 29

LA CROISSANCE DE L'EFFET DE SERRE

Vigie du climat

Mes fonctions de haut-commissaire ne me firent pas traiter uniquement des problèmes concernant directement le nucléaire. Elles me permirent de contribuer à élaborer une véritable base scientifique en ce qui concerne ce que les journalistes appellent l'« effet de serre ».

Quand j'accédai à ces responsabilités, j'avais depuis long-temps étudié le phénomène et j'étais profondément sensibilisé à ses conséquences. En effet, au cœur même de mes recherches sur l'engin thermonucléaire, j'avais examiné et approfondi les prin-cipes physiques sous-jacents.

L'« effet de serre » tient en effet au fait que l'atmosphère, parce qu'elle est relativement opaque, piège le rayonnement infra-rouge émis par la surface de la Terre chauffée par le rayonnement solaire[1], qui tombe sur la surface[2] de la Terre. Plus précisément, le sol, les océans et les basses couches de l'atmosphère constituent des « corps noirs », c'est-à-dire des corps qui, une fois chauffés, émettent un rayonnement infrarouge qui demeure prisonnier dans la douzaine de kilomètres d'altitude la plus basse de l'atmosphère et la chauffe. En somme, l'« effet de serre » est un phénomène où se combinent deux phénomènes fondamentaux présents dans les engins H : l'opacité de l'atmosphère au rayonnement infrarouge et le transfert radiatif de ce rayonnement infrarouge. L'effet de serre sur la Terre n'est en somme qu'un exemple de ce phénomène universel de transfert de rayonnement qui fait briller le Soleil et les autres étoiles analogues.

L'« effet de serre » n'est pas nocif en lui-même, bien au contraire. C'est même un des facteurs qui dotent la Terre d'une température peu variable depuis des centaines de millions d'années. C'est une des conditions de la vie. Sans l'effet de serre actuel, la Terre aurait aujourd'hui une température de 33 °C plus basse. Toute l'eau serait en glace. Aucune vie[3] ne serait possible. Dans le passé, l'effet de serre a varié, mais dans des limites laissant une partie de l'eau liquide. Ce qui peut être périlleux demain, c'est l'accroissement rapide de cet effet de serre et les conséquences climatiques que cela pourrait entraîner.

La prise de conscience d'un mathématicien, d'un climatologue et d'un physicien de la gravité de l'accroissement récent de l'« effet de serre »

C'est au milieu des années 1980 que je pris véritablement conscience de la nature des transformations et des conséquences de l'effet de serre et de son évolution au cours des dernières centaines de millénaires, car la présidence du Comité des programmes scientifiques du CNES me permit de mettre en œuvre une action dédiée à l'étude de la Terre[4].

Jacques-Louis Lions s'y intéressa en même temps. Nous suivîmes l'évolution des connaissances à travers des articles partiels, traitant de tel ou tel détail, dans les revues scientifiques spécialisées, faisant état des mesures de variations de la teneur en gaz carbonique effectuées depuis 1958 avec l'instrumentation[5] de l'archipel de Mauna Loa, à Hawaï. De mon côté, je suivais depuis plusieurs décennies ce type de détermination des températures du passé avec des proportions d'isotopes stables aux laboratoires du CEA (isotopes stables et radio-isotopes, dirigés par Étienne Roth et Jacques Labeyrie).

Nous assistâmes ensemble à un colloque consacré aux problèmes de climat. Un scientifique américain y fit un exposé sur l'évolution de la proportion de gaz carbonique dans l'atmosphère. Cette proportion augmentait régulièrement et cette augmentation s'accélérait, renforçant l'opacité atmosphérique. Son constat était aussi précis que son pronostic était lucide : cela entraînerait bientôt des modifications importantes d'un point de vue climatique.

Pour Jacques-Louis Lions et moi-même, cela contribua à notre prise de conscience sur la globalité des phénomènes : je me replongeai dans les problèmes de transfert de radiations, avec opacité substantielle due aux transitions entre des états de vibrations[6] et de rotations des molécules de l'atmosphère, les collisions de ces molécules conduisant à la constitution d'un équilibre thermodynamique local, les variations de la réflexion de la lumière par les océans et la banquise. Nous traduisions tous les problèmes physiques en équations. Et lui me parlait des graves problèmes de l'interaction atmosphère-océans, qu'il traitait avec Roger Témam et Shouhong Wang.

Nous estimions que de nombreuses découvertes seraient bientôt réalisées grâce aux nouveaux outils dont se dotaient les scientifiques, les satellites d'observation portant les instruments de mesure, les supercalculateurs qui permettraient la résolution des problèmes inverses (à partir du signal mesuré, calculer les répartitions en fonction de l'altitude, des températures, des densités massiques de tous les gaz de l'atmosphère, vapeur d'eau, gaz carbonique, méthane, ozone, oxyde nitreux, etc.).

Pour accroître nos connaissances sur le sujet, nous collaborâmes activement avec plusieurs laboratoires. Le Laboratoire de météorologie dynamique (LMD) de l'École normale supérieure nous fut particulièrement précieux. Nous réalisâmes un échange scientifique continuel avec son directeur, Robert Sadourny, et tous les autres scientifiques de talent qui participaient aux travaux du CNES, comme Jean-Claude André, pionnier du laboratoire météorologie de Toulouse qui créa le CERFACS[7].

Robert Sadourny nous présenta toutes les études du LMD liées à l'accroissement de l'effet de serre et ses conséquences climatiques.

C'est ainsi que je pris conscience que plusieurs de mes travaux scientifiques m'avaient conduit à étudier des phénomènes concourant à l'étude de l'effet de serre, par exemple les « transitions quantiques permises » des états de vibration des molécules par les lois de conservation, les caractéristiques des rayonnements électromagnétiques parcourant les diverses parties de l'atmosphère jusqu'à l'espace interplanétaire, les diverses collisions et ce qui commandait leur nature, élastique, comme des boules de billard, ou non, le transfert radiatif résultant de l'opacité des différentes couches de l'atmosphère. Je notai, comme à mon habitude, le rôle essentiel des symétries pour chacun des composants de ces interactions et donc des différents groupes de transformations des géométries des objets concernés, à commencer par ceux dont on ne parle guère, l'azote, l'oxygène, car leur symétrie si simple (celle d'un haltère) les exclut de l'interaction avec l'infrarouge et la lumière visible. Je cherchais aussi les mesures expliquant les harmoniques des vibrations de la vapeur d'eau. Il fallut attendre des mesures en laboratoire, faites avec des lasers, pour connaître les quantités nécessaires pour évaluer l'interaction de la vapeur d'eau avec la lumière visible.

Je fus frappé de constater que, pour l'étude de certaines questions, les disciplines et les spécialités se recoupaient : un mathématicien, un climatologue, un physicien spécialiste, entre autres, des armes avaient pu construire un dialogue fructueux sur un problème précis.

Le rapport de l'Académie

Au cours des années 1980, l'Académie des sciences se saisit de la question de l'« effet de serre » et de son impact sur le réchauffement climatique. C'est donc tout naturellement que Claude Fréjacques qui dirigeait à l'Académie des sciences le comité « environnement[8] » me demanda de créer un groupe de travail pour rédiger un rapport sur le sujet.

C'était, à ma connaissance, le premier[9] rapport scientifique commandé en France. Pour le réaliser, je réunis autour de moi toute une équipe constituée des spécialistes de chacun des domaines concernés. Aucun n'était de l'Académie, de sorte que mes confrères du quai Conti ne les connaissaient pas. Je fis donc la passerelle entre les savoirs anciens et les talents nouveaux. Je mis à contribution les plus grandes compétences concernant les études de météorologie, l'analyse des carottes issues du creusement des calottes glacières (Groenland et Antarctique), les spécialistes des océans, ceux des sols, des forêts, de la stratosphère, de la chimie de l'atmosphère (et notamment de l'ozone).

Le rapport parut en 1990 sous le titre *L'Effet de serre et ses conséquences climatiques : évaluation scientifique*. Je l'assortis de mon résumé scientifique très précis, avec les ordres de grandeur principaux. La publication de ce rapport constitua une étape importante pour la prise en compte de l'« effet de serre ». Dès 1990, les pouvoirs publics et la communauté des savants prirent conscience, en France, de ce que le phénomène de l'accroissement de l'« effet de serre » allait avoir des conséquences climatiques directes et indirectes importantes sur la vie des hommes. Il pouvait même avoir des effets sérieux dans deux décennies, par exemple pour l'eau et pour certains phénomènes climatiques extrêmes [10].

La réalisation de ce rapport m'incita à créer, au sein même du CEA, des équipes spécialement dédiées aux questions environnementales. Fidèle à mes méthodes, avant de me lancer dans quelque entreprise institutionnelle que ce fût, je fis dresser une liste des disciplines concernées par la question et fis élaborer un programme de recherche. Ce fut le *Livre bleu* [11] : il énumérait toutes les initiatives que le CEA pouvait prendre en matière environnementale.

Je me tins continuellement au courant de ses travaux. Cela me permit de faire un nouveau rapport à l'Académie des sciences, actualisé en 1994. Les scientifiques américains s'étaient alors intéressés à la question. Nous fûmes en Europe parmi les pionniers. Je fis la conférence inaugurale à une journée de l'Académie consacrée à l'accroissement de l'effet de serre [12]. J'y traitai des propriétés des molécules de l'atmosphère, de leurs opacités, du transport radiatif des diverses longueurs d'onde de rayonnement électromagnétique, de la chimie de l'atmosphère (ozone [13], etc.), du jeu des collisions entre molécules et des cycles de l'eau, du CO_2, de l'azote, du méthane et du Vivant, à un niveau professionnel me permettant d'écrire les équations mathématiques et de dire leurs limitations [14].

Gérard Mégie me dit juste après l'exposé : « Vous avez raison. C'est par la physique qu'il faut commencer. »

C'est aussi par la physique que je vais terminer cette saynète. Les humains, par leurs activités et leurs cultures, ont atteint des niveaux d'intervention sur la nature qui sont – du même ordre de grandeur (quand on compte les contre-réactions qu'ils entraînent et les amplifications naturelles) que ceux de la nature elle-même avant leurs accroissements culturels. Nous allons vers des dégradations insupportables dans certaines régions de la planète Terre si nous ne réduisons pas leur accroissement, tout en nous y adaptant autant que faire se peut. Aussi est-il essentiel que soient établis des programmes pour l'énergie, énergie qui contribue à fournir l'eau douce et l'agriculture.

Les deux démarches sont nécessaires : *il faut s'adapter aux changements climatiques et aussi diminuer autant que faire se peut le taux d'accroissement des gaz à effets de serre*[15].

L'AVENIR D'UN DANGER, LA PROLIFÉRATION NUCLÉAIRE

Problème mondial

Un autre chantier d'étude que je fis lors de mon accession aux responsabilités de haut-commissaire fut la partie scientifique et technique d'un vaste sujet plus directement politique. Si les autres dangers issus du nucléaire pouvaient être combattus à l'échelle d'un pays ou d'une région, celui de la prolifération devait être, lui, affronté à l'échelle mondiale.

Dès les premières visites que je rendis en 1976 aux membres de l'Académie des sciences en vue de mon élection, je m'ouvris à plusieurs d'entre eux des problèmes que soulevait la dispersion des matériaux et des technologies nucléaires à travers la planète. Il m'était à vrai dire assez naturel d'aborder le sujet car il me préoccupait de plus en plus avec l'évolution internationale notamment en Asie. J'évoquais quels étaient les dangers et quels remèdes on pouvait envisager, sur les seuls plans que je connaissais, ceux de la science et de la technique.

En 1977, l'entreprise anglo-germano-néerlandaise Urenco-Centec allait démarrer deux unités de démonstration[1] du procédé de centrifugation, une, anglaise, à Capenhurst, et l'autre aux Pays-Bas, à Almelo (de *design* allemand). Le coup de départ de la prolifération allait être tiré.

J'attirai l'attention de mes interlocuteurs sur les réalisations en cours. J'avais en effet des indices multiples sur le fait que l'Inde, le Pakistan, la Corée du Nord, puis l'Iran cherchaient à se doter de l'arme nucléaire : ils envoyaient des étudiants partout dans le monde pour atteindre cet objectif. J'observai les travaux qu'ils menaient.

Certains académiciens de mes amis, comme Laurent Schwartz, me disaient critiquer le programme nucléaire militaire français au motif que la France ne devait pas donner le mauvais exemple. Ils se fourvoyaient à mes yeux et je le leur disais. La prolifération nucléaire, en Inde, au Pakistan ou en Iran n'était absolument pas due à la France. L'Inde, par exemple, avait les yeux braqués sur le programme nucléaire militaire chinois. Depuis son indépendance, elle avait lancé un programme nucléaire militaire sous la direction de Homi Bhabha (un ami de mon professeur Louis Leprince-Ringuet, qu'il avait invité aux Indes). Le professeur Bhabha en rendait compte directement au Premier ministre Nehru. À chaque tir et chaque succès chinois, signalé par les analyses américaines, l'Inde faisait un effort supplémentaire pour rattraper la puissance nucléaire chinoise. Quant aux équipements[2], l'Inde les avait obtenus par son achat de centrales nucléaires à eau lourde auprès du Canada. Pour les informations, les savants indiens s'adressaient aux laboratoires américains. Le nucléaire de défense français n'était un exemple, une comparaison, une source d'imitation pour personne, comme soixante ans de nucléaire français le démontrent.

Gendarme et centrifugation

Dans mes conversations avec les scientifiques, je soulignais la gravité du problème de la prolifération dès le milieu des années 1970 : je montrais aussi comment contribuer à le maîtriser, et quel rôle la science française pouvait y jouer. Selon moi, le nucléaire devait avoir un véritable gendarme. Pour tenir convenablement ce rôle, il était nécessaire de développer considérablement l'AIEA. Comme les gendarmes de village, l'Agence devait disposer de renseignements précis sur des faits locaux. Un gendarme doit en effet toujours veiller, toujours patrouiller, pour être au plus près de son terrain. Pour cela, les scientifiques, en particulier, peuvent lui fournir des instruments de détection des matériaux utilisés dans le nucléaire militaire.

À tous mes interlocuteurs, je signalais, dès cette époque, que l'un des sujets de surveillance devait être la technique de séparation de l'isotope uranium 235 par la technique de centrifugation[3] d'un composé gazeux d'uranium (l'hexafluorure d'uranium, UF6, gaz très corrosif). Comme j'avais participé à l'élaboration de l'usine de séparation isotopique, j'avais étudié la centrifugation, afin de comparer l'énergie nécessaire pour séparer un seul atome de U 235, soit par diffusion gazeuse, soit par centrifugation, soit par un procédé de thermodynamique réversible possible aujourd'hui avec le laser. Avec la diffusion gazeuse, il faut de l'ordre du million d'eV (eV : électron Volt) par atome d'U 235 et par centrifugation, de l'ordre de la centaine de mille d'eV, et par un procédé de thermodynamique réversible, une petite fraction d'eV. De plus, la difficulté pour aller de la teneur naturelle de l'U 235 (0,720 %) à la teneur des réacteurs de puissance civile (de l'ordre de 3,5 %) et celle pour aller de cette teneur à celle nécessaire pour les armes, sont du même ordre de grandeur.

De plus, les flux massiques d'uranium/an à mettre en œuvre sont divisés par un facteur d'environ 7 quand on part d'uranium de combustible.

Les usines de centrifugation pouvaient être divisées en modules reproductibles facilitant encore leur construction et leur exploitation, aboutissant à des usines de petite taille, pas plus grandes qu'une maison. On était loin du « Champ-de-Mars [4] » de l'usine dont Olegh Bilous étudia la partie « procédé ».

Je savais donc quels avantages la centrifugation faisait obtenir au pays qui voulait aller vers un armement nucléaire : en un mot, elle permettait d'obtenir de l'uranium enrichi bien plus aisément que les procédés de diffusion gazeuse utilisés en France et aux États-Unis avec une technologie que l'ingénieur des Arts et Métiers que j'étais connaissait bien, celle des machines tournantes, des écoulements dynamiques, de la résistance des matériaux, etc.

Dès que j'entrai à l'Académie des sciences, je signalai à tous mes interlocuteurs, dont Alfred Kastler, le problème de la prolifération, et les principes de sa résolution, par le biais d'exposés et de notes. Ce dernier organisa en 1981 une réunion sur ce sujet où il m'invita.

Pour développer les moyens scientifiques de l'AIEA

Un de mes amis, ancien du Centre de Saclay, puis du Centre de Grenoble, avec lequel j'avais travaillé pour la réalisation du réacteur à haut flux, fut nommé directeur adjoint de l'AIEA. Mes entretiens avec lui confirmaient mes craintes.

Créée à l'initiative du président Eisenhower en 1954, l'AIEA est considérée aujourd'hui comme une des agences spécialisées de l'ONU les plus actives. Elle est fondée sur un contrat passé entre les puissances nucléaires et les autres pays : les pays qui renonceraient à l'avenir à se doter d'un armement nucléaire recevraient, de la part des puissances nucléaires, toutes les technologies pour s'équiper d'un parc de centrales électronucléaires civiles.

Seulement, le système souffrit rapidement des faiblesses qu'il possède encore.

L'AIEA a pour seul moyen de rétorsion, contre les pays qui ne laisseraient pas faire les inspections, d'interdire aux autres pays de leur vendre combustibles et technologies nucléaires.

De plus, si l'AIEA possède bel et bien le droit de faire des contrôles aux frontières, elle délègue les fonctions opérationnelles quotidiennes aux administrations locales des douanes, faute de personnel suffisant et de droit de souveraineté.

En outre, elle ne dispose pas de ses propres laboratoires : pour la mise au point et la fabrication industrielle d'instruments de détection, elle est tributaire de ce que veulent bien lui conférer les États membres. Or les États-Unis, qui sont à la pointe de ce domaine, sont assez réticents, pour des motifs politiques, financiers et de sécurité à lui transférer leurs techniques et leurs productions.

En un mot, l'AIEA possède un excellent personnel, a des buts louables et fait un bon travail ; elle utilise avec succès, dans le meilleur esprit de collaboration scientifique, l'excellent laboratoire de l'Union européenne des transuraniens, l'Institut des transuraniens (ITU) de Karlsruhe, où elle envoie tous les échantillons de matières qu'elle a saisis ou reçus de pays divers. Mais ses pouvoirs d'inspection sont extrêmement limités, politiquement, juridiquement et tout simplement matériellement.

Limites d'une thèse en vogue outre-Atlantique

Durant les années 1980, j'avais souvent entendu dire et j'ai lu dans les rapports de la National Academy of Sciences des États-Unis et de la Royal Society que l'on pouvait utiliser le plutonium extrait des éléments combustibles irradiés pendant la durée standard pour en tirer le maximum d'énergie et ensuite sorti des centrales électronucléaires civiles à eau ordinaire, à des fins militaires, comme matériau fissile pour des bombes A ou/ et H. Les autorités politiques, britanniques et américaines, appuyées par leurs académies, affirmaient en effet qu'une telle utilisation – après une séparation chimique du plutonium et des autres corps contenus dans l'élément combustible[5] – était possible. Selon eux, on pouvait obtenir du plutonium à usage militaire par un « triage » chimique du plutonium de retraitement. Le retraitement des combustibles des centrales électronucléaires, tel que celui pratiqué en France (et jusqu'à l'année dernière en Grande-Bretagne) était un danger pouvant accélérer la prolifération des armes nucléaires.

Intrigué par ces affirmations, quand je devins haut-commissaire, je fis réaliser des études sur ce sujet. Elles montrèrent qu'avec le plutonium tiré du retraitement des éléments combustibles des centrales du type REP, on ne pouvait faire que des engins dont l'énergie était aléatoire qui, en explosant, ne dépassaient que rarement les grandes masses d'explosifs chimiques. Indépendamment de ce phénomène (dû à l'émission de neutrons par fissions spontanées), ces engins éventuels verraient leur explosif devenir en quelques heures inutilisable par la chaleur dégagée par les isotopes du plutonium à vie courte, et leurs descendants. Pour arriver à faire exploser un tel engin, il fallait aussi toute la technique la plus avancée du monde de refroidissement de l'explosif.

De plus, après l'extraction de ce plutonium, la France a préconisé de l'utiliser sous forme de nouveaux éléments combustibles, dits MOX (mixte oxyde plutonium-uranium). Cette fois, il est rigoureusement impossible d'en faire un engin explosif nucléaire. Si la France trouve un exutoire ultime aux MOX irradiés (ce qui est simple, une des solutions, parmi d'autres, étant de les enfouir en grande profondeur, tels quels, après refroidissement et protection des hommes et des terrains grâce à un conteneur adapté), elle aura contribué à résoudre un des dangers les plus graves de la prolifération.

Conforté par ces travaux français, j'objectai aux savants américains que je connaissais depuis longtemps, et dont je savais qu'ils n'avaient jamais eu la preuve expérimentale de leurs dires, qu'ils se trompaient. Ils m'accordèrent en tête à tête que le retraitement en France ne pouvait pas déboucher sur la constitution d'un arsenal nucléaire. Mais leur gouvernement avait maintenu que le plutonium de retraitement était une source de prolifération.

Le tonneau des Danaïdes

Assurément, la lutte contre la prolifération est un tonneau des Danaïdes. La miniaturisation des centrifugeuses[6] et les facilités techniques qu'offre l'informatique, conjuguées à bien d'autres facteurs techniques et politiques, font que la prolifération nucléaire est inéluctable.

Faut-il pour autant renoncer à la contrôler ? Certes non. La science peut contribuer à doter cette maîtrise d'instruments de détection nouveaux.

Il ne faut pas oublier par ailleurs que, parmi les matières contribuant aux armes nucléaires, il y a aussi le tritium. Il est produit en masse par tous les réacteurs électronucléaires à eau lourde, dont un certain nombre de pays se sont dotés en les achetant au Canada (et l'Inde la première). C'est pour cette raison que de nombreux pays émergents cherchent à se procurer des réacteurs à eau lourde.

Toute la fusion thermonucléaire est basée sur des masses de tritium bien supérieures à celles que produisent annuellement, aujourd'hui, les grands pays qui sont des puissances nucléaires. Or nombreux sont les pays qui continuent à produire du tritium pour entretenir leur arsenal nucléaire, car le tritium a une durée de demi-vie courte (12 ans). Les États-Unis, le Royaume-Uni, la France et la Russie poursuivent sa production pour des raisons similaires.

J'ai essayé d'attirer l'attention des scientifiques sur cet aspect des dangers de la prolifération, sans jamais y parvenir.

La lutte contre la prolifération des armements nucléaires est peut-être, du seul point de vue scientifique et technique[7], une lutte ingrate et de longue haleine, mais sa contribution à la dégradation éventuelle de l'avenir des hommes vaut bien qu'on s'y attelle.

Au terme du récit de cette vie qui a vu s'ouvrir, à partir du noyau de l'atome, une boîte de Pandore pleine de périls et qu'il n'est plus possible de refermer, un nouveau front est ouvert pour protéger l'humanité des risques qu'engendre pour elle le détournement des outils qu'elle a créés. La France peut y jouer un rôle d'exemple.

Et, au risque de faire sourire, je rappellerai, pour terminer, ce passage de Tocqueville à propos de la révolution de 1789, citation à laquelle je crois profondément :

« J'ose dire qu'il n'y a qu'un peuple sur la Terre qui pût donner un tel spectacle. Je connais ma nation. Je ne vois que trop bien ses erreurs, ses fautes, ses faiblesses et ses misères. Mais je sais aussi ce dont elle est capable. Il y a des entreprises que seule la nation française est en état de concevoir, des résolutions magnanimes que seule elle ose prendre. Seule, elle peut vouloir prendre en main un certain jour la cause commune de l'humanité et vouloir combattre pour elle. Et si elle est sujette à des chutes profondes, elle a des élans sublimes qui la portent tout à coup jusqu'à un point qu'un autre peuple n'atteindra jamais[8]. »

ÉPILOGUE

Au moment où s'achèvent la rédaction de ce livre et bientôt ma vie, je voudrais esquisser les quelques lignes de force qui, me semble-t-il, dominent mon existence.

Dans cet ouvrage, j'ai volontairement choisi de n'évoquer de ma vie privée que l'enfance et l'adolescence. Mais le lecteur aura compris la place qu'ont tenue pour moi l'affection et l'amour. Amour de ma mère qui m'a imprégné jusqu'à sa mort. Amour de mon père disparu dans la tragédie des camps d'extermination. Amour de mon épouse, un amour rare vécu comme un don réciproque de soi. Amour de la France, de son passé lointain qui est aussi devenu le mien, de toutes ses cultures et de toutes ses croyances.

C'est cela qui m'a donné la force de traverser tant de drames atroces dont le XXe siècle a été fécond en essayant de rester, je l'espère, utile à mon pays.

Une deuxième constante de ma vie est l'intérêt que j'ai toujours porté aux autres. Qu'il s'agisse de la vieille femme harassée rencontrée le matin nettoyant les couloirs et les bureaux. Qu'il s'agisse des techniciens de tous les niveaux, fiers de leur savoir et que j'écoutais en entrant dans la vie de chacun, totalement, mais sans enfreindre leurs barrières de protection. En revanche, le lecteur sait déjà que j'avais peu d'attrait pour les arrivistes, les faux savants, les vaniteux, les bureaucrates bornés, les brutaux... Ils jouaient à des jeux qui n'étaient pas les miens.

L'accent mis dans ce livre sur ma vie professionnelle a occulté ma sensibilité à la beauté du monde, beauté de la nature comme les ciels couchants sur la mer normande, beauté des constructions de l'homme, de ses écrits, de ses peintures et de ses musiques, des œuvres qui furent d'abord des prières comme les cantates de Bach ou la cathédrale de Chartres jaillissant des plaines de la Beauce. Je pense à la grâce de la solitude que j'ai ressentie à Vézelay, Royaumont, Delphes, Saint-Benoît-sur-Loire. La solitude et le silence ont toujours été pour moi la source de ma créativité.

En revanche, mon éblouissement devant le dévoilement du monde par la Science dans tous les domaines de la matière[1] et du vivant, des galaxies lointaines aux quarks, a dû être perçu tout au long de ce livre. N'exclure *a priori* aucun domaine de la connaissance scientifique, calculer toujours les ordres de grandeur afin de pouvoir comparer, hiérarchiser et dégager l'essentiel, comprendre les mécanismes d'enchaînements dans le temps, dégager ainsi les analogies entre les phénomènes, et les synthèses simples, claires, qui en découlent.

Me représenter les phénomènes, dévoiler la réalité ont été pour moi une préoccupation constante. Cela m'a permis non seulement d'être un scientifique, mais de redevenir un technologue, l'équivalent dans mon domaine de ce qu'est l'interniste pour le médecin. À ce sujet me revient en mémoire cette citation de Rimbaud : « J'ai embrassé l'aube d'été. Alors, je levais un à un les voiles. En haut de la route, près du bois, je l'ai entourée avec ses voiles amassés, et j'ai senti un peu son immense corps. Au réveil, il était midi. »

Mais, à ce réveil, je suis conscient des périls que font courir à la Terre : « Les belles imprudences des humains », dont parlait Jean Hamburger. Nous allons avoir à maîtriser l'épuisement des ressources d'hydrocarbures, les effets du développement de la population humaine, les conséquences climatiques de l'accroissement de l'effet de serre et à cela il nous faudra trouver des réponses pour nous adapter aux évolutions de la Terre et éliminer les détriments réversibles. La population croissante entraîne des problèmes nouveaux et en aggrave des anciens : l'accès à l'eau douce potable ou/et agricole, aux terres de cultures, la gestion des mégapoles, etc.

Peut-être se produira-t-il un changement des attitudes des humains, dans les bouleversements *culturels* déjà en cours, générateurs de bienfaits immenses (par exemple l'allongement de la longueur de vie avec une santé permettant l'autonomie, soulagement des souffrances, diminution des famines et éradication de diverses maladies, etc.), mais aussi ces bouleversements culturels étant générateurs de tensions, de violences, de guerres, avec des outils de destruction de plus en plus graves et des mentalités humaines inadaptées à leurs puissances. Il y faudra le courage le plus difficile, celui d'accepter l'opprobre et l'humiliation, comme dans la vie des novateurs comme Galilée, Condorcet, Pasteur, Freud, Darwin, Boltzmann (basant l'étude de la thermodynamique et plus généralement de la physique sur une théorie cinétique classique des particules), dont ses collègues, sommités du monde savant de l'époque, ancrés sur une description expérimentale, disaient ne jamais avoir observé ces particules.

Peut-être, trouverons-nous, habitants de cette planète limitée, sous des formes nouvelles, un sens à un engagement d'espérance, de compassion, d'altruisme. Mais j'ai la certitude que l'humanité aura besoin, en tout état de cause, de l'outil puissant et amplificateur de la science et de la technique.

NOTES

Note de la saynète 2
L'ÉTOILE ET LA FUITE

1. C'était ce qu'on appelle aujourd'hui, la rafle du Vél' d'Hiv.

Notes de la saynète 3
LA GUERRE DES HOMMES ET LA PAIX DE LA NATURE

1. Elle n'avait évidemment pas d'électricité.
2. Son autre sœur était mariée, à Peyreleau aussi.

Notes de la saynète 6
LE DÉVOILEMENT DU MONDE

1. Toute l'ambition de ce livre est résumée par cette citation de Pascal : « Rien n'est plus commun que les bonnes choses : il n'est question que de les discerner ; et il est certain qu'elles sont toutes naturelles et à notre portée, et même connues de tout le monde. Mais on ne sait pas les distinguer. Ceci est universel. Ce n'est pas dans les choses extraordinaires et bizarres que se trouve l'excellence, de quelque genre que ce soit. On s'élève pour y arriver et on s'en éloigne. Il faut le plus souvent s'abaisser. Les meilleurs livres sont ceux que ceux qui les lisent croient qu'ils auraient pu faire. La nature, qui seule est bonne, est toute familière et commune », *De l'esprit géométrique.*

2. Lanza del Vasto voyagea aux Indes anglaises, regardant la non-violence de Gandhi avec un œil profondément catholique, célébrant sa messe chaque jour.

Note de la saynète 7
SOUS LES DRAPEAUX

1. Vocation : « L'étymologie est le latin classique : *vocatio-onis* : action d'appeler ; le mot dans la Bible désigne d'abord l'appel de Dieu à une personne. Pascal l'emploie pour un mouvement intérieur par lequel une personne se sent appelée vers Dieu », *Dictionnaire historique de la langue française*, Le Robert, sous la direction d'Alain Rey.

Notes de la saynète 9
PREMIERS PAS DANS LE NUCLÉAIRE

1. L'araméen, langue parlée par le Christ, était le langage des échanges dans le Moyen-Orient.

2. L'étymologie grecque du mot « apocalypse » est : « Action de révéler de ce qui est caché. » Un « cinquième cavalier » était Michel Trocheris.

3. Cette école se composait, outre moi, de Jean Bussac, Pierre Bacher, Pierre Tanguy, Édouard Parker, Trétiakof, Bailly du Bois, Teste du Bailler, Jean-Claude Leny, Bernard Lerouge, Denis Breton, Cadihac, puis, au fil des années, s'y joignirent Jean Pierre Schwartz, Louis Brégeon, Roger Delayre, Paul Reuss, Chabrillac, etc.

4. Un noyau d'atome est dit fissile quand un neutron de faible énergie qui le frappe peut le briser en deux parties (et rarement en trois, créant du tritium par exemple) et produire aussi divers types de rayonnements, dont des neutrons.

Notes de la saynète 10
PREMIÈRE RÉVÉLATION SCIENTIFIQUE

1. La santé d'Yvon était précaire. Il ne se remettait pas de sa déportation à Buchenwald, suivie d'une marche à la mort en commando vers la mer Baltique. Il m'en avait beaucoup parlé. À sa mort, il me confia la partie de son œuvre pas encore publiée donc, ses manuscrits, y compris ce qu'il avait pu réussir à écrire pendant ce commando sur le dos de papiers administratifs allemands. Je l'ai éditée. Avant sa mort, cet homme si grand de taille était si léger que son épouse le prenait dans ses bras pour le porter du lit à un fauteuil. Elle-même était la fille du médecin d'Oradour-sur-Glane, absente de ce village lors du massacre perpétré par les Allemands.

2. J'étudiais l'interaction entre trois catégories de phénomènes :

a – L'action des variations de réactivités (excès sur un, dans une réaction en chaîne, du taux de croissance du nombre de fissions par chaînon écoulé ; la réactivité zéro correspond à une réaction en chaîne constante, dite « criticité »), sur les flux de neutrons et, de là, sur les puissances thermiques dégagées en chaque point et à chaque instant dans le réacteur.

b – Les conséquences de cette puissance en chaque point et à chaque instant sur les températures, les densités massiques, les ébullitions éventuelles, dans le réacteur, en prenant en compte le fluide de refroidissement qui évacuait cette puissance.

c – Les variations de réactivités que ces changements de densité massique entraînaient.

À partir de la connaissance de ce modèle dynamique, je recherchai les régimes permanents possibles de ce système. Une fois ceux-ci obtenus, je cherchai les moyens de les rendre *stables* par rapport à toutes perturbations, volontaires ou involontaires. Enfin, je cherchai les moyens de commande pour aller de l'un des régimes de puissance permanents à l'autre de puissance différente. L'accident de Tchernobyl de 1986 provenait, notamment, de l'*instabilité* du réacteur vis-à-vis de perturbations.

3. Jacky Weil resta toute sa vie un pionnier du nucléaire, ouvrant de nouvelles pistes fécondes.

Notes de la saynète 11
LA SÉPARATION DES ISOTOPES DE L'URANIUM NATUREL

1. SDF, sans domicile fixe, comme on le dirait aujourd'hui.

2. L'uranium naturel contient 0,720 % d'isotope de masse atomique 235, de l'uranium, le reste, soit 99,2745 %, étant de l'isotope de masse 238 de l'uranium (et 0,0055 % d'uranium 234).

3. Ces « filtres » furent appelés « barrières de diffusion ».

4. Pour les spécialistes, ce sont des problèmes non linéaires.

5. Fils de Louis Massignon, l'un des plus prestigieux intellectuels de l'époque, professeur au Collège de France, qui s'était inquiété auprès de son fils de cette activité nucléaire, puis lui avait dit : « Fais ce que tu penses le meilleur pour la France. »

Notes de la saynète 12
L'ENVOL DE PÉGASE

1. On utilise le réacteur à haut flux (voir Saynète 13) pour l'étude des grandes molécules de la biologie ou la compréhension des mécanismes de la supraconductivité à haute température, etc.

2. Liés à la mise en service du canal de la Durance.

3. « Sur le coup de midi. »

4. Du bore dans la laine de verre !

Notes de la saynète 13
UN RÉACTEUR POUR EXPLORER LA NATURE

1. La raison profonde de cette supériorité des neutrons sur les rayons X pour l'exploration de la matière condensée est due à ce que les photons X ne sont pas de la *même famille physique* que les noyaux des atomes. Donc, quand leur longueur d'onde est de l'ordre de grandeur de la distance entre atomes dans de la matière condensée, leur énergie est 100 000 fois plus grande que l'énergie cinétique et potentielle des noyaux. On ne peut pas les séparer l'une de l'autre. Au contraire, quand un neutron a la même longueur d'onde de celui d'un noyau d'atome d'une matière condensée, il a aussi une

énergie cinétique du même ordre de grandeur que celle du noyau. Les deux quantités étant voisines, on peut les séparer et les mesurer toutes deux simultanément.

2. Avec l'aide féconde de Paul Ageron du Centre d'études nucléaires de Grenoble.

3. Prix Nobel, qui avait découvert notamment l'antiferromagnétisme.

4. Louis Brégeon pour la neutronique, Jean-Pierre Schwartz pour l'élément combustible, Michel Livolant pour la source froide, Jean-Paul Martin pour l'ingénierie, Paul Ageron déjà cité, etc.

Notes de la saynète 14
LES ÉCHECS ET L'APPEL

1. La bombe qui explosa à Hiroshima (appelée « Little boy » par les comptes rendus des travaux du laboratoire de Los Alamos) était en uranium enrichi en l'isotope 235.

2. *Mémoires de Louis XIV* ; présenté et annoté par Jean Longnon, In texte, Tallandier, p. 187-188.

3. Pour le lecteur physicien, un noyau de tritium nécessite une énergie 1 keV (1 000 électrons Volt ; un électron Volt est l'énergie communiquée à un électron, quand sa charge électrique est soumise à une différence de potentiel de 1 Volt) pour être amené à la fusion. Il émet alors moins de 3,6 MeV (million d'eV) d'énergie cinétique d'un noyau d'hélium, qui échauffe ce milieu fusible et accélère encore la célérité de la fusion. La réaction émet aussi un neutron de 14 MeV qui n'est pas arrêté, par le milieu fusible, trop petit et pénètre le milieu fissile. Là, il déclenche une première fission (soit 200 MeV) dont les neutrons déclenchent à leur tour, environ 3 fissions, soit 4 en tout, soit 800 MeV. On voit que l'énergie de fusion est négligeable par rapport à l'énergie dégagée par les fissions dues aux neutrons de fusion. On voit aussi que l'énergie pour amener le tritium et le deutérium à la température de fusion est aussi négligeable par rapport à l'énergie finale, même si le rendement de chauffage par les premières fissions du mélange de fusion est très petit.

4. Stratégique : au sens que l'armement ne se borne pas à viser dans le champ de bataille comme les canons.

5. Voici, pour le lecteur physicien, de façon schématique, le recensement auquel j'aboutis : physique nucléaire ; neutronique ; physique atomique et moléculaire ; en conséquence opacités et équations d'état ; transfert du rayonnement ; transfert du rayonnement dans les corps optiquement épais et aussi dans les corps optiquement minces (comme les atmosphères solaires et stellaires) ; physique des plasmas ; dynamique des fluides et mouvements dans les milieux à haute température, hautes densités d'énergie et de puissance ; instabilités d'interfaces (du type Rayleigh-Taylor et autres) des fluides et des écoulements de fluides et de plasmas denses ; physique statistique ; chocs dans les explosifs et détonations ; création et propagation des chocs dans les milieux inertes ; physique des alliages de plutonium ; propriétés du tritium et du mélange tritium-deutérium ; analogies avec les milieux astrophysiques en réactions thermonucléaires ; atmosphères stellaires ; analyse numérique. Synthèse de toutes ces disciplines appelée physique des armes. Cette liste n'est bien entendu pas exhaustive. Soulignons que les *instabilités d'interfaces entre les différents fluides (ionisés ou non)* sont parmi les phénomènes

les plus importants dans le fonctionnement des engins nucléaires, les plus difficiles tant à mesurer qu'à calculer. Dès le début de ma participation aux travaux de la DAM, j'introduisis l'existence et l'importance cruciale de ces phénomènes dans les engins nucléaires, pour tout ce qui concerne la fusion thermonucléaire. Leur importance sur le fonctionnement des engins nucléaires tient à ce que ce phénomène s'oppose au maintien de la *sphéricité – ou la régularité – des implosions* et, de plus, conduit *au mélange des deux corps séparés par l'interface*. Comment obtenir la combustion thermonucléaire d'un milieu formés de corps fusibles, s'il est mélangé avec une forte proportion de matière lourde ? J'en commençais seul l'étude et créais progressivement un réseau de chercheurs dispersés entre les services et les centres d'études de la DAM pour étudier ses aspects *expérimentaux, théoriques* et sa *simulation numérique*. Ces instabilités de l'interface entre deux fluides – et *tout est fluide aux températures régnant dans les expériences nucléaires* (car les rayons γ traversent tout l'engin nucléaire à la vitesse de la lumière et ceux des rayons γ qui sont absorbés ou diffusés chauffent tout l'engin nucléaire immédiatement, le transformant en un gaz ionisés, avant tout autre phénomène dans l'engin nucléaire) – ont pour *cause la stratification, en température, en pression et en densité massique, des propriétés des deux fluides au contact* – on dit la *baroclinicité* – qui, sous l'effet d'une *accélération* des fluides dans un sens contraire au *gradient de densité massique*, engendre de la « vorticité » (= la rotation du champ des vitesses des fluides), donc de la *turbulence* et de *grands mouvements irréguliers*. Donnons quelques exemples.

a – Comme dit plus haut, c'est l'un ou le plus souvent le phénomène le plus difficile à évaluer, à calculer et à contrôler dans les *engins expérimentaux nucléaires*. Si l'interface sépare deux fluides de fonctions différentes dans l'engin nucléaire, cette instabilité d'interface (avec cette turbulence à diverses échelles de taille), induira des *mélanges* entre les deux corps de fonctions différentes, censés être séparés par l'interface. Ceci empêchera le fonctionnement normal de l'engin nucléaire.

b – L'*atmosphère terrestre* où les régions de forte baroclinicité sont celles qui engendrent en particulier des cyclones.

c – Les *océans* où la baroclinicité engendre des tourbillons de l'ordre de la centaine de kilomètres de diamètre ou moins. De plus, cette vorticité entraîne des mélanges (« *mixing* ») entre les stratifications d'eau marine de salinité, de température, etc., différentes. Ses conséquences sont considérables.

d – L'*astrophysique*, pour certains des *phénomènes stellaires*, avec, en plus des autres agents physiques cités plus haut, le champ magnétique. Encore en astrophysique, pour les *Supernovae* en particulier. Des simulations mathématiques de supernovae sont en particulier étudiées au laboratoire le plus focalisé des États-Unis sur les armes nucléaires, Livermore.

6. Équation d'état : dans un milieu en équilibre thermodynamique, c'est l'équation qui relie la densité massique, la pression, la température et éventuellement des paramètres physiques et chimiques.

7. Pour le lecteur scientifique, cette note décrivait : la nature des réactions nucléaires et thermonucléaires à utiliser et à répéter comme des réactions en chaîne, mais en petit nombre de chaînons ; leurs nombres successifs ; leur durée en fonction de la température et de la densité massique. Compte tenu de l'*inertie* de cette matière (le mot fusion *inertielle* est maintenant utilisé dans tous les manuels en anglais sur la

fusion ainsi que dans toutes les conférences internationales). La note concluait à la nature des corps à rassembler, à leur densité massique, à leur température, et donc donnait les *conditions initiales* pour démarrer le fonctionnement thermonucléaire. Restait à élaborer le processus pour obtenir, par une pression suffisante, cette densité et par un chauffage ultérieur, cette température. Cette note avait été pour moi très simple à faire car c'était une application directe du seul *groupe de transformation* de l'équation du transport des neutrons, lequel était l'*invariance* de cette équation linéaire du transport des neutrons, par compression ou dilatation de la matière, la seule quantité physique restant constante dans toutes ces compressions et dilatations étant l'ensemble des sections efficaces (dimension : cm^2) des rencontres neutrons et noyaux. Les groupes de transformation étaient depuis toujours un de mes sujets mathématiques favoris. Il l'est encore aujourd'hui.

Notes de la saynète 15
LES MÉFAITS DE L'OBSTINATION

1. L'un d'eux me traita de « Saint-Just de la science ». Un autre m'accusa de n'avoir pas de sentiments et de ne voir que la science.

2. Bertrand Goldschmidt, qui avait travaillé au Canada comme chimiste sur les programmes nucléaires pendant la Seconde Guerre mondiale (avec Guéron, Halban, Kowarski), servait souvent d'intermédiaire pour prendre contact avec les savants anglo-saxons ayant travaillé sur le programme de bombe A à cette époque.

3. Par exemple, Horowitz m'avait envoyé faire un stage dans l'équipe du réacteur à gaz à haute température, graphite, particules combustibles enrobées, dit Dragon (situé à Winfrith, dans le cadre d'une collaboration Euratom-OECD), pour en rassembler tous les résultats, avec l'accord du directeur anglais, lui aussi mathématicien de formation.

4. Un ami américain, astrophysicien, Mihalas, m'envoya plus tard le manuscrit d'un de ses livres : *Foundations of Radiation Hydrodynamics*.

5. Pour le lecteur scientifique, exemples de *transformations* sur les variables des équations de la dynamique des fluides, laissant ces équations analogues : changer les densités sans changement de la géométrie et du temps ; changer les longueurs sans changer les densités et le temps ; changer le temps sans changer la géométrie et la densité ; enfin l'*autosimilarité*, c'est-à-dire l'absence de longueur caractéristique dans un écoulement. C'est un des traits de ce qu'on appelle aussi des distributions indéfiniment divisibles en probabilités ou des fractales dans un nouveau langage.

Notes de la saynète 16
UN BOUCLIER POUR LA FRANCE

1. L'un des deux ne publiait pas (ou peu), à ma connaissance, ses méthodes de calcul d'approximation de l'*opacité d'un atome* vis-à-vis d'un *rayonnement électromagnétique* d'une manière compréhensible, ni ne les expliquait clairement, ni ne parlait à l'autre physicien, mais j'avais avec lui des relations scientifiques orales approfondies, confiantes et fécondes. Heureusement, je connaissais à fond ce domaine du *cortège*

électronique et de ses interactions avec le rayonnement électromagnétique et les divers types de méthodes d'approximation de physique statistique quantique, liées à l'*équation de Schrödinger*. Je pouvais ainsi estimer la validité de ses approximations des modèles théoriques des électrons de l'atome étudié en interaction.

De plus, je travaillais régulièrement avec l'autre physicien, pratiquant une autre méthode d'approximation. Ce physicien du cortège électronique me fut, pendant toute mon activité sur l'opacité et la physique atomique et moléculaire (donc toute ma carrière à la DAM), un précieux collaborateur (le cortège électronique comprimé permet aussi d'accéder aux *équations d'état* et en particulier aux ionisations par compression). Il forma un autre physicien qui devint à son tour un maître.

J'essayais de trouver des procédés d'approximations de ces modèles théoriques dans d'autres domaines comme les *nucléons* du *noyau* de l'atome. Pour ce dernier domaine, beaucoup plus difficile, j'initiais, plus tard, une collaboration entre un excellent physicien théoricien, expert (de la DAM) des *interactions entre nucléons dans le noyau* et un jeune mathématicien sortant de l'École normale supérieurs, Pierre-Louis Lions, le fils de mon ami, Jacques-Louis Lions.

Pierre-Louis Lions en dégagea des méthodes mathématiques puissantes (permettant des calculs numériques sur ordinateurs), générales et séminales, qui eurent des applications dans bien d'autres domaines scientifiques.

Pour ma part, j'appliquais ces procédés de physique mathématique à l'*opacité des milieux stellaires*, entourant la zone centrale de combustion thermonucléaire, qui confine le rayonnement électromagnétique allant de cette zone centrale vers la région proche de la surface, juste avant la partie convective, du Soleil. Cela m'était familier par les travaux publiés de Cox A. N., de Los Alamos (par exemple dans Aller L. H., McLaughlin D. B. (eds), *Stellar Structure*, University of Chicago Press, 1965), qu'il avait développé pour les atomes lourds des armes thermonucléaires et publié pour les atomes plus légers des modèles d'étoiles, ainsi que les phénomènes advenant dans d'autres régions des diverses catégories d'étoiles. Une fois de plus, je procédais par *analogie* entre des domaines semblant très différents où je retrouvais des phénomènes de bases identiques.

L'importance de l'opacité des atomes lourds tient en particulier à ce que l'opacité d'une telle matière commande la vitesse de pénétration du rayonnement extérieur dans cette matière, donc la vitesse de cette matière ainsi chauffée et évaporée, par conséquent la force de réaction ainsi produite. Cette force (comme celle issue du réacteur d'un avion), comptée par unité de surface, donc une pression, s'ajoute à la pression de la matière extérieure chaude, agents tous deux de l'implosion citée ci-dessus en saynète 16, page 180, item 4.

Notes de la saynète 17
MINIATURISATION DES ARMES NUCLÉAIRES

1. Sakharov admirait profondément Zeldovich. Il disait de lui que c'est un homme dont les intérêts sont universels (astrophysique, mathématiques appliquées, relativité générale appliquée à l'astrophysique, etc.).

2. Sakharov, à son passage en France, m'a dit que, comme lui, je m'étais laissé « attraper ».

3. Pour le lecteur physicien :

a – On retrouve la loi de transformation de la neutronique par dilatation ou compression ; il en résulte que la notion de masse critique n'a pas de sens toute seule, mais seulement pour une densité massique donnée. Une masse fissile est critique pour une certaine densité massique. Cette masse est inversement proportionnelle au carré de la densité. Multiplier la densité par deux et vous divisez la masse critique par quatre. La seule constante universelle pour un corps fissile donné, c'est que le rayon extérieur d'une sphère de ce métal est k fois le libre parcours moyen d'un neutron dans ce corps, k étant, lui, une constante universelle liée au corps, de l'ordre de 1,6 (cité de mémoire). On retrouve ici le groupe de transformation de l'équation du transport (linéaire) des neutrons cité dans la note 7 de la saynète 14.

b – Parmi le flot d'idées que nos chercheurs explorèrent, l'étude fondamentale théorique de l'allumage et du développement de la combustion thermonucléaire dans un milieu contigu à un plasma fissile dynamique, fut entreprise spontanément et indépendamment par deux excellents chercheurs expérimentés dans deux domaines différents. Ce phénomène ainsi bien analysé en physique mathématique me parut l'un des points cruciaux pour le succès de notre entreprise.

4. Le général Thoulouze me nommait toujours ces généraux.

5. D'une manière analogue, en y réfléchissant aujourd'hui, pour rédiger ce texte, près de quatre décennies après le premier contact, je ne peux pas croire qu'un grand technicien comme Cook, qui a fait toute sa carrière dans la défense nationale britannique, ait agi seul, sans l'accord de son supérieur, dans le domaine scientifique en question. J'ai dit plus haut une hypothèse sur ce qui pourrait avoir déclenché ces entretiens.

6. Dont je sus indirectement qu'il suivit cette affaire bien longtemps après que je l'eus quittée.

7. Le général Thoulouze ne m'a jamais dit lesquels.

Notes de la saynète 18
LE LASER PHÉBUS OU LE THERMONUCLÉAIRE EN LABORATOIRE

1. Un exemple d'application récente : voir le mouvement des molécules du vivant, *in vivo*, sans toucher les atomes de cet échantillon, en partant du concept de l'*atomic force microscopy*, etc.

2. Sous la conduite de Jean Robieux.

3. L'un des trois laboratoires américains produisant l'armement nucléaire des États-Unis. Le troisième est la Sandia.

4. La discipline étudiant les propriétés du laser s'appelle « électronique quantique » en France et *quantum electronics* aux États-Unis.

5. Avec des flux (puissance par unité de surface) infiniment plus puissants qu'en examen médical ou même qu'une longue radiothérapie.

6. J'ai déjà mentionné que j'avais également initié une longue collaboration entre des chercheurs du laboratoire de Los Alamos et moi, puis avec les collaborateurs que je leur envoyais, par exemple pour l'étude des écoulements turbulents (Frank Harlow).

7. Pour le lecteur scientifique ou technicien. Le premier prototype de *laser*, destiné à créer une impulsion de rayonnement électromagnétique de *forte* puissance, utilisait du *néodyme* enchâssé dans du verre. Il fut acheté tant par le CEA/Limeil que par le laboratoire de Livermore au laboratoire de Marcoussis (appartenant à l'époque à la Compagnie générale d'électricité), pionnier de cette technologie dans le monde.

Le néodyme (un des éléments chimiques dits « terre rare », caractérisés par le remplissage progressif de la couche d'électrons dite 4f), fut choisi comme corps émettant le rayonnement laser parmi d'autres possibilités car cet atome possédait, entre autres propriétés, les *quatre niveaux quantiques* d'un de ses électrons de la couche 4f, entre lesquels se faisaient les transitions de cet électron.

a – *Un niveau* situé dans une région de fréquence où un *pompage optique* puissant de cet électron, est réalisable.

b – *Deux niveaux d'énergie entre lesquels, la transition de l'électron du plus haut vers le plus bas émet le rayonnement électromagnétique laser recherché.*

c – *Un niveau de « garage »* des électrons pour ne pas encombrer les deux niveaux crée le rayonnement laser. C'est plus précisément l'ion Nd 3+ du néodyme (donc, auquel 3 électrons de la couche 4f, qui en contient 4, sont enlevés par les interactions de cet atome avec la matrice de verre ou de YAG – Yttrium Aluminium Garnet = Grenat – dans laquelle il est enchâssé) qui fournit un électron (de la couche 4f) faisant des transitions entre ces quatre niveaux. La transition de l'électron entre les deux niveaux, qui crée l'impulsion de rayonnement électromagnétique laser, a une longueur d'onde de environ 1,04 µm, donc dans l'infra rouge. (Le visible va de 0,4 à 0,7 µm.) Cette longueur d'onde est mal adaptée au déclenchement de la *fusion thermonucléaire inertielle*. On utilise alors des phénomènes de l'optique non linéaire pour multiplier sa fréquence par 3, et donc diviser sa longueur d'onde aussi par 3, ce qui conduit à une longueur d'onde de 0,34 µm, donc dans *l'ultraviolet*.

8. Instrumentation de mesures : ce fut un travail aussi difficile et de la même ampleur que celui de la réalisation de ces lasers de haute puissance.

9. Implosion partant d'une densité massique initiale des isotopes de l'hydrogène liquide et multipliant cette densité par un facteur de l'ordre de mille, donc atteignant la densité massique de la région centrale, thermonucléaire, du Soleil (de l'ordre de 100 grammes par cm^3).

10. Quelques repères : le premier rendement, c'est-à-dire le rapport de l'énergie du faisceau laser divisé par l'énergie électrique du réseau accumulée dans des capacités, était de l'ordre de quelques pour cent. Les efforts constants ont permis de l'augmenter sensiblement. Le second rendement : énergie interne fournie à la cible du laser pour l'emmener au déclenchement de la fusion thermonucléaire inertielle divisée par l'énergie du faisceau laser est de l'ordre de quelques pour cent. On voit ici pourquoi il faut une gigantesque installation laser pour déclencher la fusion thermonucléaire d'une toute petite boule de deutérium tritium. En combinant au mieux le tout (c'est-à-dire les « quelques »), on arrive à un rendement *global* de quelques pour mille.

Notes de la saynète 19
CALCULER POUR SAVOIR

1. SEMA : Société d'études et de mathématiques appliquées, créée et dirigée par Jacques Lesourne ; SIA : Société d'informatique appliquée, présidée par Jacques Lesourne et dirigée par Robert Lattès.

2. Ceci me fut répété par François Fejtö, Hongrois, mon ami de longue date, meilleur connaisseur de l'Europe de l'Est sous le joug soviétique. Il en fit un livre, *Requiem pour un empire défunt : histoire de la destruction de l'Autriche-Hongrie* (Éditions Lieu commun, 1990 ; « Points Seuil », 1993). Il fut le premier à apprendre l'Occident, la scission URSS/Chine.

3. La vision informatique est aujourd'hui une réalité.

4. Ce fut l'une des réussites de mon ami Pierre Faurre.

5. Sur trois décennies, j'y vis les résultats de cette pépinière de talents que de très grands ingénieurs, comme François Ailleret, menaient au premier rang mondial des producteurs d'électricité.

6. Alexis Dejou devint président de l'École polytechnique.

7. Une nouvelle nécessité de créer une entreprise de collaboration scientifique survint quand les machines informatiques avec un très grand nombre de processeurs font des calculs en parallèle. Après quelques essais, je fondais l'ORAP (Organisation associative du calcul parallèle en France) avec le CEA, le CNRS et l'INRIA pour développer le parallélisme massif en France. Je demandai à Lions de bien vouloir en prendre la direction scientifique et d'abord de rédiger un rapport qu'il sortit en 1994. L'ORAP est aujourd'hui en plein essor, grâce en particulier au relais que développa Paul Caseau, d'EDF, en travaillant avec Lions.

Notes de la saynète 20
DES MATHÉMATIQUES POUR AUJOURD'HUI ET POUR DEMAIN

1. Eugen Wigner, *On the Unreasonable Efficency of Mathematics* (1970). Ce sujet a aussi été traité par Jean-Pierre Changeux et Alain Connes, dans *Matière à pensée* (Odile Jacob, 1989) et dans un ouvrage de Stanislas Dehaene, *La Bosse des maths* (Odile Jacob, 1997) ; Wigner était un ami intime d'Edward Teller que j'ai rencontré au laboratoire de Livermore et avec lequel je m'entretenais de l'énergie nucléaire civile. Edward Teller, déjà très âgé, me sembla bien au courant des travaux effectués au laboratoire de Livermore et de la fusion thermonucléaire inertielle par laser. Il était aussi préoccupé de l'avenir du nucléaire civil de puissance et avait des idées personnelles pour améliorer son développement aux États-Unis et en Europe. Il ne donnait pas l'impression d'un homme heureux. Il semblait très préoccupé de l'avenir de son pays.

2. Dernier ouvrage paru : Omnès R., *Toward A Common Philosophy of Physics and Mathematics : Converging realities*, Princeton University Press, 2005.

3. Ullmo J., *La Pensée scientifique moderne*, Flammarion, 1969.

4. Pour comprendre les fondements de la théorie de la mesure et donc celle des mesures de probabilités, et par conséquent de son application directe, la notion de risque, risque nucléaire bien sûr, mais aussi risque d'événements divers de la vie des humains.

5. L'enseignement de l'École polytechnique fut rénové et ouvert sur l'enseignement international, au même titre que les universités anglo-saxonnes par mon ami, Bernard Esambert, qui avait une culture profonde, historique et sociale, de ce monde industriel et économique et un socle de morale, d'humanisme et de courage. L'École polytechnique fut alors adaptée au monde moderne, y compris sur le plan de la recherche scientifique. Esambert B., *La Guerre économique mondiale*, Orban, 1991.

6. Dit familièrement le « comité des sages », créé par le général de Gaulle sous l'impulsion des normaliens « science » que son directeur de cabinet, Georges Pompidou, consultait. Ce comité se réunissait alors à l'Élysée. Le général, m'ont raconté plusieurs témoins, s'intéressait à leurs conclusions concernant l'avenir de la science française.

7. Pour le lecteur scientifique : voici un exemple. Je me suis toujours demandé dans quels cas les divers modèles d'approximations de la propagation des ondes électromagnétiques (des rayonnements infrarouges aux rayons X et γ), avec ses diverses interactions, représentés par diverses approximations suivant le phénomène examiné, étaient justifiés :

a – l'*optique géométrique* (approximation dite « eikonale ») dans le faisceau lumineux de Phébus traversant les lentilles ;

b – les *équations de Maxwell* (approximation de la physique classique) pour les interférences des ondes ;

c – l'*équation du transport* pour le « transfert du rayonnement » (en fait, des rayons X) dans les milieux nucléaires et thermonucléaires, les intérieurs solaires et stellaires, le piégeage du rayonnement infrarouge par les transitions de vibrations, rotations de la vapeur d'eau, du gaz carbonique, du méthane, etc., dans l'atmosphère – ce qu'on appelle l'effet de serre, etc.

d – l'*équation de Schrödinger* pour l'interaction de telle molécule de gaz carbonique et le rayonnement électromagnétique sous sa forme classique d'un champ vectoriel dans l'approximation de Born-Oppenheimer et la description exacte par l'*électrodynamique quantique*.

Les *quatre approximations ci-dessus* gagnaient en facilité d'emploi ce qu'elles perdaient en fidélité de la description des phénomènes. Ainsi, l'équation du transport (pour le transfert radiatif), utilisée dans tous ces travaux nucléaires et pour l'effet de serre, a perdu la représentation des interférences, de la polarisation, etc. Cela fait maintenant de l'ordre de trois décennies que Claude Bardos (alors dans un des laboratoires de l'École normale supérieure) et moi nous scrutons les « distances » entre ces modèles, les différences entre les groupes de transformation de chaque équation (dont le groupe de Poincaré-Lorentz pour les équations de Maxwell, qui suscita la forme des équations de la relativité restreinte) et la raison de la disparition de tel aspect des phénomènes. La plupart sont maintenant classiques. Toutefois, il restait une dernière correspondance entre deux descriptions à préciser avec rigueur. Bardos vient de m'apprendre que c'est chose faite par un théorème de Erdös-Yau (2000) qu'il m'a communiqué. Notons à propos de ces diverses descriptions que la lumière conserve ses interférences quantiques quand on passe à l'échelle macroscopique (c'est dû à la masse nulle du photon).

8. Le mariage des *probabilités et de la physique quantique* m'a passionné toute ma vie. J'en parle déjà dans ce livre fait avec Lions, à la fois dans la liste des problèmes de physique quantique du premier chapitre et dans la formule de Feynmann-Kac (ce dernier, Mark Kac, né vers 1914 en Russie tsariste, devenue Pologne après la Première Guerre

mondiale, puis Ukraine après la Seconde Guerre mondiale, s'exila pour fuir l'antisémitisme polonais et arriva aux États-Unis en 1938. Il fut pour moi un ami que je voyais lors de ses passages à Paris). Mark Kac, Stan Ulam, *the Polish Masters* – comme on les appelait au laboratoire de Los Alamos –, et moi formions un trio scientifique de survivants. Quand j'allais chez Stanislas Ulam (né en 1909, en Galicie austro-hongroise, devenue polonaise après le traité de Trianon qui suivit la Première Guerre mondiale, ami de Janos von Neumann, allant couramment de Lwov à Budapest, arrivé aux États-Unis en 1934 pour les mêmes raisons que Kac, introduit par von Neumann à Los Alamos où il fut actif dès 1944, y fit plus tard une contribution essentielle pour la conception de la bombe H), dans sa maison de Santa Fe, la photographie de la galaxie Andromède m'accueillait, répondant à celle qui était chez moi à Paris. Je dirigeai ensuite un autre livre *Méthodes probabilistes pour les équations de la physique* dans la série synthèse de la collection CEA, chez Eyrolles en 1989. La solution vint, pour moi, claire et profonde, avec les « *histoires* consistantes » introduites par Robert Griffiths (dans ses publications de 1984 et 1987), le passage du monde quantique au monde classique où nous agissons (grâce aux travaux de Roland Omnès, utilisant un nouvel outil mathématique dit « analyse microlocale » que j'avais déjà utilisé pour la furtivité de nos missiles vis-à-vis des radars ennemis) et les expériences d'Alain Aspect, ainsi que celles de Serge Haroche au laboratoire de l'École normale supérieure, qui manipule un atome ou un photon ou un système quantique, formé d'un couple de ces objets. Pour ma part, j'avais fait, dans le particulier, un exposé à l'Académie sur le passage de la mécanique quantique à la mécanique classique dans le cas dit « conservatif » (c'est-à-dire sans « dissipation » d'énergie, par friction ou autre chose).

L'*histoire* n'a d'abord été que celle *des hommes*. On l'a introduit pour les montagnes, les mers, les continents : la géologie devint une *histoire de la Terre* au XIXe siècle. Darwin, avec *l'évolution et la sélection naturelle par l'histoire du Vivant* y a englouti tout ce qui vit dans le temps, la *radioactivité a fourni les horloges* (datation radioactive). J'ai demandé à Étienne Roth d'écrire un livre sur ce sujet dans la collection CEA dont j'avais la responsabilité : *Méthodes de datation par les phénomènes nucléaires naturels. Applications* (Masson, 1985) donnant les durées de la Terre et de tous ses événements. L'expansion de l'Univers a plongé l'Univers visible dans une *histoire de l'« Univers »* avec une espèce de phase initiale baptisée Big Bang. Les génomes ont dévoilé *l'histoire des briques élémentaires du Vivant* et leur unité profonde. Et voici que le domaine des atomes, comme tous les systèmes quantiques, ne peut être compris que comme celui de familles consistantes (*consistent families*) *d'histoires quantiques*. Mais ce sont des *histoires* d'une catégorie nouvelle : elles ont toutes lieu en même temps et elles interfèrent entre elles. On peut parler de probabilités (c'est-à-dire une « mesure » dans le jargon des mathématiciens) d'un ensemble d'une famille de ces histoires. Cela dissipe tous les paradoxes de la mécanique quantique et permet d'utiliser les probabilités classiques pour les systèmes quantiques. En particulier, tout événement dans la physique quantique est aléatoire. Quand il ne l'est pas, c'est qu'il est sorti du monde quantique pour entrer dans le monde classique. Et on sait calculer, comme je l'ai dit plus haut, sa durée et l'approximation entre l'un et l'autre (Omnès, communications personnelles).

En un mot, toutes nos connaissances sur notre monde, inerte et vivant, microscopique et cosmique, ne prennent sens que plongées dans l'histoire, c'est-à-dire dans le temps.

9. Par exemple, le premier volume est de 1 410 pages, le dernier de 1 302 pages.

Notes de la saynète 21
DES ÉTOILES AUX ARMES, ET *VICE VERSA*

1. Swift, dans *Les Voyages de Gulliver* (écrit en 1720), citant la « grande académie de Lagado », en plaisantait déjà : « Depuis huit ans, il travaillait à extraire des rayons de soleil de concombres pour les conserver dans des fioles hermétiquement fermées. Ces rayons devaient permettre de réchauffer l'air au cours des étés trop froids. Il était certain que, à huit ans de là, il serait en mesure de fournir les jardins du gouverneur en rayons de soleil à un prix raisonnable. » Transfert radiatif et capture par l'opacité de l'intérieur du concombre ; l'effet de serre en réduction est là.

2. Avec la brillante exception de Roland Omnès, pionnier de la cosmologie fondée sur la physique des hautes énergies, la plus expérimentale de l'époque. Son œuvre scientifique continua toute sa vie à ouvrir des domaines séminaux (comme on dit pour le prix Nobel), aujourd'hui pour montrer que « les principes fondamentaux de la mécanique quantique contiennent tous les éléments nécessaires à leur propre interprétation » (Omnès, communication personnelle ; voir aussi *Converging Realities, op. cit.*, et Omnès, *Les Indispensables de la mécanique quantique*, Odile Jacob, 2006).

3. Un exemple ? Je calculai que la quantité d'énergie fournie par un kilogramme de matière de la boule centrale du Soleil pendant la phase de combustion (durée de l'ordre de cinq milliards d'années, avant la phase de départ vers la phase dynamique de géante rouge) de l'hydrogène de cette boule était du même ordre de grandeur que l'énergie fournie par un kilogramme de matière fusible placée initialement dans une arme thermonucléaire (brûlée en environ dix milliardièmes de seconde). Pourquoi ces différences de durée ?

J'ai déjà esquissé la réponse plus haut. Le taux de combustion dans le Soleil est commandé par le taux de création du combustible, le deutérium, car il n'y en a que très peu initialement. La réaction produisant ce deutérium, à partir des noyaux de deux atomes d'hydrogène (dits protons) est dite d'*interaction faible*, donc très lente : ici, environ douze milliards d'années. C'est cette interaction faible qui gouverne la durée des étoiles moyennes, leur stabilité et donc le lent développement du Vivant utilisant la lumière de ce Soleil, source de presque toute la vie et de tout l'oxygène de notre Terre.

Dans une arme, le combustible tritium est aussi absent. Pour le former, la réaction nucléaire forte est infiniment courte. Mais ce qui est le plus long est le parcours d'un neutron issu d'une fusion tritium et deutérium et allant dans son vol jusqu'à ce qu'il rencontre le noyau qui l'absorbera pour donner un autre noyau de tritium (et un noyau d'hélium). En comptant une douzaine de vols de neutrons le long de leur libre parcours moyen à la suite, on arrive à la durée du dégagement d'énergie de l'engin thermonucléaire. C'est donc la vitesse des neutrons, donc leur énergie cinétique de naissance, et la densité du milieu (pour le libre parcours moyen) qui commandent la durée du phénomène.

Une conséquence de cette différence entre le *taux* de combustion thermonucléaire du Soleil et d'une arme, qui ont pourtant la même physique, est que la *puissance* thermonucléaire créée par un kilogramme de matière fusible dans le centre du Soleil est infime, d'environ quelques dix millièmes de Watt !

4. Isaac Revah (programmes scientifiques du CNES), Catherine Césarsky (CEA : rayons cosmiques), Gérard Mégie (ozone), Jean-Loup Bertaux (vent solaire), Vincent Courtillot (grands épanchements volcaniques et disparition des dinosaures, et toutes les corrélations des grandes extinctions et des événements d'épanchements volcaniques), Gilbert Védrenne (astrophysique des sources de rayons gamma dans l'Univers), Daniel Gautier (sonde Cassini-Huyghens sur Saturne et son satellite Titan), Alain Chedin (transfert radiatif et problème inverse de mesure par satellite des propriétés de l'atmosphère en fonction de l'altitude), Yves Langevin (planètes), Francis Rocard (planètes), Jean-Louis Fellous (Terre), Jean-François Minster (océans), Jean-Loup Puget (astrophysique des sources de rayonnement submillimétrique) et avec le soutien solide de Robert Sadourny (modélisation de l'atmosphère avec Hervé Le Treut), patron du Laboratoire de météorologie dynamique de l'École normale supérieure et de l'École polytechnique, avec les travaux de Jean Jouzel (CEA, Centre des faibles radioactivités), Jean-Claude Duplessy, et l'aide féconde de Jean-Claude André, à Toulouse, etc.

5. Un aspect constant de ma méthode de travail a toujours été de « comparer ». C'est l'un des sens que donne Montaigne à sa démarche dans le troisième livre des *Essais*, au chapitre huit, sous le titre « L'art de conférer ». Plus tard, le transfert radiatif dans l'atmosphère terrestre opacifiée par le gaz carbonique et le méthane, ajouta une troisième analogie. Et enfin, la fusion thermonucléaire dite contrôlée, comme aujourd'hui ITER et demain le laser Mégajoule, ajouta une quatrième analogie d'application de cette physique esquissée tout au long de cette saynète.

Notes de la saynète 22
DANS L'AUGUSTE COMPAGNIE DES SAVANTS

1. On a ainsi pu mesurer que la déformation de l'espace-temps autour de ces objets, par rapport à un univers plat, atteignait 40 % (repéré par un tenseur dit « g »). Les mesures effectuées dans le système solaire avec la sonde Cassini allant vers Saturne conduisent à des valeurs de 10^{-10} du paramètre repérant l'influence de la déformation de l'espace-temps sur les fréquences des ondes radio échangées entre la Terre et ce satellite.

2. *Newton : principes mathématique de la philosophie*, par feue Mme la marquise du Chastellet, à Paris, MDCCLIX. Nous échangions des avis également sur ses biographies, comme *Westfall Richards : Never at Rest ; A biography of Isaac Newton*.

3. Pierre Faurre a cherché toute sa vie une édition originale des œuvres de Sir William Rowan Hamilton, génie irlandais (ou au moins l'article paru en 1833 dans la *Dublin University Review*).

4. Film tiré d'un livre du grand écrivain japonais Akutagawa Ryunosuke.

Notes de la saynète 23
INCOGNITO VOLONTAIRE ET ANONYMAT FORCÉ

1. François Jacob, François Gros et Pierre Royer, *Sciences de la vie et société. Rapport présenté à M. le président de la République.*

2. DRME : Direction des recherches et moyens d'essai de la délégation ministérielle à l'Armement.

3. C'était l'époque des débats sur la bombe à neutrons.

4. Pour paraphraser Chateaubriand.

5. La mère, issue de famille alsacienne de vignerons depuis de nombreuses générations, et le frère de mon épouse ont disparu respectivement à Auschwitz-Birkenau et Auschwitz-Monowitz. Laissons-lui la parole : « C'est être écorché vif tous les jours et pour toute la vie que de savoir que sa mère a subi un tel calvaire. » C'était aussi le cas de Jules Horowitz comme je l'ai dit plus haut. Que dire du mien ?

Note de la saynète 24
HOMMES DE SAVOIR ET ENJEUX DE POUVOIR

1. Dans des jurys de thèses, pour sa rédaction d'un traité de physique des plasmas et pour divers problèmes scientifiques liés à l'interaction laser/plasma.

DE LA CONSTRUCTION À L'EXPERTISE

1. Étienne Roth, initiateur au CEA des utilisations des radio-isotopes à qui j'avais demandé de rédiger un livre sur les méthodes de datation par les phénomènes nucléaires naturels, dans la série scientifique que je dirigeais de la collection CEA.

2. Herbert Agnew, ancien directeur du laboratoire de Los Alamos, puis patron de General Atomics, membre de la National Academy of Sciences, entre autres, fut un ami, plein d'humour et d'intérêt admiratif pour la France et son art qu'il collectionnait.

Notes de la saynète 25
UN DIRECTEUR SCIENTIFIQUE POUR LE CEA

1. Quant aux chercheurs avec lesquels je passais la majorité de mon temps, ils trouvaient souvent que les grands barons qui les commandaient formaient une barrière quasi opaque entre eux et la haute direction du CEA.

2. Guy Paillotin, excellent spécialiste de photosynthèse et esprit fin, perspicace, créatif et pénétrant.

3. Dans un premier temps, jusqu'à 400 millénaires, soit quatre périodes de glaciation-déglaciation, et maintenant dans l'Antarctique, au dôme C, jusqu'à environ 840 millénaires dans le passé.

4. Pierre Douzou, Maurice Tubiana, Raymond Latarjet, tous trois de l'Académie des sciences, Constant Burg président de l'Institut Curie, Roland Masse également d'un comité de l'Académie des sciences.

5. ADN : acide désoxyribonucléique.

6. Pour ne prendre que quelques exemples, je m'entretenais des outils physiques d'exploration des complexes PSI et PSII de la photosynthèse avec Paul Mathis et A. W. Rutherford à Saclay et A. Vermiglio à Cadarache, des structures moléculaires de la levure avec André Sentenac, des structures végétales avec Roland Douce, de la matière condensée avec les laboratoires de Georges Martin et Yves Quéré, au laboratoire de Karlsruhe pour le traitement du tritium, au laboratoire de Jean-Pierre

Schwartz et Clément Lemaignan pour les éléments combustibles à Grenoble, avec Pierre Bergé (il devint l'un de mes meilleurs amis) et son équipe pour les transitions turbulentes vers le chaos dans les fluides ; Gérard Mainfray et Claude Manus pour les grandes harmoniques des interactions laser/matière, Jean-Philippe Bouchaud pour la physique statistique, Vincent Gillet, puis Samuel Harrar pour la physique nucléaire, etc. Jean-Claude Leny me faisait visiter les ateliers de fabrication des cuves de réacteurs, des échangeurs de chaleur, des éléments combustibles, Pierre Bacher me faisait visiter telle centrale électronucléaire à Chooz, Paul Caseau me faisait visiter et m'entretenir avec les techniciens EDF de la station d'essais des Renardières, etc.

7. Par exemple, pour le seul domaine des matériaux : à Saclay, le laboratoire des matériaux irradiés de Georges Martin, le laboratoire des surfaces de Claude Boisiau, le laboratoire de mécanique physique de Pierre Bergé, celui des carbures d'Yves Quéré et de Novion, et au centre de Grenoble le laboratoire de référence mondiale d'Alain Bourret, qui, mettant en œuvre la microscopie électronique la plus avancée, était de stature mondiale en effets de l'irradiation des matériaux. Jacques Friedel voulait bien conférer (au sens de Montaigne, « De l'art de conférer », chapitre VIII de la troisième partie des *Essais*) avec moi, fréquemment, de ces travaux.

Note de la saynète 26
RESPONSABILITÉS LARGES ET MOYENS LIMITÉS

1. Encore une fonction que le haut-commissaire à l'énergie atomique a perdue depuis cette époque. Le résultat qui pourrait se révéler un jour dangereux est qu'il n'y a plus *un* pilote scientifique pour l'ensemble du nucléaire français.

Notes de la saynète 27
PROTÉGER CONTRE L'INVISIBLE

1. Connaître exige de mesurer. Ce domaine s'appelle la *dosimétrie*. Relier ce qu'on mesure à la source de radiation est aussi une discipline pour laquelle je rédigeai un texte dans un document de l'Académie des sciences, dans le cas des neutrons émis lors de la tragédie de Hiroshima.

2. Quelques chiffres sur les conséquences de l'accident de Tchernobyl : la radioactivité relâchée a été de l'ordre de *400* fois celle de Hiroshima. En masse, cela fait environ *6,7* tonnes de matériaux radioactifs rejetés. Le dernier rapport de l'AIEA, faisant le bilan des victimes constatées à ce jour, a fait un calcul de prévision (basé sur des méthodes dites d'épidémiologie) pour celles dont les symptômes se déclareraient dans le futur. Quels que soient les chiffres, l'accident de Tchernobyl est une *tragédie humaine*. Une analyse de conséquences de cet accident est effectuée dans un autre ouvrage (Dautray R., rapport à l'Académie des sciences, « De la physique à la biologie », TEC DOC, 2007).

Donnons quelques *repères* simples sur les matières : la France pour produire toute son électricité nucléaire fissionne environ un *flux* d'une *cinquantaine de tonnes d'uranium et de plutonium par an,* ce qui produit environ une *cinquantaine de tonnes de produits de fission* par an. Toutefois, ceci est parfaitement entreposé pour le présent et donc non comparable à une émission accidentelle ou volontaire. La *quantité* de produits de fission *présente* dans *un* réacteur électronucléaire de type moyen en Europe est supérieure à *une tonne*. La quantité de produits de fission produits par une bombe de l'énergie de celle de Hiroshima, est *inférieure à un kilogramme*. C'est dire que, si l'énergie nucléaire doit se généraliser dans le monde entier, il y faudrait, tôt ou tard, un contrôle international du cycle de combustible, ce que demande l'agence de l'ONU, l'AIEA (Agence internationale de l'énergie atomique), par exemple sous forme d'une banque internationale des matières fissiles.

3. Nommons-en quelques-uns à qui la France doit tant : le docteur Henri Jammet, Jacques Pradel, Jacques Lafuma, Roland Masse, Bernard Dutrillaux, Raimond Latarjet, Maurice Tubiana, Jean Coursaget, Henri Métivier, le médecin général Aeberhardt, Jean Claude Nénot, Michel Morin, Jean Chameaud, Ethel Moustacchi, Dietrich Averbeck, André Aurengo et parmi nos collègues allemands Albrecht Kellerer venus à l'Académie des sciences. Je les ai tous connus et la radioprotection fut ainsi pour moi une science toute naturelle.

4. « The breakthrough of the year : Molecule of the year, **DNA repair** enzyme », *Science*, 23 décembre 1994, p. 1925, et « DNA repair works its way to the top », p. 1926-1929 et Bartek J., Lukas J., « Balancing life or death decisions », *Science*, 314, p. 261-262.

5. En France, nos interlocuteurs furent, entre autres, Miroslav Radman, à l'université de Jussieu, Estelle Moustacchi à l'Institut Curie, Bernard Dutrillaux au CNRS, le médecin général Louis Court au laboratoire du Service de santé des Armées à Grenoble (puis pour l'ensemble d'EDF), etc. Cette suite d'organismes scientifiques se passe de commentaire.

6. Tchéliabinsk, dans le sud de l'Oural, abritait le premier réacteur de production d'isotope du plutonium à usage militaire, dans un site dit Tchéliabinsk 40. Un des plus graves accidents radioactifs (ébullition, due à une réaction chimique, à Khyshtyim, d'une cuve de liquide où un nitrure de *plutonium* était dissous) du complexe militaire nucléaire y eut lieu le 29 septembre 1957. Les dégâts en frappent encore aujourd'hui la population de Kamensk Uralsky, ville voisine.

7. Michel Turpin avait dirigé le Centre de recherche des charbonnages de France, une branche où la sécurité est essentielle. Il avait aussi cofondé et dirigé l'INERIS, l'Institut national des risques industriels. Sa compétence dans l'énergie est considérable.

8. La taille du noyau a, par rapport à la taille de l'atome dans lequel il est situé, celle d'une mouche dans une cathédrale.

9. Du point de vue des concepts de la science, la physique quantique nous a prouvé que les événements individuels de la physique au niveau microscopique sont *aléatoires* d'une manière irréductible. Mais ce mot « aléatoire » est malheureux car il nous faudrait trouver dans la langue française un terme qui exprime quelque chose de bien plus profond que le hasard (les Anglo-Saxons ont le loisir d'employer le mot *random*) et qui est le *principe de superposition* : ceci signifie que *toutes les POSSIBILITÉS de « chemins »* (traduction de *path*) *d'un système quantique interviennent ensemble, avec des amplitudes égales, mais avec des phases différentes* (dites *Feynman paths*), donc en interférant tous les « chemins » possibles. Parmi les particularités de

cet aléatoire quantique, non seulement on ne connaît pas la cause des événements d'un système quantique, mais il n'y en a pas. Ainsi du sujet repris plusieurs fois dans ce livre, quand l'instant où un noyau radioactif se désintègre est objectivement aléatoire (au sens de *random*), sans aucune cause encore inconnue ou hors de portée des connaissances.

Quand on passe aux manifestations de ces matières à notre échelle, les *chocs avec tout l'environnement* de notre système quantique font disparaître la *fixité des différences de phase* entre les possibilités des divers chemins quantiques, ce qui supprime les *interférences quantiques*. Il en résulte que les manifestations du *principe de superposition* (une des bases de la physique quantique) disparaissent à l'échelle macroscopique, ce qui conduit aux modèles de la physique classique.

En un mot, la physique *quantique* décrit avec les *fonctions d'onde* tous les observables du système microscopique considéré. Si on ne s'intéresse qu'à certains d'entre eux, on crée un *opérateur densité* qui ne retient que les observables pertinents pour le physicien du *microscopique quantique*. Si, allant vers le macroscopique, on ne veut plus décrire chaque atome, chaque électron, chaque noyau, mais seulement quelques *moyennes, température, densité massique, pression,* etc., la *décohérence* nous permet de chiffrer la différence entre le *modèle complet du réel qui est le modèle quantique,* et l'*approximation qu'en fait la physique classique,* ainsi que la *durée pour que la deuxième devienne acceptable* pour décrire la réalité. Au-delà, tous les aspects quantiques du système que nous étions en train d'étudier disparaissent. C'est alors notre choix de cet environnement nouveau, par exemple, tel appareil de mesure de telle quantité qui entraînera quelle quantité du système quantique initial deviendra *mesuré,* c'est-à-dire pour nous *réalité* dans l'expérience.

Alors comment de tous ces événements aléatoires (*random*) surgissent ces atomes tous si bien définis, si indistingables, avec toutes leurs caractéristiques connues avec tant de précision, l'un de l'autre, entre ici, ou cette lointaine galaxie, aujourd'hui ou, il y a des milliards d'années ? La réponse existe, mais c'est une autre histoire de mes quêtes, de mes pourquoi, que je poursuis inlassablement (voir note de l'épilogue).

Notes de la saynète 28
NOS DÉCHETS AUSSI MÉRITENT NOTRE ATTENTION

1. Sauf les hautes figures des parlementaires tels que Christian Bataille, Pierre Laffitte, etc.

2. C'est à dessein que je n'emploie pas ici le mot « déchet nucléaire » à qui on a donné plusieurs significations, qui introduisent des confusions et peuvent conduire à des événements dangereux.

3. Par exemple, le destin ultime des isotopes du plutonium et de leurs descendants me paraît un problème encore à étudier expérimentalement.

4. Toutefois, cette radioactivité, sise en France et non entreposée d'une manière industrielle, est de l'ordre moins du millième de celle des centres américains analogues, et du millionième des centres russes. C'est, de très loin, la France qui a le mieux géré ses résidus radioactifs, à ce jour.

Notes de la saynète 29
LA CROISSANCE DE L'EFFET DE SERRE

1. Principalement le rayonnement visible.

2. Pour le lecteur physicien : et aussi l'atmosphère chauffée par le piégeage du rayonnement infrarouge. L'épaisseur de l'atmosphère est en moyenne de quatre libres parcours moyens d'un photon IR émis dans la longueur d'onde de capture principale du CO_2, soit environ 15 micromètres de longueur d'onde.

3. Il s'agit ici d'une Vie telle que nous la connaissons.

4. Grâce à Alain Chedin, spécialiste du transfert radiatif au LMD (laboratoire de météorologie dynamique de l'École normale supérieure, son équipe étant située dans les laboratoires de l'École polytechnique), de son directeur Robert Sadourny et de l'analyse des carottes glacières (extraites par Claude Lorius) par Jean Jouzel, au laboratoire du CEA des faibles radioactivités.

5. Les mesures de la teneur du CO_2 en continu et avec un appareillage de grande précision (analyseur infrarouge, non dispersif) furent mises en œuvre par C. D. Keeling, de la Scrips Institution of Oceanography.

6. État de vibration : la molécule de gaz carbonique peut vibrer en se pliant comme un « papillon » qui bat des ailes. Cette vitesse de battement reste fixe (on dit que c'est un *état*) jusqu'à ce qu'un photon de rayon IR interagisse avec le papillon. Le papillon peut alors, avec l'énergie du photon qu'il absorbe, passer à une vitesse de battement des ailes plus rapide (donc un autre *état* d'énergie plus élevée). Ce sont les *transitions* entre ces états de vitesses de battements différentes qui absorbent principalement le rayonnement IR émis par le sol (ou par d'autres transitions). La somme des photons absorbés constitue l'*opacité* du volume d'air considéré par rapport au photon d'IR considéré.

Le gaz carbonique a deux autres familles d'états de vibration : la première est un allongement de la molécule, celle-ci restant toutefois rectiligne et symétrique. La seconde est aussi un allongement rectiligne, mais la molécule ne reste pas symétrique.

Seule la transition entre deux états de battement des ailes comme un papillon absorbe massivement le rayonnement électromagnétique infrarouge et est donc la source de l'opacité de l'air aux IR, donc de l'effet de serre du gaz carbonique.

7. CERFACS : Centre européen de recherches et de formation avancée en calcul.

8. Je pris sa suite à la tête de ce comité de l'environnement de l'Académie des sciences.

9. Bien avant ce rapport, j'avais fait une longue conférence scientifique sur ce sujet aux ingénieurs des Mines, à la demande d'Anne Lauvergeon, comme toujours clairvoyante et lucide.

10. Tempêtes, ouragans, vagues de chaleur, vagues de froid, sécheresses, inondations, etc.

11. Le « rapport bleu » du CEA dont la réalisation fut l'œuvre d'Alain Chedin, assisté de Nicole Wilke.

12. Comme toujours, je donnai tous les ordres de grandeur des phénomènes qui y concourent. Je les ai écrits dans mon livre *Quelles énergies pour demain ?*, Odile Jacob, 2004 ; p. 79-96 et p. 284-297.

13. Ozone : on en parle tellement que je donne ici un repère au lecteur. *Si tout l'ozone de l'atmosphère était rassemblé, pur, à la pression atmosphérique régnant sur la surface de la Terre, son épaisseur serait de 3 mm.* De plus, chaque molécule d'ozone créée à tout instant dans la haute atmosphère par les rayons ultraviolets du Soleil cassant les liaisons chimiques des molécules d'oxygène, a une *durée de vie moyenne de un à quelques dizaines de jours* dans la haute atmosphère (qui comporte 90 % de l'ozone) et aussi une à quelques dizaine de jours au niveau de la surface (10 % de l'ozone) de la Terre, ceci et cela pour les régions tropicales et tempérées. Ce n'est que dans les régions polaires que la durée de vie d'une molécule d'ozone dans la haute atmosphère atteint environ 300 à 1 000 jours. La proportion d'ozone est maximale dans la stratosphère, à une altitude d'environ 40 km.

14. Que le lecteur me permette, pour lui montrer comme tous les phénomènes cités dans ce livre se tiennent, que j'employais dans ces équations, l'approximation de Born-Oppenheimer.

15. C'est possible : voir comment dans R. Dautray, *Quelles énergies pour demain ?* (Odile Jacob, 2004).

Notes de la saynète 30
L'AVENIR D'UN DANGER, LA PROLIFÉRATION NUCLÉAIRE

1. Ordre de grandeur : chacune de ces usines avait un « pouvoir de séparation » de 20 tonnes/an. La centrifugeuse anglaise avait un pouvoir de séparation de 3 kg/an et l'allemande de 5 à 6 kg/an.

2. Pour la production de plutonium à haute concentration en isotope 239 du *plutonium* (car on peut sortir à tout moment les combustibles où s'accumule le plutonium 239 avant que la teneur en Pu 240 soit substantiel) et de *tritium* (formé tout naturellement à partir du deutérium de l'eau lourde. C'est d'ailleurs le Canada qui, à partir de ses réacteurs à eau lourde, fournira ITER en tritium, ce qui paiera sa participation au projet ITER.

3. L'utilisation de la centrifugation pour séparer des corps de masses différentes date de 1895, en Allemagne. Elle fut reprise pour le néon en 1919 par l'un des pères de la physique des isotopes, Aston. Pendant la dernière guerre mondiale, elle fut étudiée aux États-Unis pour séparer l'isotope 235, puis abandonnée en 1943 au profit de la séparation par diffusion gazeuse, vu la technologie des matériaux nécessaires aux centrifugeuses, à cette époque.

4. La surface au sol des usines américaines des laboratoires d'Oak Ridge (produisant une teneur maximale de 97,65 % de U 235), de Paducah (*idem*) et de Portsmouth (*idem*) est pour chacune de l'ordre de 30 à 40 hectares.

5. Rappel : séparation chimique nommée *retraitement* en français et *reprocessing* ou *partitioning* en anglais.

6. Ordres de grandeur pour une *centrifugeuse* : vitesse périphérique maximale du rotor, qui commande le facteur de séparation d'une centrifugeuse : environ

600 mètres/seconde, soit deux fois la vitesse que doit atteindre une fusée pour se détacher de l'attraction terrestre ; rayon d'une centrifugeuse : environ 25 cm ; hauteur : environ 250 cm ; pression au mur de la centrifugeuse : environ 100 torr ; température : environ 40 ºC (S. Villani, *Uranium Enrichment*, New York, Springer, 1979).

7. Par exemple, pour concevoir des détecteurs radicalement nouveaux, détectant aussi les explosifs, au milieu de masses métalliques, et dans un camion de surcroît, comme cela a pu être effectué au laboratoire de Livermore.

8. Alexis de Tocqueville, *Considérations sur la révolution*, I, VII, Gallimard, « Pléiade », tome 3, p. 506.

ÉPILOGUE

1. Des atomes et des hommes : le monde (quantique) des atomes, de leurs électrons, de leurs noyaux, des neutrons et des protons qui composent ceux-ci et ceux des quarks qui participent à ces derniers : le monde (quantique) dont parle cet ouvrage, à l'échelle des atomes et des particules, n'est pas fait de *choses*. Il est fait de *processus* qui mettent en jeu ces atomes et ces particules et qui se situent dans le temps. Il n'existe pas un objet de la nature qui serait toujours tel atome ou tel électron (fût-il indiscernable des autres, comme on peut préciser de manière savante).

Ce qui existe met en jeu des *processus quantiques* où les particules changent sans cesse par le nombre et l'aspect, selon des histoires ou des « chemins de Feynman » (*Feynman paths*) dans l'espace-temps, qui décrivent toutes les évolutions possibles et expriment toutes les propriétés concevables d'un système quantique. Celui-ci n'apparaît plus nécessairement comme une chose, un « atome », une « particule », mais tout aussi bien comme une onde ou, à l'extrême, une combinaison de champs quantiques associés dans l'instant. *L'intervention simultanée de tous ces chemins*, leur équivalence, se traduit par le fait (mathématique) qu'ils ont tous la même amplitude, la même importance fondamentale, mais ils ont aussi des phases différentes dont les interférences extraient à un autre niveau les manifestations possibles des choses.

Cette manifestation s'opère à un niveau plus accessible où de multiples chemins de Feynman se conjuguent en formant une histoire (que j'appelle ici de Griffiths, d'un type déjà cité plus haut dans l'ouvrage, dans la saynète 20, en note 8). Au contraire des chemins de Feynman qui sont intrinsèques aux principes quantiques, ces « histoires compatibles » *(consistent histories)* sont construites par le théoricien de façon à faire apparaître des propriétés spécifiques ou des objets, en fonction du contexte expérimental ou de questions qu'on veut soumettre à l'étude. En revanche, elles ne sont conformes à la logique et donc utiles pour un raisonnement ou une affirmation que regroupées en « histoires quantiques compatibles » qui n'interfèrent pas entre elles et possèdent vraiment des *probabilités*.

Si par exemple le *système quantique* peut posséder *deux états*, la possibilité qu'il soit dans l'un ou l'autre de ces états peut être une des propriétés spécifiques que les histoires retiennent. Si ces histoires sont « compatibles », les propriétés en question se révèlent alors *observables* avec un appareillage adéquat. C'est le cas d'un électron dont le spin peut avoir deux directions opposées dans un champ magnétique, ou bien d'un atome dont un électron peut se trouver dans un niveau d'énergie ou un autre.

Les *histoires compatibles* permettent aussi de décrire une partie spécifique d'un système quantique, un « sous-système » (comme on l'a vu pour une « matrice densité », mais plus finement car le temps intervient dans les histoires de manière explicite). Ainsi, dans le cas d'un échantillon de matière condensée faite de plutonium (le système), on peut prendre comme sous-système la couche d'électrons 5f du cortège électronique d'un des atomes de plutonium. Les deux ou trois électrons délocalisés de cette couche donnent au plutonium ses propriétés *atomiques* particulières, qu'on dérive ainsi des fondements quantiques. En outre, comme l'expérience n'a accès qu'à certains sous-ensembles (selon les appareils dont on dispose), ce sont des sous-ensembles que l'on mesure, avec des résultats aléatoires puisque les histoires ont des probabilités. Notons aussi que la méthode des histoires a l'immense avantage de faire disparaître tous les paradoxes de la mécanique quantique, car son cadre logique est fermement assuré.

Ajoutons pour le lecteur expert que la *consistency* (« cohérence logique ») d'une famille d'histoires d'un système quantique résulte de la *compatibilité entre deux formes d'additivité*. Il y a d'une part l'*additivité des amplitudes quantiques*, appliquée aux histoires, qui exprime directement le *principe de superposition* dont on sait l'importance essentielle en mécanique quantique. Il y a d'autre part l'*additivité de leurs probabilités*, très proche de la logique classique avec ses notions de réunion (« ou »), de conjonction (« et ») et d'exclusion (« non »). Comme les probabilités sont des carrés d'amplitudes, ces deux formes d'additivité ne sont compatibles, que sous des conditions mathématiques précises, établies par Griffiths, qui sélectionnent les histoires et les familles, exprimées par des suites de propriétés quantiques, comme autant de descriptions des faits conformes à la logique. On peut noter au passage que *l'additivité est un concept extraordinairement profond*, essentiel à la mécanique quantique, mais qu'on retrouve aussi dans le calcul des probabilités, dans toutes les lois de conservation et dans les lois de la thermodynamique, sous autant de formes différentes et fécondes.

En résumé, tous les *processus possibles sont présents au niveau fondamental des chemins de Feynman*. Les choses et les propriétés n'apparaissent qu'au travers *de blocs de ces possibles constitués en histoires* et n'ont de sens que si ces *histoires* sont compatibles, selon des critères explicites que l'on sait écrire. Ce n'est qu'à ce niveau que la réalité empirique du monde se manifeste et il est impossible, en science, de parler d'une réalité qu'on ne pourrait pas mesurer.

REMERCIEMENTS

Ce livre n'aurait pas pu voir le jour sans les encouragements de Jacques Lesourne, mon ami, dont le soutien intellectuel et moral ne m'a jamais fait défaut.

Je veux lui dire ma gratitude.

Mes remerciements vont aussi à Cyrille Bégorre-Bret, compagnon d'écriture.

TABLE DES MATIÈRES

PARTIE 3

Au service de la France, au service de la science

PARTIE 4

Éclairer et protéger

Composition et mise en pages : FACOMPO, LISIEUX

Nº d'édition : 7381-1837-X – Nº d'impression : XXXXX
Dépôt légal : février 2007

Imprimé en France